彩 图

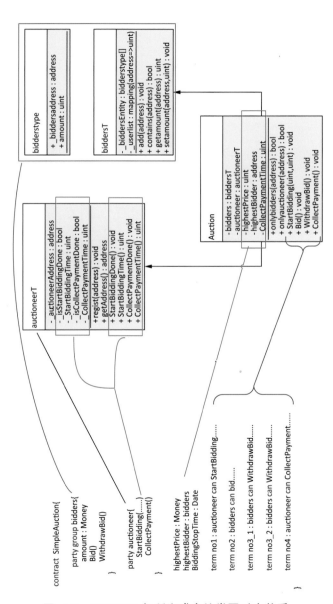

图 4.6 SPESC 与所生成合约类图对应关系

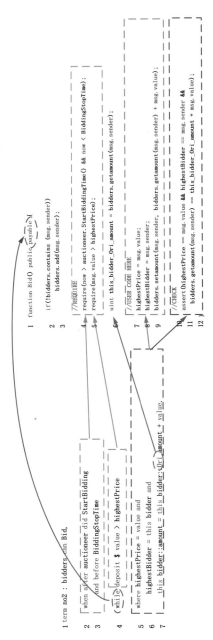

图 4.13 条款 2 对应关系

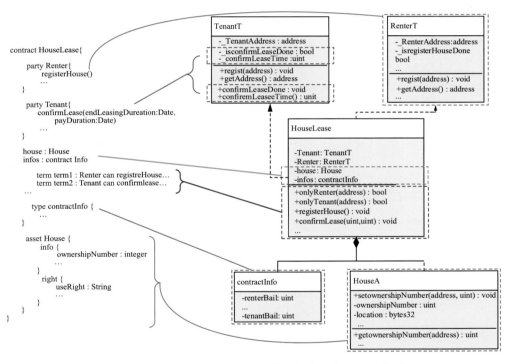

图 6.10 TA-SPESC 对应生成的各合约类图对应关系

```
@ApiOperation("天气查询")
@GetMapping("/forecast")
public Map<String,Object> queryWeather(String location, String time) {
    return weatherForecastService.getCityWeather(location, time);
}
```

服务接口合约化

```
asset ForecastWeather : Service {
 instances [
 {url: "http://weather-serivce.com",description: "Weather forecast server 1" }],
 paths [
 {path:"/forecast", label: "Forecast", method: "POST", parameters:{time : Time, location : String}}]
 responses [
 {code:200, description:"served"},{code:404, description:"Not Found"}],
```

图 7.7　服务接口与智能法律合约中服务声明对应图

智能法律合约
面向合约的软件开发语言、技术及应用

朱岩 王迪 著

清华大学出版社
北京

内 容 简 介

本书以实现法律化的程序设计为目标、面向合约软件开发理论为基础,系统地介绍了智能法律合约与面向合约软件工程的概念与架构,对智能法律合约的法律属性、语言设计进行了理论分析和模型设计,提出了智能法律合约的编译方法、订立方法等实用化工具和技术,并在数字资产与权属交易和智能合约即服务等方面给出了智能法律合约的应用解决方案和相关智能法律合约语言标准。本书系统地阐述了如何实现法律化的程序设计与开发,让非计算机专业人士也可参与设计自己的区块链智能合约。本书内容能够很好地帮助读者了解智能法律合约的研究进展、基本理论和方法,以及未来发展方向,其中示例也能帮助本领域学者进行示例化研究,从而推动智能法律合约的发展。

本书可供计算机、金融、信息安全等领域的高等院校师生及科研院所研究人员阅读参考,对律师、司法人员等法律界人士也具有重要的参考价值。

版权所有,侵权必究。举报: 010-62782989, beiqinquan@tup.tsinghua.edu.cn。

图书在版编目(CIP)数据

智能法律合约:面向合约的软件开发语言、技术及应用/朱岩,王迪著.—北京:清华大学出版社,2022.7(2023.11重印)

ISBN 978-7-302-60720-5

Ⅰ.①智… Ⅱ.①朱… ②王… Ⅲ.①软件开发–研究 Ⅳ.①TP311.52

中国版本图书馆 CIP 数据核字(2022)第 079490 号

责任编辑:黎 强 孙亚楠
封面设计:常雪影
责任校对:欧 洋
责任印制:丛怀宇

出版发行:清华大学出版社
    网 址:https://www.tup.com.cn, https://www.wqxuetang.com
    地 址:北京清华大学学研大厦A座 邮 编:100084
    社 总 机:010-83470000 邮 购:010-62786544
    投稿与读者服务:010-62776969, c-service@tup.tsinghua.edu.cn
    质量反馈:010-62772015, zhiliang@tup.tsinghua.edu.cn
印 装 者:小森印刷霸州有限公司
经 销:全国新华书店
开 本:170mm×240mm 印 张:16.25 插 页:2 字 数:319千字
版 次:2022年9月第1版 印 次:2023年11月第2次印刷
定 价:89.00元

产品编号:095203-01

序

首先，让我们简单回顾本书的创作历程。2015 年北京科技大学"互联网安全实验室"已开始区块链技术研究，并逐渐对区块链关键技术有了比较清晰的理解和掌握。到 2017 年中期，实验室开始思考"后区块链时代"的发展问题，特别是区块链智能合约未来的技术路线问题。尽管将智能合约作为支撑区块链的应用开发技术是一种很好的思路，但是它并没有表现出与传统程序开发、设计和运行不同且具有独特性的特征，这让我们对区块链技术的实际应用和未来感到深刻担忧。

恰在此时，我们注意到法律界对智能合约的讨论如火如荼，且不可否认的是智能合约的概念对现行法律带来了巨大的冲击和深远的影响。然而，一方面法律专家对区块链智能合约在技术上存在理解错误和一些不切实际的愿望；另一方面，他们缺少计算机领域的创新能力，无法以"发展"的观点来看待日新月异的智能合约技术。因此，实验室决定开展智能合约的法律化研究，期望通过将计算机与法律两门专业知识进行结合，探索一条可行的"法律化程序代码"道路。

鉴于程序语言在计算机学科中的基础性地位，2017 年实验室安排秦博涵同学在何啸老师指导下开展了智能法律合约语言的研究，并以领域特定语言（DSL）为基础开发出智能合约特定语言（SPESC），硕士研究生阳帅同学也开展了相关研究和大胆探索。相关成果首先发表在 2018 年于日本东京召开的 COMPSAC 国际会议上。此后，宋伟静、王迪、郭倩、王晟典、欧阳欢、范雨晴、林鸿杰等同学先后开展了智能法律合约相关课题的研究。感谢这些有理想、有责任感的年轻学者和学子，使得本书相关研究得以成行并顺利推广。此外，也感谢中国电子学会的孙贻滋、李冀宁、高麟鹏、徐秋亮等专家为智能法律合约标准《区块链智能合约形式化表达》（T/CIE 095-2020）的出台做了大量工作。

本书分为 9 章，较系统地从面向合约软件开发和新型软件架构出发，对智能法律合约的概念辨析、语言设计、编译方法、订立方法、数字资产与权属交易、智能合约即服务等多方面的研究成果进行了阐述，并提供了合同文本置标语言标准（中文）及智能法律合约语言标准（中文）供读者学习和参考。

本书内容在学术上仅仅是一种不成熟且初步的探索，希望能够为"法律化程序代码"领域的研究起到抛砖引玉的作用。智能法律合约作为一门信息科学与法律学科相结合的新领域，不仅包含大量技术挑战，也存在着这些技术对未来社会影响上的争议。因而，智能法律合约的研究任重而道远，需要各方面有识之士进行深入研究，进而在理论创新、技术路线、关键技术上获得突破，同时，也需要业界同仁齐心合力构建我国自主可控的核心关键技术，满足我国数字社会和网络经济未来发展的需要。

朱 岩

2021 年 8 月

前　言

随着数字经济的崛起，传统经济的数字化转型正在驱动生产方式、生活方式和治理方式发生深刻变革，对世界经济、政治和科技格局产生深远影响。特别在数字金融领域，智能合约提供了一种以程序代码形式表示和履行契约的新技术，它不仅可以支持便捷、安全、高效的网络贸易，而且通过与去中心化、不可篡改、多方共识的区块链技术相结合，为构建透明开放、无须许可且具有高互操作性的金融基础设施（包括交易所、债务债券市场、衍生品交易市场等）提供了可能，使得智能合约成为当前互联网经济、网络金融、数字货币等研究中的热门方向。

然而，从计算机技术上看，当前的智能合约依然只是一种表达契约的程序代码，无论在表达形式上还是在履行方式和缔约方式上，它都与我国现有法律中规定的合同具有显著的区别，尚不能成为具有法律效力的合同，这就极大限制了智能合约的应用和未来发展。因此，如何"实现程序代码的法律化"、如何"设计和开发法律化应用程序"成为必须解决的学术问题。

作为一种有益探索，智能法律合约的概念近年来被提出。在本质上，智能法律合约（smart legal contract）是一种具有法律效力的特殊智能合约，兼具可编程性、自动执行、有效监管、法律化等特征；同时，智能法律合约也是一种贯穿现实世界法律合同与数字世界程序代码之间的桥梁。以此概念为基础，从工程技术角度出发，智能法律合约逐渐演化为一种面向合约的软件开发方法，它涵盖了分析、设计、开发、测试、部署、运行、维护等诸多方面，也涉及计算机技术、软件工程、法律、金融、社会治理等诸多研究领域，使面向合约编程（COP）逐渐发展成为与面向过程编程（POP）、面向对象编程（OOP）相似的新型软件开发体系，对于推动软件工程和计算法学等学科的发展具有积极意义。

推动智能法律合约研究和实践对于促进数字社会和数字经济创新发展、构建网络强国具有重要而积极的意义，也是落实习近平新时代中国特色社会主义思想、立足新发展阶段、贯彻新发展理念、构建新发展格局的具体表现。智能法律合约作为一种创新型的软件基础构架，具有法律化、分布式、自动执行、存证可溯源、动态实时在线等特征，对于推动互联网从传递信息向传递价值变革、重构信息产业体系有着突出的表现。特别是通过与我国现行法律法规相结合，构造符合我国特色的智能法律合约体系，对实现国家治理体系和治理能力现代化具有重要意义。最后，深入研究和探索基于区块链的智能法律合约技术，也有利于贯彻落实习近平总书记在中央政治局第十八次集体学习时的重要讲话精神，发挥区块链在产业变革中的重要作用，促进区块链和经济社会深度融合，加快推动区块链技术应用和产业发展。

鉴于此，本书作者在多年致力于区块链和智能法律合约研究的基础上，于2020年启动了本书撰写的策划工作。在内容上，本书以智能法律合约为出发点，以面向合约的软件开发为主线，涵盖了智能法律合约法律化辨析、程序语言设计方法、程序编译和生成方法、基于"要约–承诺"合约订立的程序部署方法、基于数字资产与权属交易的金融智能法律合约开发以及基于微服务架构的合约化服务平台构建等内容。此外，本书研究内容也得到了多个国家自然科学基金课题（基金号 61170264、61472032、61628201、61972032）和国家科技部重点研发计划（2018YFB1402702）的有力支撑，在此表示衷心感谢。

  本书由北京科技大学朱岩教授和其研究生王迪撰写。同时，本书的撰写凝聚了多位致力于智能法律合约研究学者的智慧：北京科技大学的何啸老师作为技术骨干给予了大力支持和技术支撑，秦博涵、宋伟静、郭倩、王晟典、范雨晴、林鸿杰、殷红建等同学也参与了本书技术方案的研究，陈娥、李莉、林映春等老师对本书的出版提供了大力帮助。中国电子学会李冀宁和孙贻滋等专家对《区块链智能合约形式化表达》和《区块链智能合约合同文本置标语言》团体标准的编制和本书出版提出了许多宝贵的建议，北京市经济与信息化局刘国伟处长、北京市互联网法院伊然法官、美国密西根大学–迪尔伯恩分校 Di Ma 教授、荷兰台夫特理工大学 Kaitai Liang 助理教授等专家也对本书内容和技术路线进行了指导。此外，本书也得到了美国亚利桑那州立大学 Stephen S. Yau 教授、哈尔滨工程大学杨永田教授、山东大学徐秋亮教授、北京航空航天大学胡凯教授、德恒律师所张韬律师等专家的大力支持和帮助。同时，北京科技大学计算机与通信工程学院的于汝云博士、阳帅、秦博涵、宋伟静、王晟典、郭倩、欧阳欢、范雨晴、林鸿杰、陈娥、郭光来、陆海、朱康希等研究生参与了本书的校对工作。特别是整个写作团队克服了新冠肺炎疫情时期的各种困难，团结协作，体现了良好的奉献精神和工作热情！在这里向他们及本书所列参考文献的作者们，以及为本书的出版给予热心支持和帮助的朋友们，表示衷心的感谢。同时，本书成果已申请中国和国际专利（含美国国家阶段申请）多项，具有自主知识产权。

  本书可供相关学者、计算机技术人员、区块链与智能合约的开发者阅读参考；同时，本书对律师、司法人员等法律界人士也具有重要的参考价值。此外，本书也可作为本科院校计算机、金融、信息安全、法律等相关专业课程参考用书。希望广大同仁和师生们在使用该书过程中能给作者以指导，推动智能法律合约的研究与发展，促进智能法律合约相关人才培养与国家数字经济发展，培养更多卓越人才。

朱岩、王迪

2021 年 10 月

目 录

第1章 绪论 ··· 1
1.1 智能合约 ·· 1
1.1.1 智能合约概念 ··· 1
1.1.2 智能合约工程 ··· 4
1.2 区块链智能合约框架 ··· 6
1.2.1 智能合约工程软件架构 ····································· 8
1.2.2 支持灵活服务应用程序开发的智能合约语言 ············ 10
1.2.3 智能合约安全部署与隐私 ·································· 12
1.2.4 智能合约的可信执行 ·· 13
1.3 本书内容安排 ·· 14
1.4 小结 ·· 15
参考文献 ··· 16

第2章 智能法律合约概念辨析 ··· 18
2.1 引言 ·· 18
2.2 智能合约概念 ·· 19
2.3 智能法律合约 ·· 20
2.3.1 智能法律合约定义及内涵 ·································· 20
2.3.2 智能合约语言发展现状 ····································· 21
2.3.3 智能法律合约与法律合同的关系和区别 ················· 22
2.4 智能合约的法律化探索与实践 ································· 23
2.4.1 智能合约的法律化思考 ····································· 23
2.4.2 智能合约的法律化探索 ····································· 26
2.5 智能合约系统架构及法律化辨析 ······························ 29
2.5.1 智能合约架构描述 ··· 29
2.5.2 智能合约的区块链部署 ····································· 29
2.5.3 合约代码运行 ··· 30
2.5.4 区块链所部署智能合约法律化辨析 ······················· 31
2.6 智能法律合约研究进展 ·· 34
2.6.1 合约逻辑模型研究 ··· 34

		2.6.2	智能法律合约语言模型研究	35
		2.6.3	智能合约与监管	37
	2.7	小结		38
	参考文献			39
第 3 章	智能法律合约语言			42
	3.1	引言		42
		3.1.1	面临的挑战	43
		3.1.2	解决挑战的思路	44
		3.1.3	本章组织及内容	45
	3.2	相关研究背景		46
		3.2.1	区块链与智能合约	46
		3.2.2	领域特定语言	46
		3.2.3	Xtext	48
	3.3	智能法律合约语言 SPESC 语法规范		48
		3.3.1	一般结构	50
		3.3.2	当事人和条款	51
		3.3.3	条款表达式	52
		3.3.4	表达式	53
		3.3.5	时间表达式	54
		3.3.6	交易	56
	3.4	从 SPESC 中派生程序框架		57
	3.5	案例研究		59
		3.5.1	案例设计	60
		3.5.2	结果	62
		3.5.3	RQs 的回答	64
	3.6	相关工作		66
	3.7	小结		67
	参考文献			67
第 4 章	智能法律合约编译方法			70
	4.1	引言		70
		4.1.1	研究动机	71
		4.1.2	相关工作	71
		4.1.3	本章主要工作	71

4.2 相关工作 · · · · · · 72
4.3 系统框架 · · · · · · 74
4.3.1 系统目标 · · · · · · 74
4.3.2 智能合约编写框架 · · · · · · 74
4.4 SPESC 介绍 · · · · · · 76
4.5 竞买合约 · · · · · · 78
4.6 SPESC 编写竞买合约 · · · · · · 79
4.7 目标代码生成 · · · · · · 84
4.7.1 目标语言合约框架 · · · · · · 84
4.7.2 当事人合约的生成 · · · · · · 84
4.7.3 主体合约生成 · · · · · · 89
4.7.4 表达式实现 · · · · · · 92
4.8 实验及结果 · · · · · · 93
4.9 小结 · · · · · · 96
参考文献 · · · · · · 96

第 5 章 智能法律合约订立方法 · · · · · · 99
5.1 引言 · · · · · · 99
5.2 相关工作 · · · · · · 100
5.3 预备知识 · · · · · · 102
5.4 系统框架 · · · · · · 103
5.4.1 系统目标 · · · · · · 103
5.4.2 合约模板化 · · · · · · 103
5.4.3 智能合约订立框架 · · · · · · 104
5.5 解决方案 · · · · · · 105
5.5.1 智能合约建立 · · · · · · 106
5.5.2 智能合约部署 · · · · · · 106
5.5.3 智能合约订立 · · · · · · 108
5.5.4 智能合约存证 · · · · · · 108
5.6 智能法律合约的订立方案 · · · · · · 109
5.6.1 智能法律合约语言 · · · · · · 109
5.6.2 智能法律合约中订立语法 · · · · · · 110
5.6.3 智能法律合约示例 · · · · · · 111
5.7 转化后智能合约订立方案 · · · · · · 113

		5.7.1	合约订立流程	113
		5.7.2	智能合约中代码实现	114
	5.8	合约实例		116
	5.9	方案合规性辨析		119
	5.10	小结		121
	参考文献			121

第 6 章 合约化资产与权属交易 124

	6.1	引言		124
		6.1.1	研究现状	126
		6.1.2	研究目标	127
	6.2	面向资产的 TA-SPESC 设计		128
		6.2.1	一般结构	128
		6.2.2	TA-SPESC 模型及其形式化定义	129
		6.2.3	TA-SPESC 模型中的资产分类	131
		6.2.4	TA-SPESC 模型中的权利分类	132
		6.2.5	TA-SPESC 模型中的资产定义	133
		6.2.6	TA-SPESC 模型中的资产交易	136
	6.3	房屋租赁合约		138
		6.3.1	个人房屋租赁智能合约案例	139
		6.3.2	TA-SPESC 编写个人房屋租赁合约	139
		6.3.3	资产模型向 Solidity 的半自动生成	144
		6.3.4	代码生成示例	148
	6.4	个人房屋租赁合约的部署运行		150
		6.4.1	编译环境	150
		6.4.2	合约测试	150
		6.4.3	实验结果与分析	151
	6.5	小结		153
	参考文献			153

第 7 章 现用现付的智能服务合约 155

	7.1	引言		155
		7.1.1	研究动机	155
		7.1.2	研究路线	156
	7.2	相关工作		157

- 7.3 系统框架 ··· 158
  - 7.3.1 系统目标 ·· 158
  - 7.3.2 系统架构 ·· 159
  - 7.3.3 系统实体关系 ·· 159
- 7.4 服务注册与发布 ·· 160
  - 7.4.1 合约当事人声明 ·· 161
  - 7.4.2 服务注册交互与状态转移 ···································· 162
  - 7.4.3 服务接口合约化 ·· 165
  - 7.4.4 服务注册发布合约条款 ······································ 165
- 7.5 服务发现与消费 ·· 166
  - 7.5.1 服务发现 ·· 166
  - 7.5.2 服务发现合约条款 ·· 167
  - 7.5.3 服务消费的请求绑定 ·· 168
  - 7.5.4 服务消费自定义合约条款 ···································· 168
  - 7.5.5 合约化服务的法律角度思考 ·································· 170
- 7.6 基于智能合约的天气服务案例研究 ································ 170
  - 7.6.1 合约描述 ·· 170
  - 7.6.2 合约化天气预报服务流程 ···································· 171
- 7.7 实验 ·· 172
  - 7.7.1 实验方案 ·· 172
  - 7.7.2 实验验证 ·· 173
- 7.8 小结 ·· 174
- 参考文献 ·· 175

第 8 章　智能法律合约语言 ······································· 177
- 8.1 引言 ·· 177
- 8.2 符号和关键词 ·· 178
  - 8.2.1 符号 ·· 178
  - 8.2.2 关键词 ·· 178
- 8.3 表示形式 ·· 179
- 8.4 构成要素 ·· 180
- 8.5 要素的表述 ·· 181
  - 8.5.1 合约框架 ·· 181
  - 8.5.2 合约名称 ·· 181

8.5.3　当事人描述 ·· 182
8.5.4　标的 ·· 182
8.5.5　合约条款 ··· 183
8.5.6　权利和义务 ··· 185
8.5.7　资产操作 ··· 186
8.5.8　表达式符号 ·· 187
8.5.9　时间表示 ··· 188
8.5.10　附加信息 ··· 189
8.5.11　合约订立 ··· 190
8.6　智能法律合约及智能合约示例 ··· 191
8.6.1　智能法律合约示例 1 ·· 191
8.6.2　智能法律合约示例 2 ·· 193
8.6.3　智能合约示例 ··· 197
参考文献 ·· 200

第 9 章　合同文本置标语言 201
9.1　引言 ··· 201
9.2　缩略语 ·· 202
9.3　符号和关键词 ··· 202
9.3.1　标注符号 ·· 202
9.3.2　关键词 ·· 203
9.4　拼写规则 ··· 204
9.5　CTML 置标体系 ·· 204
9.5.1　原则 ··· 204
9.5.2　CTML 记法 ·· 204
9.5.3　CTML 使用流程 ·· 206
9.5.4　CTML 合同类别 ·· 206
9.5.5　CTML 置标要求 ·· 207
9.6　层级标注结构 ··· 207
9.6.1　概述 ··· 207
9.6.2　法律要素标注 ·· 207
9.6.3　法律属性标注 ·· 208
9.6.4　法律成分标注 ·· 209
9.6.5　域标注 ·· 210

- 9.7 要素构成 ··· 210
- 9.8 要素表述 ··· 212
  - 9.8.1 合约框架 ·· 212
  - 9.8.2 合同标题 ·· 212
  - 9.8.3 当事人 ·· 213
  - 9.8.4 标的 ·· 214
  - 9.8.5 合约条款 ·· 216
  - 9.8.6 资产操作 ·· 220
  - 9.8.7 资产表达式 ·· 222
  - 9.8.8 时间表达式 ·· 223
  - 9.8.9 附加信息 ·· 227
  - 9.8.10 合约订立 ··· 227
- 9.9 法律文本合同及标注后 CTML 合同示例 ····································· 229
  - 9.9.1 法律文本合同 ·· 229
  - 9.9.2 标注后 CTML 合同 ··· 230
- 9.10 EMD 的交互数据属性与示例 ·· 233
  - 9.10.1 EMD 的交互数据属性 ·· 233
  - 9.10.2 EMD 示例 ··· 234
- 9.11 CTML 到 SLCL 转化关系表 ·· 234

参考文献 ·· 241

附录 书中使用的术语及定义 ·· 242

第 1 章　绪论

> **摘要**
>
> 智能合约被认为是第二代区块链的核心,在经济学和电子商务平台中常被用于分布式账本服务应用程序开发。然而,目前面向智能合约的服务软件架构及开发方法均没有体系上的归纳总结。本书将简要介绍智能合约相关的发展背景、概念、分类、内涵等,并介绍在面向合约的软件工程思想下使用智能合约设计与开发应用软件的通用架构,讨论该架构中的智能合约语言及其编译方法、合约部署机制及合约执行过程。

1.1　智能合约

1.1.1　智能合约概念

随着网络技术和数字技术蓬勃发展,传统经济受到巨大挑战,数字经济蓬勃兴起并深度融入经济社会发展的方方面面,成为拉动经济增长、缓解经济下行压力、带动经济复苏的关键抓手,进而成为未来国际竞争与合作的重要领域和引领产业变革的重要动力。数字经济兴起必然以更高生产率的科学技术为支撑,包括云计算、人工智能、大数据、区块链等。其中,区块链作为一种具有去中心化、数据防篡改、网络开放、密码安全、共识同步的分布式账本技术,为建立跨产业主体的可信协作、资源共享、公平交易提供了新的途径,已经成为实现大规模数字经济社会管理自动化的关键,对推动数字经济的高质量、高效率健康发展有着重要意义。

近年来,随着区块链技术逐步走向产业化,智能合约(smart contract)由于能够帮助区块链开发人员在分布式应用软件上更加灵活地进行程序开发,并可为数据要素的管理和价值释放提供新的思路,因此已成为新一代区块链技术的核心[1]。目前,大多数区块链应用开发平台已在其分布式账本服务中支持智能合约,如基于虚拟机的以太坊(Ethereum)智能合约平台、基于比特币区块链的 RSK 平台、IBM 公司提出的 Hyperledger Fabric 平台等。

迄今为止，智能合约的应用范围已更加广泛，从原先的加密货币到现在的贸易金融、房地产、游戏和医疗保健等多个领域。同时，智能合约已成为金融服务的创新引擎，而金融服务也是数字经济中最重要和最有影响力的领域之一[2]。然而，目前仍缺乏智能合约在数字金融、金融服务领域中软件开发体系结构的系统研究，因此，在本章中将首先对智能合约的背景、概念、分类等情况进行简要回顾，再阐述使用智能合约进行面向合约的软件开发的通用体系结构、智能法律合约、面向合约编程的思想，进而对智能合约语言及其编译、合约部署等机制以及合约执行过程进行详细阐述。本章内容将为后续智能法律合约、面向合约软件工程的研究奠定基础。

智能合约的概念可以追溯到1994年尼克•萨博的"智能合约：构建数字市场的基石"一文[3]。该文将智能合约定义为一种可由计算机处理的条款执行合同，并开创性地提出了"智能合约的基本思想是将许多种类的合同条款（如抵押、担保、产权界定等）嵌入到处理业务的硬件或软件中，这样一来违约的代价就变得更加昂贵，甚至是令人望而却步"①。此后，尼克•萨博也一直在探索智能合约。例如，他在后续论文中还提出了合成资产（如衍生工具和债券）执行合同的建议。

不过由于当时缺乏可靠的执行环境，尼克•萨博的智能合约并没有引起足够的关注，也并未投入到实际应用中。直到2008年比特币诞生，人们才逐渐认识到比特币的底层技术（区块链技术）可以为智能合约提供可信的执行环境[4]。以太坊首先意识到区块链和智能合约结合的可能性，并发布了白皮书《下一代智能合约与去中心化应用平台》[5]，该书重新使用了"智能合约"概念，建立了一整套智能合约的规范与架构，极大地推动了智能合约的发展。

自从2014年以太坊白皮书中再次使用了智能合约这一概念后，智能合约成为区块链的技术标杆，相关区块链开发公司也都开始进行智能合约的开发与创新。其中，以太坊和Hyperledger作为区块链使用最广泛的平台，二者均支持智能合约的开发和部署，并设计了相应的执行机制。

从不同的角度来看，人们对智能合约有着不同的理解、分类和期望。

> 传统意义上，合同是特定当事人之间签订的契约，是一个使未取得彼此信任的各方之间商议形成权利与义务关系的框架。与此不同，智能合约则是指多方之间达成一致的任何计算机协议[6]。

首先，智能合约作为一种协议，可以由计算机进行处理，但与在一台独立计算机上执

---

① The basic idea of smart contracts is that many kinds of contractual terms (such as liens, bonding, delineation of property rights, etc.) can be embedded in the hardware and software we deal with, in such a way as to make breach of contract expensive (if desired, sometimes prohibitively so) for the breacher.

行的算法不同，它需要两个或多个参与者协同执行计算任务。其次，协议的执行应符合参与方事先达成的共识，这不仅体现了协议的可信性和合规性，同时也体现了确保协议合规性的必要技术手段，包括协议的核查、存储、争端解决等。最后，与传统的纸质合同相比，智能合约中的智能则是通过多方协议的计算机化和相应的保障技术来间接实现的。

从计算机技术角度来看，智能合约作为一种计算机程序，是一种数字表示的程序。目前智能合约常与区块链技术一起进行描述，具体表述如下：

> 智能合约是一种存储在区块链上并在满足预定的条款和条件时自动执行的计算机代码，也被称为区块链智能合约。

从这个角度可以看出，存储在区块链上的智能合约是一个自动执行的计算机代码，而且该代码指定了双方之间的协议条款并被直接嵌入到区块链中[7]。智能合约的执行不需要人工干预，只要指定的条件被满足就可以执行，因此也被称为"自执行合约"（self-executing and self-enforcing contract）。

智能合约的自执行能力表现在它的可编程性上，甚至比特币最早也被称为可编程货币，就是指它具有"数字货币形式"和"可编程性"，后者泛指它能通过计算机程序指定数字货币自动流转的机制。

> 更为重要的是，区块链智能合约在计算机体系上采用了一种将计算机"编程代码"与"数字货币"存储在同一网络上而不是分开存储的形式。

与此类似的架构是著名的冯·诺伊曼架构（Von Neumann architecture），也就是"指令"和"数据"合并在一起的计算体系结构，为专用计算机转变为通用计算机奠定了基础，也为计算机系统提供良好的灵活性和功能扩展能力。从这一性质而言，智能合约为数字经济和数字金融提供了一种具有灵活性和扩展性的新架构，甚至可以称其为可编程经济。

需要注意的是，智能合约作为合约条款的代码表示，是一组被编写好的计算机算法，可以作为应用软件的一部分[8]。区块链智能合约是在计算机网络上执行的，其执行过程通过共识协议（consensus agreement）保证正确性，不需要信任方的参与。因此，智能合约可以被理解为一种自动化可执行的协议，在不需要预先构建调解方式下通过共识验证实现合同条款的自我执行。虽然目前智能合约被视为合约条款的代码表示，但不是法律意义上的合同或合约，没有法律效力。

从法律的角度来看，智能合约本质上可被视为包含一套预先定义规则的计算机协议，这些规则通常包括协助、验证和履行合约的手段，以此体现智能合约的法律特征[9]。

这里，计算机协议作为促进、验证和加强合约商议和履行的手段，是一种以数字式计算机代码作为当事人"意思表示"的表现形式[①]。

在此基础上，为了与通常表达的智能合约概念加以区别，智能法律合约（smart legal contract）近年来被提出，它本质上是一种符合法律的智能合约。

> 智能法律合约是一种含有合同构成要素、涵盖合同缔约方依据要约和承诺达成履行约定的计算机程序。

这里，智能法律合约是一种法律与计算机领域结合而提出的概念，目的在于依据现行法律法规将智能合约的意思表示及其代码执行行为认定为法律意义上的电子合同，从而进一步保证智能合约的法律地位。

智能法律合约是智能合约法律化发展的必然结果。现实生活中既懂法律又懂区块链、计算机领域专业知识的人仍然较少，使得审查计算机代码法律性的现实难度增加，智能法律合约有助于降低这种难度。同时，智能法律合约作为一种新的区块链应用软件开发模式，不仅扩大了区块链技术的应用领域和快速开发能力，也通过条款形式表示的规则约束代码运行，为"人、机、物"之间的高效安全协作提供了技术保障，从而降低交易成本并减少法律纠纷。

最后，我们对区块链和智能合约中常见的三个基本概念加以区分：
（1）合约：指民事主体之间设立、变更、终止民事法律关系的协议。
（2）交易：指双方以货币及服务为媒介进行的价值交换。
（3）智能合约：指在满足预定条件时可自动执行并存证的计算机程序。

简单地讲，合约也被称为合同、契约，是指一种对尚未发生行为的约定；交易是指正在或已经发生的价值交换行为；智能合约则是一种计算机代码化的合约，并能够在条件满足时使安全合约自动完成交易。

1.1.2 智能合约工程

本节将从工程化角度来审视智能合约。为了支撑作为程序代码的智能合约高效且自动地完成当事人之间的约定，必然需要将工程化的方法运用到智能合约的设计、开发、运行和维护之中，以达到提高智能合约质量、保证法律效力、降低开发成本的目的。

从软件工程的角度来看，智能合约不仅是区块链上的可执行代码，也包含一个完整的软件架构，对面向合约的设计、开发、部署和执行起到技术指导作用，亦称作智

---

① 意思表示是民事法律行为的要素，指行为人欲设立、变更、终止民事权利和民事义务的内在意思而表现于外在的行为。简单地说就是当事人真实的意愿。

能合约工程或面向合约软件开发。在这一软件框架内,每个智能合约都只做简单的工作,完成部分业务的功能,而不是完成整个业务。

> 智能合约工程(smart contract engineering, SCE)或面向合约软件开发(contract-oriented software development, COSD)是用软件工程方法构建和维护有效、实用和高质量智能合约的技术,它涉及面向(法律)合约的智能合约语言、资产表示、开发工具、平台、标准、设计模式等智能合约生命周期的各个方面。

智能合约生存周期是智能合约从产生到废止的生命周期,周期内有业务定义、可行性分析、合约设计、实现、测试、创建、协商、签名、部署、整合、监管、升级、终止等阶段。这种按时间分程的思想方法是软件工程中的一种原则,即按部就班、逐步推进,每个阶段都要有定义、工作、审查、形成文档以供交流或备查,以提高软件的质量。但必须指出的是,随着现代软件工程技术(如面向对象的软件开发)的发展和成熟,这种仅从时间角度进行阶段划分的生命周期设计方法的指导意义正在逐步减少。

针对各种数字金融业务的应用需求,智能合约工程为设计、开发和部署各种面向合约的软件系统提供了有效途径。与传统的软件工程模型(例如,面向对象模型、数据流程图、控制流程图)不同,面向合约的软件分析和设计包含以下三个模型,也被统称为法律–逻辑–互动(legal-logic-linkage)模型或 L^3-模型:

(1)法律模型:指定用一组明确且机器可理解的法律条款表示应用程序需求。

(2)逻辑模型:用于表示合同各方义务的触发条件,以及条件被计算和检测后的可执行交易逻辑。

(3)交互模型:强调合约或条款与外部环境之间的控制和数据流程。

对于给定软件业务的需求,开发人员(在法律人员的指导下)首先使用法律模型以一个或多个合约的形式描述这些需求;然后,从法律模型中提取逻辑模型和交互模型;此后,这些模型将用于软件开发、部署和执行。其中,法律模型在上述"法律–逻辑–互动"模型中具有基础性地位。

为了更好地理解上述模型,我们以一个网上租车业务的软件开发为例,简要地描述智能合约应用程序的通用开发过程。如图 1.1 所示,该开发过程由四个阶段组成:

(1)合同设计:开发人员与法律人士梳理网上租车业务流程,设计以合同为导向的法律–逻辑–交互模型,编写相关法律合同(作为模板或范例)。图 1.1 中顶部四个框中内容描述了在线租车业务的四个步骤。

(2)合约开发:开发人员参照业务流程和模板来编写智能法律合约。在图 1.1 中给出了一个以 SPESC 语言书写的合同示例,该示例由各方描述、条款、资产、结论和签字等部分构成。

（3）合约部署：智能法律合约在指定的智能合约平台上转换为可执行智能合约代码，并将转化后的代码部署到该平台上。

（4）合同执行：根据上述设计阶段的业务流程，承租人首先通过平台协商并签订租赁某辆车的合同；其次，承租人根据合同调拨资金到合约账户，由此触发执行车辆开锁的合约代码；再次，合约通过监测车辆状态（包括运行距离和持续时间等）计算费用；最后，在收到归还车辆事件被触发后，合同锁定车辆并将费用转给租赁公司，剩余费用返还给承租人。

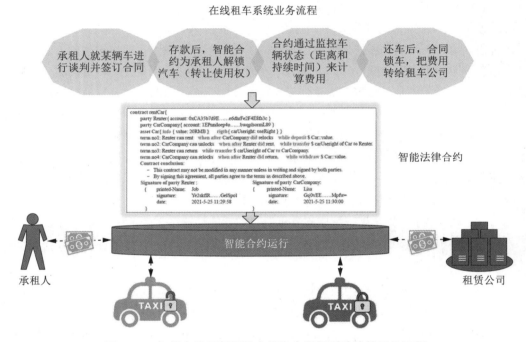

图 1.1　智能合约工程用于在线汽车租赁系统软件开发示例

在这个示例中，一旦智能合约平台接收到外部事件或其他账户的交易，它就会通过合约中预定义正则表达式表示的条件激活合约代码执行。

1.2　区块链智能合约框架

在计算机系统中程序代码的执行离不开系统平台的支撑。区块链智能合约的支撑平台就是由区块链网络构成的分布式框架，并通过建立其上的程序执行机构支持交易驱动的软件开发和面向合约的编程。

> 智能合约平台广义上是指一种支持智能合约可执行程序开发、生成、部署、运行、验证的信息网络系统。基于区块链的智能合约系统是目前最主要的智能合约平台之一。

如图 1.2 所示，区块链智能合约平台的通常架构可分为四个层次。

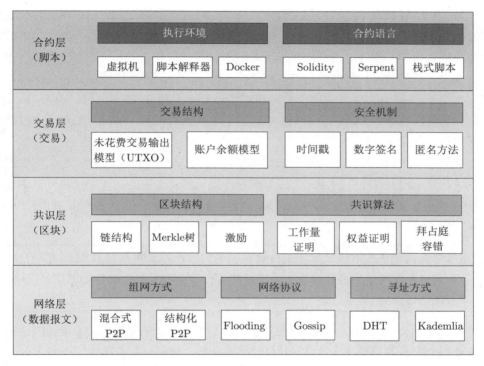

图 1.2　基于区块链的智能合约平台层次架构

第 1 层 合约层：支持以文本、可执行脚本或程序代码的形式从交易场景派生智能合约的表达与执行。这一层主要涉及合约语言（如 Solidity、Serpent、栈式脚本）和可信赖的执行环境（如虚拟机、脚本解释器、Docker）[10]。

第 2 层 交易层：将智能合约及其执行结果以文本格式打包到区块链交易中，区块链通常采用包含"key-value"的 JSON 格式。这一层包括交易结构（如未花费交易输出模型（UTXO）和账户余额模型）和相关的安全机制（如时间戳、数字签名和交易者匿名方法）[11]。

第 3 层 共识层：负责在区块链网络中实现交易的共享。共享的形式为区块，区块是一个格式化的单元，它封装了一定时间内所有真实有效的交易，同时采用共识机制确保添加到链中的每个新区块都得到大多数节点的同意。这一层包括区块结构（如单向链表、

Merkle 树和激励机制）和共识算法（如工作量证明、权益证明和拜占庭容错）。

第 4 层 网络层：在现有物理网络的基础上建立一个虚拟 P2P 网络，为共识层提供有效的广播或组播支持。该层通常将所传输的数据视为数据报，采用覆盖网络（overlay network）架构，包括网络模式（如混合式 P2P、结构化 P2P）、网络协议（如 Flooding、Gossip）和寻址模式（如 DHT、Kademlia）。

除区块链智能合约平台四层架构外，还包括设置在合约层之上的应用层和位于网络层之下的现有 TCP/IP 协议族。层次结构中的每一层都将从上面一层接收到的所有信息视为数据，并添加控制信息以确保被接收者（在对等层）正确地交付。在每一层添加交付信息的过程称为"封装"（encapsulation）。此外，每一层都有自己的数据结构和描述该结构的术语，例如，合约脚本（script）被包装在一个交易（transaction）中，交易被包装到一个区块（block）中，区块以数据报（datagram）的形式通过区块链网络传播[①]。

交易是区块链应用程序处理的基本单元，下层的区块和数据报文对其是不可见的，或者说，共识层及以下各层通常对应用程序开发人员是透明的。一个交易可以通过哈希指针与其他交易建立复杂的关联，哈希指针是交易的密码哈希值[12]，它的使用带来如下特性：

> 与传统软件体系结构中所使用指针类型不同的是，哈希指针具有 160/256 位的长度和密码学抗碰撞的特性，可以将其视为全局唯一标识符（GUID）和抗篡改证据。

与 128 比特的 GUID 相比，显然这种哈希指针抗碰撞性更强，哈希指针的使用也意味着每个交易不是用户针对自己存储空间编址的，而是全球范围内统一编址的，即全球用户共用一张存储交易的 Hash 表，这有利于交易的查找。同时，这种唯一性不依赖于中心注册机构，也不依赖于生成它们的各方之间的协调。

1.2.1 智能合约工程软件架构

基于上述区块链智能合约框架，智能合约的通用软件架构如图 1.3 所示。

这种面向合约软件开发的软件架构内在地促进了面向合约编程的发展，一方面，它是一种从软件设计开始就使用"合约"作为计算机工作单元的编程范式；另一方面，它通过集成价值交换和关键法律业务支持软件程序的开发、实施和存证。在律师的参与下，传统法律合同首先以书面形式表达实际应用的业务流程，以此为基础，图 1.3 所示的软件架构可以进一步将这些法律合同转化为智能合约并予以实施：

---

① 这类似于 TCP/IP 协议族中消息 message—报文段 segment/数据报 datagram—数据包 package—帧 frame 形成的封装关系。

(1) 智能合约开发机制：提供编程框架，包括指定语言、代码编辑器和编译工具，将传统合同转换为可执行代码。这个过程通常涉及两个步骤：

① 智能法律合约模块采用面向法律的领域特定语言（DSL-Legal）将传统合同中约定的操作进行翻译，其输出被称为智能法律合约；

② 可执行合约模块将上述智能法律合约编译成为目标语言编写的智能合约代码。

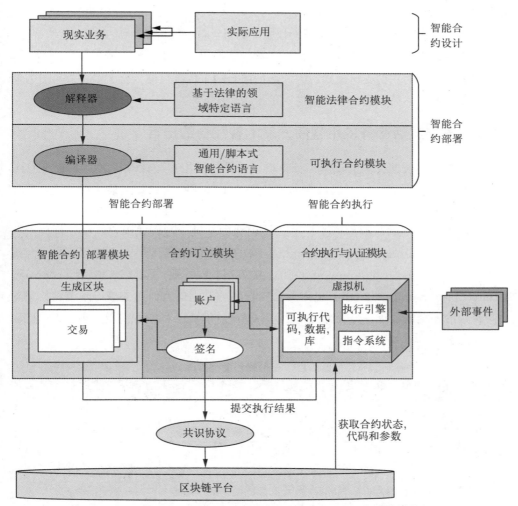

图 1.3　支持服务应用开发的面向合约软件开发的通用软件架构

(2) 智能合约部署机制：提供将可执行合约代码部署到区块链的工具，包括：

① 建立合约实例，并通过缔约双方协商赋值变量；

② 将上述合约实例及合同信息（如可执行代码、合同账户、当事人签名、激励机

制）封装到区块链交易中；

③ 通过共识协议将交易部署到区块链。

（3）智能合约执行机制：提供可信的智能合约执行环境，包括：

① 接收外部可信事件或内部交易以触发合同条款执行；

② 构建一个虚拟机（例如，Docker 或沙盒），通过执行引擎和指令系统来执行被触发的合约代码；

③ 在满足预定条件后，通过共识协议验证更新状态，并将合约状态更新到区块链中。

从商业角度来看，区块链技术作为一种创新的支付网络和加密货币，有望使智能合约成为一种新的软件支付模式。因此，智能合约工程有可能为金融业务软件开发带来一个完全不同、美好且富有竞争性的未来。

1.2.2 支持灵活服务应用程序开发的智能合约语言

语言是人们彼此交流的工具，计算机语言同样是用户与计算机之间沟通的工具。对智能合约语言而言，它不仅是帮助用户快速生成代码的重要工具，也是实际应用中各种业务功能与智能合约平台之间程序开发的中介，对于智能合约工程的实现具有重要的意义。同时，编程语言也是软件设计的基础，过程式语言产生了面向过程编程（procedural-oriented programming, POP），面向对象语言也促进了面向对象编程（object-oriented programming, OOP）的发展。同样地，面向合约编程（contract-oriented programming, COP）也需要面向合约的编程语言作为支撑。本节将简单对面向合约的编程语言进行分类介绍，POP, OOP, COP 三种编程模型在多个方面的对比结果见表 1.1。

表 1.1 三种编程模型对比

	面向过程编程	面向对象编程	面向合约编程
构成方式	程序被分成若干个函数	程序被分成若干个对象	业务被分成若干个合约
编程方法	遵循自上而下的方法	遵循自底向上的方法	遵循分布式组合的方法
访问控制	过程编程中没有访问说明符	具有访问说明符，如私有、公共、受保护等	定义权利和义务来规范访问者的行为
修改难度	添加新的数据和功能并不容易	添加新的数据和功能很容易	对已部署合约的改动是不允许的
数据安全	没有任何适当的方法来隐藏数据，因此安全性较低	提供了数据隐藏功能，因此更加安全	合约本身是公开透明的，但支持平台级的密码学身份认证与数据隐私
设计方法	基于程序员构思	基于现实世界的对象化	源于现实世界法律合同

当前每个智能合约平台都有自己的编程语言。例如，比特币使用基于栈的脚本语言，以太网目前支持两种编程语言：Serpent（类似于 Python）和 Solidity（类似于 JavaScript）[13]。大多数其他平台支持通用编程语言（如 C，C++，Java）的智能合约开发，例如，Hyperledger 支持 Go 语言和 Java 语言，并通过特定的接口与区块链交互。

根据语言类型，目前的智能合约可以分为三类：

（1）脚本性智能合约：使用类似 Forth 的基于栈的脚本语言实现基本计算、密码学原语、时序逻辑，代表系统是比特币的脚本系统。

（2）通用性智能合约：使用通用编程语言开发在虚拟机或 Docker 上执行的图灵完备智能合约，例如，Neo 平台支持将 Java 和 Python 等语言编译成统一的 NeoVM 指令集。

（3）特定性智能合约：使用致力于智能合约中特定问题的领域特定语言 DSL，如合同建模语言 CML、数字资产建模语言 DAML[14]、智能合约规范语言 SPESC[15]。

智能合约是一个涉及商业、金融、法律和计算机的跨学科概念，其设计和开发需要不同领域的专家密切合作。2018 年首个智能法律合约语言 SPESC 被提出，已引起了学术界的关注。这种语言基于传统合同的语法结构，并以类似于自然语言的形式书写，不仅明确了当事人的义务和权利，而且包含了具有约束力的合同基本要素（如要约和承诺、资产、当事人意思表示），为促进法律专家和程序开发人员之间的合作、法律化智能合约构建提供了一套可行的解决方案。

SPESC 作为第一种智能法律合约语言，它具有比一般语言更高级的表达能力和接近于法律合同的结构。具体而言，与其他智能合约平台语言相比，SPESC 语言特征或使用该语言的优势包括：

（1）法律化构架：包含《中华人民共和国民法典》规定的合同构成要素，符合通常的法律合同规范，达到与法律合同相同法律效力的目的。

（2）自然语言表达：采用了类似自然语言的表达方式和法言、法语，同时具有编程语言的规范化语法，易于非计算机专业和法律人士理解。

（3）范本化处理：采用合约范本（或模板①）方式，支持用户的动态合约订制，以及当事人之间多方交互式的合约订立。

（4）精准时序逻辑：为了准确地表达合约条款中规定的时序关系及逻辑，提供了时间变量、时间常量、全局查询、动作完成时间查询等细粒度的时间表达能力。

（5）权属关系转移：提供了以资产表述为核心的标的表示和描述，以及面向法律

---

① 模板化思想起源于由 Ian Grigg 在 1996 年提出的李嘉图合约（Ricardian contract），它是一种使用标记将文件记录为法律合约的方法，并可将其安全地链接到其他系统。

的资产权属关系定义和转移功能。

由此可见，使用 SPESC 语言有利于降低交易成本、更快地解决争议以及提供更好的可执行性和更高的透明度。此外，通过法律化结构、规范化语法、自动化编译、模型验证等技术，SPESC 语言编写的合约可大幅度提升区块链可信交易的灵活性、可靠性和监管性。例如，通过引入违约条款和仲裁机构等机制，SPESC 合约开发系统可保证合约在设计、开发、运行、仲裁等各阶段接受明确法律化监管，实现内生监管性；而且，SPESC 语言编写的合约可由编译程序自动生成可执行合约代码框架，该框架支持安全增强的代码测试和模型验证，减少了人为错误和安全风险，提高了合约运行可靠性。

然而，使用 SPESC 语言也存在一些需要注意的问题，包括：作为一种智能法律合约语言，它更关注于法律化合约描述、面向智能合约平台的程序框架自动生成等设计方面，而不纠结于合约的细节实现（以供货为例，合约设计通常关注于送达方式、时间和费用等，而忽略送达路径、中转、流程等细节），因此需要编程人员补充条款实现细节。或者说，该语言更倾向作为一种适用于法律的软件设计工具，而不刻意追求它的软件开发能力。因此，基于 SPESC 语言的软件开发更加适用于将多个合约进行组合实现复杂业务逻辑的场景，特别是金融、银行等领域。

1.2.3 智能合约安全部署与隐私

安全和隐私是智能合约甚至是传统合同的主要关注点。然而，区块链为智能合约提供了近似完美的去中心化环境，在这里智能合约及所有相关数据都可以加密并放到不可被更改的账本上[16]，这意味着存储在区块中的合同信息永远不会丢失、修改或删除。但这远远不是区块链能为智能合约提供的全部，接下来我们将进一步探讨智能合约部署的概念和方法。

首先，当一个合同被部署到区块链中时，为了将与这个合同相关的所有资产和代码集中在一起，需要申请一个单独的账户，这个账户叫作"合同账户"（contract account）。类似地，每个签约方都有一个用户私钥控制的账户，称为"个人账户"（party account）或钱包（wallet）。任何用户都可以通过从他本人的钱包（私钥用于身份认证）发送交易来触发合同中的代码条款，然后被触发代码将他的资产转移到合同账户，反之亦然。合同账户可视为一个中介机构，具有托管能力，以确保资金锁定。这些资金可以在各缔约方可接受的条件下被解锁，从而保持网上支付和结算的安全。

其次，智能合约使用合约方的私钥进行数字签名，并且该签名可通过之前存储在区块链中的公钥进行验证。这是一种简单、匿名和低成本的签名者身份验证方法，且不需要第三方公钥基础设施（PKI）[17]。

此外，由于区块链中采用了密码认证技术，因此区块链上的智能合约允许在各匿名方之间进行价值交换和交易，而不需要外部执法或法律系统的支持。交易是完全透明、不可逆和可跟踪的，因此任何人都可以审查、审计和验证归档交易。

总之，目前作为智能合约平台基础的区块链屏蔽了许多技术细节，使得各种复杂的机制（如签名、共识、挖掘等）成为智能合约的安全保障，因此程序员可以通过平台提供的部署工具完成便捷的合约部署，从而专注于合约中的交易流程。

1.2.4 智能合约的可信执行

当触发条件满足时，部署在区块链上的智能合约将在一个可靠、高效的执行环境中自动执行。在某些情况下由于某些条款执行不当，当事人面临着资产损失的风险，同时也带来承担法律责任的风险。这一过程需要货币激励、执行机构、指令系统、触发机制等相互协调，才能保证合约代码自动且无差错地被执行。

首先，根据合约运行环境，有以下三种执行模式：

（1）脚本（script）模式：比特币首先采用脚本解释器执行交易中存储的代码，但仅限于验证交易的有效性。在这种情况下，一个交易包含一个输入脚本和一个输出脚本，分别用于解锁前一个交易的输出和设置交易的解锁条件。

（2）虚拟机（VM）模式：该模式通过从物理机中获取所需的资源模拟目标执行所在的操作系统，为开发者提供一个完全透明的运行环境。这种模式屏蔽了区块链节点物理机的差异，使所有节点上执行一致。

（3）容器（docker）模式：该模式使开发人员能够将智能合约源代码及其依赖软件打包到一个小型且轻量级的虚拟容器环境中执行。与虚拟机模式相比，该模式隔离性更强、灵活性更强，可以调用的资源也更多。Hyperledger Fabric 采用的便是 Docker 模式的运行环境。

其次，货币激励是合同执行的必要条件。区块链节点中的合约执行会带来（计算、存储和通信）资源消费，因此客户需要提前支付一定数量的费用（如以太坊 gas）作为奖励。如果预付款太少，无法执行所有操作，则操作将失败，合约状态将回滚。激励机制也可以防止对资源的蓄意攻击和滥用。

再次，智能合约无法访问区块链网络之外的数据，因此，一种名为 Oracle（神谕机）的可信服务被提出，为智能合约提供执行所需的外部数据（如股价、支付状态或信用评级），这些数据可以触发智能合约中预定义的操作。另外，区块链中的内部交易状态也可视为触发条件，激活接收方账户中相应条款的执行。

最后，在合约执行过程中交易用来存储变更合约状态的行为，但必须确保这种行为得到区块链中其他节点的同意。后者被称为"全有或全无"（all-or-nothing）原则，这意味着如果一个交易希望同时更改两个值，要么它完全没有进行更改，要么所有更改都已完成。

1.3　本书内容安排

本书作为一本关于"智能法律合约"和"面向合约软件工程"的专业书籍，从智能法律合约概念和模型出发，围绕智能法律合约、智能合约工程、面向合约的软件工程与编程等新概念、新模型和新方法开展分析和研究，希望建立起具有法律效力的软件开发体系，为解决面向交易和资产、具有法律约束的实际系统软件开发提供一种可行的解决方案。

图 1.4 给出了本书的各章节之间的相互关系。本书包括九个章节，第 1 章介绍智能法律合约与面向合约软件工程的基本概念和软件体系架构，为读者全面理解本书奠定基础；第 8 章和第 9 章为本书作者提出的一种实用的智能法律合约语言标准和合同文本置标语言标准，为读者开展相关理论研究和应用实践奠定基础。

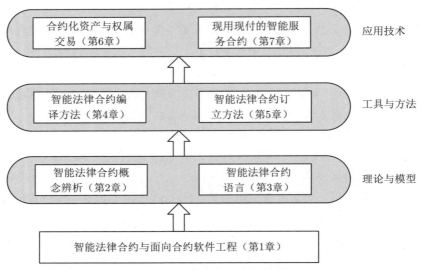

图 1.4　本书各章之间关系

除这三章外，其他六章分为三个层次：从底层的理论与模型到工具与方法，再到应用技术，从理论、技术、应用三个层次对智能法律合约做全面的阐述。

首先，在智能法律合约的理论与模型方面，第 2 章从当前法律合同的法律要求和性质出发，从理论上系统地对智能法律合约进行了辨析，并给出了智能法律合约需要具有的法律特征和要求，为程序代码的法律化设计奠定了基础。在此基础上，第 3 章提出了一种被称为智能法律合约语言的面向法律合约的编程语言，并给出了一种被称为 SPESC 的语言设计，该语言既是面向合约软件工程的设计工具，也可以直接从现实法律合约翻译获得并自动生成可执行智能合约框架，为面向合约软件工程奠定理论和模型基础。

其次，在智能法律合约的技术与方法方面，第 4 章介绍了智能法律合约的编译方法，设计了一种从智能法律合约语言到目标程序语言的程序框架和转化规则，并提供了当事人管理、程序时序控制、异常检测等机制，这些机制能够帮助编程人员（半）自动化地生成智能合约程序。第 5 章则重点研究智能（法律）合约的订立过程，通过引入合约范本化思想，提出了一种包含智能合约建立、部署、订立与存证四个阶段的规范化合约订立流程，从订立过程的要约认定、承诺认定、存证合法性三方面辨析了提出的智能法律合约订立方案的合规性，使之满足书面合同成立要件的"要约–承诺"制度。

最后，在智能法律合约的应用和实践方面，第 6 章针对目前智能合约主要针对数字货币型资产而对数据资产、实物资产、无形资产等支持不足的现状，给出了一般化资产模型和形式化定义，可支持资产属性定义和各类资产权属关系的描述，给出了资产注册、存入、取出、转移、注销等操作，可支持现实世界资产和数字货币资产的交易和权属变更，从而扩大智能（法律）合约的应用范围。第 7 章则针对目前主流的软件即服务（SaaS）架构所面临的软件服务法律化与金融化挑战，将智能法律合约引入服务计算环境中，提出服务即合约（SaaSC）架构，通过智能法律合约条款约束各方当事人在服务注册、发现与消费三阶段的交互行为，并实现细化到服务接口调用级别的精准计费模式，为基于智能法律合约的软件服务法律化和金融化应用提供一种新的可行技术路线。

此外，为了方便读者使用智能法律合约，第 8 章提供了中国电子学会《区块链智能合约形式化表达》团体标准，该标准是第一个智能法律合约及智能法律合约语言的标准，第 9 章提供了中国电子学会《区块链智能合约合同文本置标语言》团体标准，此标准提供了智能法律合约的自动转化和系统构建方法，为读者学习本书提供参考。

1.4 小　　结

智能合约被设想为在不需要可信中介的情况下自动完成价值转移并允许各方就转移结果达成一致的一种软件架构，它也是一种新的基于分布式账本和虚拟技术的软件设计和开发体系结构。区块链的不变性、去中心化、可追溯性和匿名性保证了智能合约具有如下四个特性：

- 可编程性：合约条款可表示为基于可编程逻辑的执行代码。
- 自动执行：一旦满足预定义条件，合约条款中的代码将自动执行。
- 有效监管：在运行时通过共识验证对合同执行进行监控，支持对完整交易记录进行审计，减少主动收集、验证和分发数据的必要。

- 法律效力：智能合约顶层设计来源于法律合同，从而确保合同的执行符合当事人意愿。

总之，我们有理由相信，在不久的将来面向合约的软件体系架构可以帮助开发人员实现高质量的应用程序开发，而且智能法律合约的出现也有利于显著提高源代码可理解性、自动编程水平和软件质量。智能合约的日益普及也将对金融服务、司法体系和社会治理产生深远影响，有利于构建"低成本、高效率、智能化"的新型数字社会。更重要的是，区块链智能合约的研究和发展不是一个单独的领域，而是要在数字时代发挥激活数字要素的作用，要为建设数字经济、数字社会、数字政府，推动数字化转型服务，对生产方式、生活方式、治理方式的变革发挥出区块链应有的作用。

参 考 文 献

[1] AGGARWAL S, KUMAR N. Blockchain 2.0: Smart contracts[J]. 2020.

[2] WANG K Y, LIN G, KUO K, et al. An empirical study of an open ecosystem model for inclusive financial services[C]//2020 IEEE International Conference on Services Computing (SCC). IEEE, 2020: 412-417.

[3] SZABO N. Smart contracts: building blocks for digital markets[J]. EXTROPY: The Journal of Transhumanist Thought, 1996, 18(2).

[4] HEWA T, YLIANTTILA M, LIYANAGE M. Survey on blockchain based smart contracts: Applications, opportunities and challenges[J]. Journal of Network and Computer Applications, 2020: 102857.

[5] BUTERIN V, MADISETTI V K. A next-generation smart contract and decentralized application platform[J]. White Paper, 2014, 3(37).

[6] KOSBA A, MILLER A, SHI E, et al. Hawk: The blockchain model of cryptography and privacy-preserving smart contracts[C]//2016 IEEE symposium on security and privacy (SP). IEEE, 2016: 839-858.

[7] SAVELYEV A. Contract law 2.0: "smart" contracts as the beginning of the end of classic contract law[J]. Information & Communications Technology Law, 2017, 26(2): 116-134.

[8] KOLVART M, POOLA M, RULL A. Smart contracts[M]//The Future of Law and etechnologies. Springer, 2016: 133-147.

[9] DRUMMER D, NEUMANN D. Is code law? Current legal and technical adoption issues and remedies for blockchain-enabled smart contracts[J]. Journal of Information Technology, 2020, 35(4): 337-360.

[10] COBLENZ M, SUNSHINE J, ALDRICH J, et al. Smarter smart contract development tools[C]//2019 IEEE/ACM 2nd International Workshop on Emerging Trends in Software Engineering for Blockchain (WETSEB). IEEE, 2019: 48-51.

[11] HAMILTON M. Blockchain distributed ledger technology: An introduction and focus on smart contracts[J]. Journal of Corporate Accounting & Finance, 2020, 31(2): 7-12.

[12] NIRANJANAMURTHY M, NITHYA B, JAGANNATHA S. Analysis of blockchain technology: Pros, cons and swot[J]. Cluster Computing, 2019, 22(6): 14743-14757.

[13] CUCCURU P. Beyond bitcoin: an early overview on smart contracts[J]. International Journal of Law and Information Technology, 2017, 25(3): 179-195.

[14] WÖHRER M, ZDUN U. Domain specific language for smart contract development[C]//2020 IEEE International Conference on Blockchain and Cryptocurrency (ICBC). IEEE, 2020: 1-9.

[15] CHEN E, QIN B, ZHU Y, et al. Spesc-translator: Towards automatically smart legal contract conversion for blockchain-based auction services[J]. IEEE Transactions on Services Computing, 2021.

[16] ROUHANI S, DETERS R. Security, performance, and applications of smart contracts: A systematic survey[J]. IEEE Access, 2019, 7: 50759-50779.

[17] AL-BASSAM M. Scpki: A smart contract-based pki and identity system[C]//Proceedings of the ACM Workshop on Blockchain, Cryptocurrencies and Contracts. 2017: 35-40.

第 2 章 智能法律合约概念辨析

> **摘要**
>
> 本章从智能合约、智能法律合约等概念入手，依据现行法律的要求对智能合约法律化问题进行探讨，指出智能合约法律化需满足文法要求、非赋权原则、审查准则三个基本规则，并以典型智能法律合约语言 SPESC 和 CML 为实例剖析了其法律效力，辨析使其与原合同文本具有同等法律效力需满足的条件。进而，结合智能合约系统架构及部署运行过程，在对所部署的智能合约进行法律化辨析的基础上对区块链智能合约及其链码的法律地位进行了论证。最后，对当前智能法律合约逻辑模型与语言模型的研究进展进行了总结，并加以讨论。

2.1 引　　言

区块链是采用密码手段保障、只可追加、以链式结构组织的分布式账本系统[1]，其核心价值在于实现了多参与方在统一规则下的自发高效协作，并通过代码、协议、规则为分布式账本及其网络提供了信用基础。智能合约（smart contract）[2-3]是第二代区块链的核心技术之一，允许开发者利用编程语言编写可自动执行程序，实现价值交换等应用并在区块链上存证。

智能合约是法律与计算机领域结合而提出的概念，为了进一步保证智能合约的法律地位，智能法律合约（smart legal contract，SLC）[4-5]被提出，其目的在于在现行法律下将智能合约形式及其代码执行行为认定为法律意义上的电子合同。智能法律合约与智能合约相比，具有更加严格的法律特征，表现在它的表达语言、表现形式、执行方法等各方面。

智能法律合约是智能合约法律化发展的必然结果。现实生活中既懂法律又懂区块链领域专业知识的人仍然较少，使得审查计算机代码法律性的现实难度增加，智能法律合约的出现有助于降低这种难度。同时，智能法律合约作为一种新的区块链应用软件开发模式，不仅扩大了区块链技术的应用领域和快速开发能力，也通过规则约束代码运行，为人、机、物之间的高效安全协作提供了技术保障，从而降低了交易成本并减少了法律纠纷。

从目前的工程实践和学术研究来看，当前智能法律合约概念与技术尚属于起步阶段，有待进一步提高，对其概念、法律地位及内涵均缺乏系统性的研究，同时，对面向智能法律合约的软件模型、编程语言及运行环境也缺少体系上的归纳与总结。

有鉴于此，本章从智能法律合约的历史及概念演变过程入手，分析了当前智能合约平台及其架构，阐述了智能法律合约的法律化思考，并以近年来此领域的实践研究为基础，辨析了智能法律合约法律化地位需满足的基本规则，并指出了为使其与原合同文本具有同等法律效力需满足的三方面条件。上述辨析与分析表明智能法律合约是一条保障智能合约法律地位的可行途径，有利于从现行法律上把握智能合约在合约逻辑、仲裁流程、形式化验证等方面的未来研究方向。

2.2 智能合约概念

合约是当事人基于意思表示合致而签订的协议，是一个使未取得彼此信任的各参与方具有安排权利与义务的商定框架[6]；智能合约在广义上是指符合当事人之间约定的任何计算机协议，是一种计算机化的合约。智能合约运行必须满足参与者事先的约定，且其计算机任务的完成需两名或多名参与者共同协作，因此智能合约既能满足合约遵循的可信性与合规性（合法性），也为保证合约合规性提供了协议验证、存证、争议解决等必需的技术手段。

上述定义的内涵较为宽泛，可囊括大多数的计算机网络协议。为了更加明确智能合约的法律化属性，维基百科中给出了如下定义[7]：

定义 2.1（智能合约） 智能合约是一种旨在根据合约或协议中条款自动执行、控制或记录与法律相关事件和动作的计算机程序或交易协议。

此定义体现了智能合约处理对象是法律合约，处理手段是计算机协议，该手段目的是促进、保障、验证、加强合约协商和履行，表现形式是计算机程序或交易协议。在表现形式上，智能合约作为一种描述自动执行两方口头或书面协议的全部或部分交易步骤的计算机代码，代码既可以是双方协议的唯一表现形式，称为"描述性智能合约"或"纯编码智能合约"，也可以通过实施该合约的某些条款来补充传统的基于自然语言的合约，称为"执行性智能合约"或"辅助性智能合约"。此外，一些智能合约兼有纯编码智能合约和辅助性智能合约的形式，称为"混合型智能合约"。这些不同种类的合约具有不同的优缺点，相辅相成，不可偏废，需要根据其性质进行分类并实施针对性处理（如依法依规、实施有证、部署与执行、监管等操作），进而实现对不同种类智能合约的综合运用，因此我们认为多样化的合约形式是智能合约更强大的表达能力和更广阔的应用范围的坚实保障。

就区块链平台而言，区块链智能合约定义如下[8]：

定义 2.2（区块链智能合约） 区块链智能合约是部署在区块链上、在满足预定条件时可自动执行并存证的计算机程序[8]。

与广义智能合约概念相比，这种智能合约的载体是区块链，它本质上是一种自动执行与存证的计算机程序。通常，智能合约是与平台无关的概念，而区块链智能合约是与平台相关的，需针对特定区块链结构转化为该平台指令系统所理解的代码。这种转化后的代码被称为链码（chain code），具体定义如下：

定义 2.3（链码） 链码是指由区块链智能合约转化的、部署在区块链中并可被直接执行的指令序列。

链码将合约条款内容转化的指令序列直接写入区块链代码行中，并设置代码执行的触发条件，因代码在满足预定触发条件后自动运行，不需要人为干预，因此被称为自动执行。

定义 2.4（自动执行） 区块链智能合约的自动执行是指部署在区块链上的链码在满足触发条件后履行合约或协议中条款的方式。

智能合约通常是应用软件的一部分，也是由数字编码表示的条款代码，尚不构成法律意义上的合同。进而，它可在不需要可信方的参与下由计算机网络执行，且共识协议可确保执行正确性。或者说，智能合约是一种自动执行合约条款并自我验证和无须中介的计算机交易协议[9]。

2.3 智能法律合约

2.3.1 智能法律合约定义及内涵

随着数字社会的快速发展以及区块链技术的广泛应用，区块链智能合约的规范化需求日益强烈。然而现有智能合约面临专业性强、可读性差、生产效率低等实际问题，现实法律合同到可执行程序代码的高效转化难以实现，这不仅影响了行业应用与计算机及法律界人士的跨领域合作，而且阻碍了智能合约的法律化进程[10]。有鉴于此，智能法律合约被提出[11]。

定义 2.5（智能法律合约） 智能法律合约是一种含有合同构成要素、涵盖合同缔约方依据要约和承诺达成履行约定的计算机程序。

智能法律合约是一种介于现实法律合同与智能合约之间的过渡性手段。如图 2.1 所示，现实法律合同以自然语言为载体，可翻译成由智能法律合约语言撰写的智能法律合约，进而转化为由智能合约语言编写的智能合约。

智能法律合约本质上是一种符合法律的智能合约。英国标准协会同样给出定义：当事方之间以自然语言文本的形式，在可计算逻辑的支持下，以数字协议的形式在不同的计算机系统之间建立可移植的可执行义务[12]。

图 2.1　合同转化关系

依据智能法律合约标准[11-12]，智能法律合约需遵循符合现行法律的合约结构及语法规则，使智能法律合约满足以下性质：

（1）自然语言描述：作为在智能合约和现实合约之间建立共同意思表示的桥梁，智能法律合约必须是一种简单易懂、条理清晰的语言描述形式，既兼有现实合约的法律特征和易理解性，也具有智能合约的规范性和逻辑性。

（2）平台独立性：智能法律合约所采用的语言属于解释型语言，不直接产生目标机器代码，而是通过解释器逐一将源程序语句解释成可执行的机器指令。解释器中间层屏蔽了平台间的差异，同样的智能法律合约在不同平台的执行结果是相同的，使智能法律合约能够具有"一次编写，随处运行"的平台独立性。

（3）可移植性：作为现实合约和智能合约中间层次的合约形式，智能法律合约的编写和解释器都应该对硬件或操作系统没有依赖性，在不同的系统或平台运行时经过很少改动或不经修改就可解释编译成等效的智能合约程序，即具有可移植性。

智能法律合约应建立在智能合约和现实合约之间，既具有合同的法律特征和易理解性，又有计算机程序代码的规范性[13-14]，以促进计算机、法律等专业人员的跨领域协作。在区块链可确权基础上，智能法律合约将物理世界有价值的资产，包括房子、汽车、健康数据和版权等数字化为数字资产，并与可编程数字法币相结合，使其在区块链网络上自由使用和流通，推动区块链智能合约快速健康发展。同时，智能法律合约以程序代码表达合同条款，将现实法律合同与网络空间的程序代码相衔接，可有效降低现实社会中法律合同生成智能合约的开发成本。

2.3.2　智能合约语言发展现状

编程语言是程序设计的基础，理解智能合约语言也是掌握智能合约应用设计和运行机理的有效途径。智能合约语言是利用智能合约实现现实业务的工具，是帮助智能合约使用者撰写智能合约程序与代码的编程语言[15]。从智能合约语言的语言特点和运行环境分析，可将目前的智能合约语言分为三类：

（1）专有型智能合约：一种针对特定功能区块链系统而开发的特定智能合约。典型代表是比特币脚本系统下的货币型合约，它采用简单脚本指令系统和类 Forth 语言的栈式结构实现计算与条件控制。

（2）通用型智能合约：使用常见程序设计语言，运行在容器（docker）与虚拟机（VM）中，采用预定义接口与区块链进行交互。例如，超级账本[16]支持如 Go，Java 等语言直接编写。

（3）专业型智能合约：采用领域专用语言（DSL）针对特定专业领域而开发的智能合约，如法律、保险、知识产权、供应链金融、银行清结算、企业贷款等领域，这种智能合约的特点是专业性强但通用性差，通常需要转化为通用型或专有型智能合约才能应用。

专有型和通用型智能合约的撰写仍需较强的计算机专业基础，对于其他专业人员有较高的壁垒，因此，就智能合约不同行业应用开发而言，专业型智能合约将成为智能合约发展的主要趋势。

2.3.3 智能法律合约与法律合同的关系和区别

法律合同是双方或多方以一定的权利义务关系声明约束他们之间民事法律关系的协议，且可由法庭强制执行。在本章中，认为符合法律要求、满足可读性、具备合约必需组件的合约均可认定为法律合同，是一个更为广泛的概念。其中，自然语言撰写的传统纸质合约是法律合同的最常见形式。

智能合约是否属于法律合同一直是学者争论的问题，部分学者[17]认为智能合约通过代码表达当事人合意，且能在部署过程中满足"要约–承诺"结构，应属于法律合同；但更多学者[18-19]认为它的信赖前提是智能合约技术及其自治秩序，其代码在有效语义一致性识别时存在解释困难，且一旦部署后智能合约"不可撤回"，将事实上出现强制缔约的现象，应属于基于自治联合体的多维信赖合同，而不能认为其完全符合法律合同的要求，本章对该问题持有相同态度。

智能法律合约是在传统现实合约基础上形式化提取、着重于合约程序性和法律性共举的合约形式，可以通过转译机制转化成智能合约，从而进行程序运行。智能法律合约语言在规避自然语言二义性的同时引入其法律特征和程序语言的规范性，所编写的智能法律合约可以更明确地表达合约条款、权利义务约束、权属交换等内容，在合约内容中符合法律合同规定。从本章后续论述中可以得知智能法律合约也具有和传统现实合约一样的法律效力，且满足合同所需要件，因此智能法律合约属于法律合同。

推论 2.1　智能法律合约是对传统现实合约的形式化、模板化表达形式，属于法律合同且可转化为智能合约。

当合同出现违约或异常终止且无法调解时将转交法院判决，法院将审查双方商定的最终书面文件以确定双方是否遵守或违反。这里，法院视这一最终书面文件代表双方的共同意图。对于描述性智能合约而言，其转化的可执行代码及其产生的结果是双方商定条款的唯一客观证据。但是，对于执行性智能合约而言，法院可能会将合约原始文本和代码视为统一的单一性协议。当传统的文本协议和代码不对齐时，问题变得复杂。

2.4　智能合约的法律化探索与实践

2.4.1　智能合约的法律化思考

依照《中华人民共和国民法典》（简称《民法典》）第 464 条（图 2.2 A.1），这与定义 2.1 中智能合约概念相一致，智能合约形式下当事人约定了多方应该遵循的行为约束，签订合约的目的、性质并未发生变化[17]，但智能合约要成为意思自治的合理表现形式，其形式合法化、内容规范化，编写和运行过程都应该满足国家现有法律和政策框架的约束，目前智能合约距离满足法律要求仍存在很多法律问题。

辨析 2.1　传统合同采用的自然语言、法言法语、专业术语与在智能合约中的计算机代码之间存在差异。

传统合同与智能合约的差异表现为：

（1）传统合同为了针对各种无法预见的情况，不但经常使用一些抽象的、概括的、灵活的语言以实现内容高度的通用性，还经常大量使用法言法语甚至专业领域的术语；

（2）智能合约采用了非二义性、形式化的计算机语言进行表达，是一种可执行的指令序列[20]，常使用严谨、正式、"死板"的语言将合约内容中的条件、范围等进行限定。

因此，两种语言之间的差异体现在两个方面：二义性与确定性、抽象与具体，相对而言，智能合约语言误解的概率比传统合同更低，这也是其优势所在。

另一方面，智能合约作为计算机程序，缺少对当事人权利和义务等法律关系与行为的明确表述[21]，难以由法律人士通过程序代码区分合约表述的权利义务关系，这一缺点直接影响到智能合约的法律效力，也是必须克服的缺点。

其次，依照《民法典》第 470 条（图 2.2 A.2）规定，智能合约作为一种电子合同，其内容也应满足上述规定的法律要素。

A.1 《民法典》第四百六十四条 合同是民事主体之间设立、变更、终止民事法律关系的协议。
Article 464 A contract is an agreement on the establishment, modification, or termination of a civil juristic relationship between persons of the civil law.

A.2 《民法典》第四百七十条 合同的内容由当事人约定，一般包括下列条款：（一）当事人的姓名或者名称和住所；（二）标的；（三）数量；（四）质量；（五）价款或者报酬；（六）履行期限、地点和方式；（七）违约责任；（八）解决争议的方法。
Article 470 The content of a contract shall be agreed by the parties and generally includes the following clauses: (1) name or designation and domicile of each party; (2) objects; (3) quantity; (4) quality; (5) price or remuneration; (6) time period, place, and manner of performance; (7) default liability; and (8) dispute resolution. The parties may conclude a contract with reference to the various types of model contracts.

A.3 《民法典》第一百八十条 因不可抗力不能履行民事义务的，不承担民事责任。法律另有规定的，依照其规定。
Article 180 A person who is unable to perform his civil-law obligations due to force majeure bears no civil liability, unless otherwise provided by law.

A.4 《民法典》第四百九十六条 格式条款是当事人为了重复使用而预先拟定，并在订立合同时未与对方协商的条款。采用格式条款订立合同的，提供格式条款的一方应当遵循公平原则确定当事人之间的权利和义务，并采取合理的方式提示对方注意免除或者减轻其责任等与对方有重大利害关系的条款，按照对方的要求，对该条款予以说明。提供格式条款的一方未履行提示或者说明义务，致使对方没有注意或者理解与其有重大利害关系的条款的，对方可以主张该条款不成为合同的内容。
Article 496 A standard clause refers to a clause formulated in advance by a party for the purpose of repeated use which has not been negotiated with the other party when concluding the contract. Upon concluding a contract, where a standard clause is used, the party providing the standard clause shall determine the parties' rights and obligations in accordance with the principle of fairness, and shall, in a reasonable manner, call the other party's attention to the clause concerning the other party's major interests and concerns, such as a clause that exempts or alleviates the liability of the party providing the standard clause, and give explanations of such clause upon request of the other party. Where the party providing the standard clause fails to perform the aforementioned obligation of calling attention or giving explanations, thus resulting in the other party's failure to pay attention to or understand the clause concerning his major interests and concerns, the other party may claim that such clause does not become part of the contract.

A.5 《民法典》第四百九十七条 有下列情形之一的，该格式条款无效：（一）具有本法第一编第六章第三节和本法第五百零六条规定的无效情形；（二）提供格式条款一方不合理地免除或者减轻其责任、加重对方责任、限制对方主要权利；（三）提供格式条款一方排除对方主要权利。
Article 497 A standard clause is void under any of the following circumstances: (1) existence of a circumstance under which the clause is void as provided in Section 3 of Chapter VI of Book One and Article 506 of this Code; (2) the party providing the standard clause unreasonably exempts or alleviates himself from the liability, imposes heavier liability on the other party, or restricts the main rights of the other party; or (3) the party providing the standard clause deprives the other party of his main rights.

A.6 《民法典》第五百零六条 合同中的下列免责条款无效：（一）造成对方人身损害的；（二）因故意或者重大过失造成对方财产损失的。
Article 506 An exculpatory clause in a contract exempting the liability on the following acts are void: (1) causing physical injury to the other party; or (2) causing losses to the other party's property intentionally or due to gross negligence.

A.7 《民法典》第四百六十六条 合同文本采用两种以上文字订立并约定具有同等效力的，对各文本使用的词句推定具有相同含义。各文本使用的词句不一致的，应当根据合同的相关条款、性质、目的以及诚信原则等予以解释。
Article 466 Where a contract is made in two or more languages which are agreed to be equally authentic, the words and sentences used in each text shall be presumed to have the same meaning. Where the words and sentences used in each text are inconsistent, interpretation thereof shall be made in accordance with the related clauses, nature, and purpose of the contract, and the principle of good faith, and the like.

A.8 《民法典》第四百六十九条 当事人订立合同，可以采用书面形式、口头形式或者其他形式。书面形式是合同书、信件、电报、电传、传真等可以有形地表现所载内容的形式。以电子数据交换、电子邮件等方式能够有形地表现所载内容，并可以随时调取查用的数据电文，视为书面形式。
Article 469 The parties may conclude a contract in writing, orally, or in other forms. A writing refers to any form that renders the content contained therein capable of being represented in a tangible form, such as a written agreement, letter, telegram, telex, or facsimile. A data message in any form, such as electronic data interchange and e-mails, that renders the content contained therein capable of being represented in a tangible form and accessible for reference and use at any time shall be deemed as a writing.

A.9 《民法典》第一百四十三条 具备下列条件的民事法律行为有效：（一）行为人具有相应的民事行为能力；（二）意思表示真实；（三）不违反法律、行政法规的强制性规定，不违背公序良俗。
Article 143 A civil juristic act is valid if the following conditions are satisfied:(1) the person performing the act has the required capacity for performing civil juristic acts; (2) the intent expressed by the person is true; and (3) the act does not violate any mandatory provisions of laws or administrative regulations, nor offend public order or good morals.

图 2.2 《中华人民共和国民法典》法律条目摘录

推论 2.2（文法要求） 智能合约法律化应遵循自然语言表述为基础、法言法语为标准词汇、计算机形式化表达为语法、法律要素为框架生成智能合约。

传统合同与智能合约在用语方面存在很大不同，因此在两者之间的转化过程中也必然会出现问题而带来法律风险。在产生纠纷需要法院或者仲裁机构进行裁判、理解代码含义或代码逆向转化回合同条款时，容易出现歧义或者模糊的用语（代码）难以界定，使得法院或者仲裁机构难以作出裁判，为诉讼带来更大的时间成本与经济成本。

辨析 2.2 智能合约自动执行与法律合同中当事人享有权利之间存在的内生矛盾。

自动执行能力是智能合约最为鲜明的特征，它在履行合同条款时具有无偏差执行、自动验证、不依赖其他机构等优点，同时也具有履行条款时"机械性"的缺点，即一旦条件满足被触发后将无法停止执行，也不会被单方终止。

在讨论智能合约法律化时，计算机不能承担法律责任是一个永恒的前提[22]，智能合约应保证其行为必须得到人的授权。因此，智能合约所具有的自动执行能力与法律合同中的当事人享有权利之间的内生矛盾体现如下：

（1）智能合约的自动执行能力不能代替当事人的意志选择，应允许当事人自行确定是否行使权利或履行义务，以及权利义务履行的方式。

（2）智能合约的自动执行能力不能通过禁止条款限制现实世界中人类的行为。

（3）智能合约应允许当事人因不可抗力、履约过程中外部条件发生变化或特殊情况，经当事人协商一致后停止履行合同，限制智能合约的自动执行能力。

智能合约有能力帮助当事人自动处理各种线上交易，如自动转账等，但在撰写智能合约时，应该有意限制其不可代替当事人自动执行这些义务性行为（智能合约不应具备自主权和独立权），或者提供当事人对权利义务的选择。因此，智能合约自动执行的前提基础应当是：只有在当事人明确已授权的情况下，智能合约才可代替其执行指定的行为。

智能合约法律化的发展方向应该是对合约履行过程中当事人行为的结果进行检测和验证，从而判断当事人在规定条款下是否完成意定的行为或者实现某种结果，进而为合约履行提供便利。

推论 2.3（非赋权原则） 智能合约法律化过程中应注意约束智能合约不可代替当事人自动执行意志选择，而且应针对当事人行为结果进行条款履行的检测和验证。

根据《民法典》第 180 条（图 2.2 A.3）规定，完备的智能合约系统应该支持在不可抗力或特殊情况下，终止履行合同乃至解除合同。

辨析 2.3 转化后的智能合约存在法律有效性与代码安全性问题。

与常规计算机程序一样，（经转化后）智能合约代码通常包括两部分：表征合同内容的"针对性代码"与为了重复使用而预先拟定的"引用性代码"(包括各种类库、平台 Jar 包和函数库)。由于智能合约是由专业受限的程序员所撰写,他们可能对合同条款缺乏审查能力,会将本应无效的条款转化为代码或无法意识到合约是否存在违反法律要求的行为。因此,有必要对智能合约代码进行法律有效性审查,包括:

首先,对于针对性代码,应该根据《民法典》中对无效民事法律行为(如欺诈、胁迫、虚假意思表示)的认定进行审查,从而判断其效力作用。此外,传统合约转化至计算机代码目前尚缺少标准化的转化方式,转化结果因人而异、参差不齐,这些无疑增大了智能合约作为合约在法律认定上的难度。

其次,对于引用性代码,易于将其归属于法律合同中的格式条款。依据《民法典》第 496 条(图 2.2 A.4),需对引用性代码进行当事人告知和共识;同时,需对该代码进行无效性审查,即审查其是否违反《民法典》第 497 条规定(图 2.2 A.5)。

最后,对于恶意编程人员编写的智能合约,由于合约当事人缺乏对代码的基本了解,也可能无法察觉到合约是否存在漏洞或意思表示差异,因此恶意编程人员可利用己方优势进行欺诈、胁迫等违法行为,而当事人则可能落入"陷阱"且缺乏能为自己原本意思表示做支撑的证据,在这种情况下,智能合约自动履行后往往会产生争议且难以进行认定。有鉴于此,对智能合约代码进行安全性检测是非常必要的。

推论 2.4(审查准则) 智能合约法律化过程中应保证智能合约代码可进行有效性审查和安全性检测。

由此可见,只有智能合约满足上述三个基本规则,包括文法要求、非赋权原则、审查准则,才能使智能合约具有法律化特征。

2.4.2 智能合约的法律化探索

智能法律合约作为现实法律合同与智能合约之间的过渡性手段,是智能合约法律化的一个重要途径。为了满足智能合约法律化的三个基本原则,采用领域专用语言(DSL)开发智能法律合约语言(SLCL)是一条有效途径。其中 DSL 是指专注于某个应用程序领域的计算机语言。采用这种领域性语言实现合同意思表示,既能让当事人之间便于沟通,又可让出现违约问题时介入的第三方准确理解合同内容,使所签订合同具有公知的法律效力,促进智能合约和传统合约之间的语言差异问题的解决。

基于这种思想,近年来一种高级智能合约语言已引起学术界的广泛关注。2018年 He 等基于面向领域语言的思想提出了一种面向现实合约的智能合约描述语言(SPESC)[23],该语言在智能合约和传统合约之间引入了智能法律合约的概念,明确定义了当事人的义务和权利以及加密货币的交易规则,用固定格式的语法结构提供了面向非计算机专业人员的智能法律合约撰写方式,并可以根据该语法结构将撰写完成的智能法律合约编译成可执行的智能合约程序,为实现智能合约的法律化提供了一个很好的解决途径。

使用 SPESC 语言撰写的智能法律合约包含合约框架、合约名称、当事人描述、标的、资产表达式、资产操作、合约条款、附加信息和合约订立，其中，资产操作包括存入、取出、转移，合约条款包括一般条款、违约条款以及仲裁条款，其具体语法模型如图 2.3 所示，以 SPESC 语言编写的简化版竞买合约实例如图 2.4 所示。SPESC 模块中对法律规定的合同内容均进行了相应显式定义，符合《民法典》对合同内容的要求。

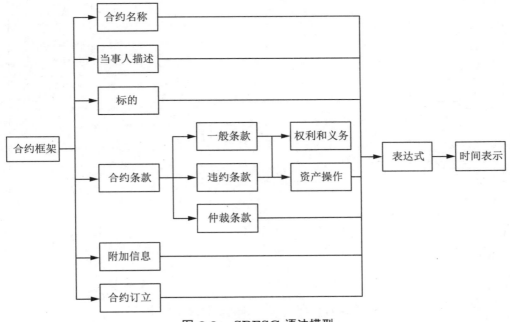

图 2.3　SPESC 语法模型

基于上述语法结构，该文后续工作[24]中对 SPESC 系统性使用进行了完善，提出了高级智能合约层、智能合约层和机器代码执行层的三层智能合约系统框架，并给出 SPESC 到目标程序语言（以 Solidity[25] 为例）的转化规则。该转换规则给出了三部分转化内容：

（1）根据当事人描述 Parties 生成目标语言合约中的当事人合约（群体当事人合约或个体当事人合约），用于管理当事人，记录关键事件，并提供相关统计和查询等功能。

（2）根据合约其他内容生成目标语言合约中的主体合约，包括两部分：合约属性、当事人的定义与初始化；条款的处理。

（3）目标语言合约中补充生成当事人人员管理、程序时序控制及异常检测等机制。

转化规则的制定以及对 SPESC 中表达式的进一步细化使智能法律合约能够在一定规则体系下进行转化，转化后的智能合约具有规范和统一的函数结构和逻辑表达，有效避免了不同程序员撰写智能合约带来的个人色彩和不确定性，也可确保转化后的智能合约与智能法律合约具有相同的意思表示，并可随时调取、查看合约的运行信息。

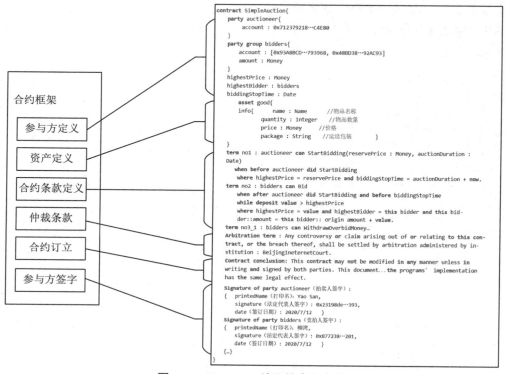

图 2.4　SPESC 编写的竞买合约

2020 年，Maximilian Wöhrer 等在文献 [26] 中提出了基于 DSL 的面向合同的合约语言 CML，该语言在表现形式上类似于文献 [23] 中的 SPESC 语言，使用状态变量和一组动作描述合同的规定动作和涉及的变量；使用"may"或者"must"作为条款的情态动词；使用关键字"due"表示时序关系，后跟时态优先级（"after"或"before"）和触发器表达式，作者在文中也给出了从 CML 到 Solidity 的各部分转化方法。

总之，基于 DSL 构造的智能法律合约语言 SLCL 便于计算机、法律等各界人士理解，打破了之前所述传统合同和智能合约之间用语的壁垒。同时，所给出的转化规则将该语言所撰写的高级智能合约映射到目前可执行的智能合约，使得两者的"意思表示一致"。

根据我国《民法典》第 466 条规定（图 2.2 A.7），法律允许并承认：采用多种文字订立合同并约定具有同等效力，成立之后的合同皆是受法律保护的合同，对合同当事人具有法律拘束力。因此，从现实合约到智能法律合约、智能合约、运行链码这一转化过程，尽管各阶段采用的语言不同，但用以表述相同含义的智能法律合约、智能合约、运行链码皆是具有相同法律效力的书面合同。因此，有以下推论：

推论 2.5 智能合约及其链码与原合同文本具有同等法律效力，只要①采用智能法律合约生成与订立；②满足智能合约法律化三个基本规则；③约定具有同等效力。

需要注意的是，智能合约作为一种新的电子合同，是一个不断发展的概念，法律化进程也需要不断完善，如合约标的表示和实现、违约条款后续处理、订立过程规范化、证据保全、仲裁流程等内容。

2.5 智能合约系统架构及法律化辨析

2.5.1 智能合约架构描述

智能合约平台是智能合约架构的基础，也为合约条款履行提供计算环境，以区块链为基础，智能合约平台通过提供丰富的编程语言，使开发人员得以实现任意价值的交换[27]。智能合约平台[28]定义如下：

定义 2.6（智能合约平台） 智能合约平台是指一种支持智能合约可执行程序部署、运行、验证的信息网络系统。

从计算模型角度来看，区块链中的交易记录能够记录账户所持有货币的所有权状态以及预先定义好的"状态转换函数"。当其他交易或可信外部事件发生时，它将依据"状态转换函数"转变为新的状态，写入交易记录并往复上述过程。上述"状态转换函数"可视为预定义的合约代码，表征当事人可行使权利和履行义务。同时，从法律视角来看，激活"状态转移函数"的条款运行机制必须获得当事人授权。图2.5描述了区块链智能合约的通用架构。该架构涉及智能合约的程序设计、代码生成、部署与执行等多个阶段。下面将对几个阶段分别加以简单介绍。

2.5.2 智能合约的区块链部署

智能合约的存储与执行、结果有效性、合约代码安全都依赖于区块链[29]，区块链与智能合约的有效整合成为智能合约实施的关键[30]。为便于理解，智能合约通常将区块链视为参与者共同维护的交易数据库；智能合约将以交易形式被部署到区块链，且可追加交易用于更改共享数据库中某些内容，但该更改行为必须被其他所有参与方所接受，称为"all-or-nothing"原则；此外，签名机制可用来保证只有持有该账户密钥的人才能从该账户中转移资金；区块可视为时间上具有线性关系的存储单元，而建立在区块之间的单向哈希链可视为因解决合约冲突而建立的公认交易顺序。

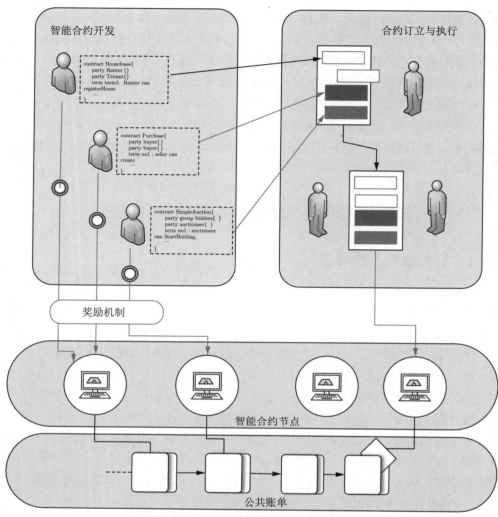

图 2.5　区块链智能合约的通用架构

通过在智能合约中引入面向对象、面向领域乃至面向服务的编程思想，使得区块链中的各种复杂机制（挖矿、共识、对等网络、哈希等）变成了智能合约平台提供的承诺，开发和使用人员只需要关注自己的业务需求，而无须考虑智能合约执行代码的具体实施。

2.5.3　合约代码运行

智能合约与自然语言合约的关键区别在于它们如何履行合约：自然语言合约通常依赖于各方履行合约义务，而智能合约一旦触发就自动履行各方义务。当满足触发条件时,被部署在区块链上的智能合约代码将被区块链系统自动执行,并依照合约规定完成各种资产的转移。

为保证合约代码自动和无差错地被执行,需要引入下列机制:

(1)奖励机制是针对合约代码执行中的各种开销,由发布者预付一定量的货币(如 gas)作为奖励,通常它是智能合约平台的必备条件。

(2)执行机构是指合约代码运行的环境,包括脚本、容器、虚拟机三种运行方式[31],此方面技术比较成熟,是智能合约平台构造的核心技术。

(3)指令系统是智能合约运行环境提供的全部指令的集合,反映了运行环境所拥有的基本功能[32],是智能合约平台软件构建的基础。

(4)预定义的合约条款触发场景和响应规则是自动判定当前场景满足合约条款触发条件的依据,响应规则则验证智能合约代码运行后的结果,并向区块链发送用以更新合约状态的交易。

2.5.4　区块链所部署智能合约法律化辨析

联合国国际贸易法委员会《电子商务示范法》中将电子化的意思表示称为"数据电文"。根据我国《电子签名法》规定,数据电文的定义如下:

定义 2.7(数据电文)　数据电文是指以电子、光学、磁或者类似手段生成、发送、接收或者储存的信息。

区块链智能合约及其链码都是一种采用电子方式生成的计算机代码,它被发送到区块链网络中,并被网络中所有节点接收和存储,因此根据上述定义,不难证明下面辨析成立。

辨析 2.4　区块链智能合约及其生成的链码属于数据电文。

区块链智能合约是一种基于计算机语言以电子方式生成的计算机代码,链码则是通过智能合约语言编译器生成的可执行指令序列,而且,它们通过计算机网络被发送到区块链中每一个(完全)节点并在共识机制处理下被存储,这些活动符合数据电文中关于通过电子手段生成、发送、接收及存储的要求。因此,它们都符合数据电文规定。

区块链智能合约不仅是一种数据电文而且依据我国现行法律属于书面形式。

辨析 2.5　区块链智能合约及其生成的链码属于书面形式。

依据当前我国《民法典》第 469 条(见图 2.2 A.8)规定,部署于区块链智能合约平台上的合约代码应属于数据电文。区块链智能合约及其生成的链码虽然在形式上采用了计算机语言的指令代码形式进行表示,对普通人员来说已经不具有可理解性,但可以通过电子数据交换形式从区块链上随时调取查看上述相关代码,并可通过屏幕显示或打印形式有形地表现所载内容,因此它们属于书面形式。

因此可知，区块链智能合约及其链码在形式上已经具有法律合同的特征，符合当事人订立合同的要求。然而，在内容上区块链智能合约及其链码仍然无法满足我国现行法律的规定。

辨析 2.6 以可执行指令序列表示的区块链智能合约及其生成的链码不足以构成法律合同。

依照《民法典》第 470 条规定（见图 2.2 A.2），以可执行指令序列表示的区块链智能合约及其生成的链码表述了计算机自动化执行的过程，并不能以直观的方式确定上述法律合同要件。

下面以反例进行说明。合同条款在法律上是合同条件的表现和固定化，也是确定合约当事人权利和义务的根据。然而，结构化语言表示的智能合约以函数或过程形式描述当事人行为，不支持能愿动词的使用，因而无法直观描述执行人执行该行为的权利与义务关系，有可能引起法律纠纷；法律合同通过条款形式对当事人行为结果进行约定，但某些条款并不直接限制达到该结果当事人的执行方式，这与智能合约程序中确定性的某种执行指令序列并不一致。因此，以可执行指令序列表示的区块链智能合约及其生成的链码本身不构成合同。

推论 2.6 在合同订立过程中必须明确约定现实合约、智能法律合约、代码、链码的相互转化关系，并对它们的意思表示进行说明。

本章中智能法律合约转化关系及相关要素间关系如图 2.6 所示。依据《民法典》第 143 条（见图 2.2 A.9）规定，合同存在法律效力应该满足三方面的条件，即：①行为人具有相应的民事行为能力；②意思表示真实；③不违反法律、行政法规的强制性规定，不违背公序良俗。

针对条件①，现实合约、智能法律合约、代码、链码的运行需经过所有当事人的签订，且部分行为是需要当事人触发执行的，最大限度保证了当事人具备民事行为能力；针对条件③，现实合约中若包含违反上述规定的行为，现实合约将自动失效，与此对应的智能法律合约、代码、链码也将自动视为无效合同，从而可以保证满足条件③的要求。

针对条件②，现实合约具有法律约束力，规定了全部的合同条款和各方的权利和义务，而代码和链码皆具有极强的专业性和领域性，在涉及其意思解读时会带来第三方理解的误差或困难，难以验证。

综上，在智能法律合约充当现实合约和智能合约（代码）、链码之间桥梁的基础上，其意思表示一致是智能合约具有法律效力的必要条件，因此在合同订立过程中，必须保证它们间的相互转化关系是可经过检验求证的，且当事人签订时需知晓且同意其互证关系。

第 2 章 智能法律合约概念辨析

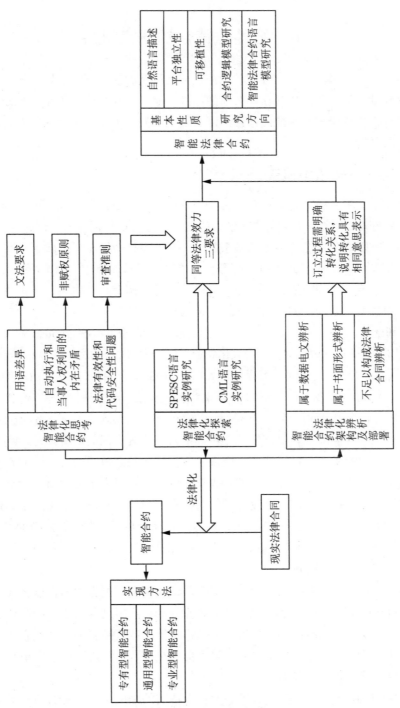

图 2.6 智能法律合约转化关系及相关要素间的关系

2.6 智能法律合约研究进展

智能法律合约虽然是一个较新的词汇，但其涉及的法律合约逻辑、智能合约形式化表达等基础探索和相关研究在很久前便已经开始了，现行研究工作主要分为两个方向：合约逻辑模型研究与智能法律合约语言模型研究。下面分别就这两方面研究进展予以介绍与分析。

2.6.1 合约逻辑模型研究

在早期论文中，1952 年，G.H. von Wright 发表论文 Denotic Logic，被视为现代道义逻辑的开端，他将义务、允许和禁止的规范概念与量化词——所有、某些、否，以及模态词——必要、可能、不可能联系起来，基于经典命题逻辑形成了标准道义逻辑（SDL）的基础，可谓是形式化研究的开端。1988 年，Lee 等[33]对道义逻辑（deontic logic）给出了更加详细的描述和扩充，提出了一种强调合约时序性、道义性和行为性的逻辑合约模型，成为最突出的合同正式化范式之一。

在此基础上，1999 年 Grosof 等[34]使用谦虚逻辑编程（courteous logic program，CLP）给出了有关知识表示的新的形式化表示，通过增加冲突的优先处理，扩展自说明性的普通逻辑，并开发了一个可以翻译任何 CLP 程序到语义相等的 OLP 程序的编译器。

Guido 等在连续多年的研究中对道义逻辑表示合同的应用给出了更多的可行方案。作者在文献 [35] 中利用谦虚逻辑编程开发了使用 RuleML（rule markup language）语言表达的商务合同的推理机，以机器可读语言来明确合同的所有条件，将其转换为可执行代码，并提供了一种将业务规则表示为模块化独立单元的方法，兼有使用优先级和覆盖谓词来解决冲突的能力。在文献 [36] 中进一步研究了使用道义逻辑来表达合约语义的需要，并提出了使用可废止逻辑对模态逻辑算子和道义逻辑算子的进一步扩展。在文献 [37] 中提出了一个用来表示和推理电子合约的架构（DR-CONTRACT）。在道义逻辑的基础上增加了可废止逻辑，使用道义可废止逻辑（deontic defeasible logic）来处理合同违约情况。

2015 年，Florian Idelberger 等[38]提出基于逻辑的智能合约语言以替代过程式语言（procedural language）。当合约中执行复杂逻辑时，用过程式语言描述合约会使程序更加笨重且易错，同时因为逻辑约束的动作执行顺序直接影响程序状态，导致合约不易维护和监测。而基于逻辑的语言可以避免这个问题，其规则的顺序不影响程序执行，并且语句声明将会更加简洁。

2016 年 Frantz 等[39]基于捕捉法律基本特征的制度语法（ADICO）[40]提出了将人机可读的合同半自动翻译成智能合约的方法，支持将 ADICO 组件映射为相应的

Solidity 结构,包括生成合约地址、修饰器名称、函数框架,但是尚未实现函数主体和 Solidity 表达式的转换。

2019 年王璞巍等[41]以承诺(commitment)作为基本元素构建了面向合同的智能合约形式化语言,承诺表示为代表承诺人 x 向被承诺人 y 做出承诺,如果前提 p 达成,就产生结果 r。上述工作表明合约逻辑模型日趋完善,并正朝着与现实法律相融合的方向发展。

2.6.2 智能法律合约语言模型研究

此方面研究在 4.2 节中已经有部分代表性文献介绍,此节将给出相关性研究的其他情况。

功能性语言 Simplicity[42]通过对抽象机器上操作语义的评估,计算空间和时间资源消耗的上限,在执行之前计算出比特币脚本和以太坊虚拟机中的资源消耗费用,有利于解决智能合约的预付费问题。

SmaCoNat[43]与 SPESC 同年被提出,两者结构相似。如图 2.7 所示,SmaCoNat 合约包含合约头(Heading)、账户(AccountSection)、资产(AssetSection)、协议(AgreementSection)、事件(EventSection)。其中,合约头、账户、事件分别类似于 SPESC 中的合约名称、当事人、条款,而资产与协议分别用来声明合约中涉及的资产以及对资产初始化。该合约展示了 SmaCoNat 语言编写的出售停车票来控制停车场的各项内容。

```
1 Contract in SmaCoNat version 0.1.
2
3 § Involved Accounts:
4 Account 'BarrierIn' by 'AComp' by Genesis alias 'BarrierIn'.
5 Account 'BarrierOut' by 'AComp' by Genesis alias 'BarrierOut'.
6
7 § Involved Assets:
8 Asset 'TheCoin' by Genesis alias 'TheCoin'.
9 Asset 'ParkTicket' by Self alias 'Ticket'.
10 Asset 'OpenBarrier' by Self alias 'Open'.
11
12 § Agreement:
13 Self issues 'Ticket' with value 42.
14 Self issues 'Open' with value 1.
15
16 § Input Event:
17 if Input is equal to 'TheCoin' from Anyone
18 and if value of Input is equal to 0.3
19 then
20     Self transfers 'Ticket' with value 1 to owner of Input.
21     Self transfers 'Open' with value 1 to 'BarrierIn'.
22     Self issues 'Open' with value 1.
23 endif
24
25 if Input is equal to 'Ticket' from Anyone then
26     Self transfers 'Open' with value 1 to 'BarrierOut'.
27     Self issues 'Open' with value 1.
28 endif
```

图 2.7 SmaCoNat 合约

SmaCoNat 对资产做出了更加具体的描述与限定，但是 SmaCoNat 与本章中对 ASCL 的要求相比存在一些差异：①SmaCoNat 中没有表达如何在合约中存储信息，只支持对于资产转移的描述，因此应用范围较小；②SmaCoNat 中没有对于时序的控制，每个 Input Event 之间相互独立，仅通过资产进行联系，条款之间的关系更难梳理与理解。

文献 [44] 采用改进后的网络本体语言（OWL）——语义网规则语言（SWRL）描述智能合约。如图 2.8 所示，图 2.8(a) 是通过 SWRL 表示的智能合约，图 2.8(b) 是由 SWRL 转化的 JSON 格式键值对，图 2.8(c) 是最终生成的 Go 语言智能合约。图 2.8 展示了对病人信息进行校验的合约，该合约要求病人性别为女性，且年龄大于 6 岁。

```
Patient(? patient) ∧ hasGender (? patient, ? gender) ∧
swrlb: equal(? gender," Female") ∧ hasAge(? patient, ? age)
∧ swrlb: greaterThanOrEqual(? age,6) → Eligible(? patient)
```

```
" patient _ prop_check_ array"
[" operator ":"equals" , "value":" Female", "property" :"gender ",
"operator": " greaterThanOrEqual ","value":"6"," property " : " age"]
```

（a）AWRL 智能合约　　　　　　　　（b）JSON 格式键值对

```
//Generated Patient Inclusion Constraints
age_constraint_lower := 6
gender_constraint := "Female"
//If Patient satisfies all constraints, permit to be written to ledger
if age >= age_constraint_lower
&& strings.Contains (gender_constraint , gender){
newPatient   := Patient{ID: id, Age: age, Gender: gender, Precondition: precondition}
    patientAsBytes,   _ :=json. Marshal (newPatient)
    APIstub.PutState(id, PatientAsBytes)
} else {
    //or else reject CreatePatient Transaction
    return shim. Error ("Invalid Patient Info")
}
```

(c) Go 语言智能合约

图 2.8　通过语义网规则（SWRL）生成合约

尽管该文献提供了从 SWRL 自动转化为智能合约的生成器，但是该语言（如图 2.8(a) 所示）采用本体论语言的语法表示，不易读写，且主要应用于对数据的限制与检验，缺乏对于数据、合约状态变化以及金融方面的描述。

Findel [45] 是一种面向金融的声明式智能合约语言，通过两种资金转移动作与乘法、逻辑、时序三类表达式的组合编写合约。其合约最终体现为一个表达式，如下所示：

$$c_{\text{zcb}} = \begin{cases} \text{And}(\text{Give}(\text{Scale}(10, \text{One}(\text{USD})))) \\ \text{At}(\text{now} + 1\text{years}, \text{Scale}(11, \text{One}(\text{USD}))) \end{cases}$$

该表达式表示：出借人向借款人借款 10USD，一年后借款人还款 11USD。由此可见，Findel 可以表示具有时序关系的简单金融合约，但无法支持变量的定义，且一个合约只能涉及两个当事人。

上述现有研究中多利用逻辑学的相关成果，针对某一领域方向，如金融领域展开研究，从而建立现实合约和智能合约之间的关联，形成智能法律合约。总体来看，智能法律合约的相关研究普遍存在表达能力有限、触发控制机制不足、转化至可编程语言的能力较弱等问题。

2.6.3 智能合约与监管

法律是一种由规则组成的体系，由国家强制力保证实施，规范个人行为。或者说，法律是一系列的规则，通常需要经由一套制度来落实。可以说，法律及法规在一定程度上体现就是监管。

以金融法为例，金融法是调整金融关系的法律总称。金融关系包括金融监管关系与金融交易关系。所谓"金融监管关系"，主要是指政府金融主管机关对金融机构、金融市场、金融产品及金融交易的监督管理的关系。所谓"金融交易关系"，主要是指在货币市场、证券市场、保险市场以及外汇市场等各种金融市场，金融机构之间、金融机构与大众之间、大众之间进行的各种金融交易的关系。在金融法总称下面，可以将有关金融监管与金融交易关系的法律分为银行法、证券法、期货法、票据法、保险法、外汇管理法等具体类别①。

由于区块链所具有的交易透明性、数据不可篡改性、签名强认证性、密码学安全性，使得区块链智能合约能够成为监管的有力工具。首先，就平台层次而言，可在区块链平台底层引入监管机制，如在区块链中共识协议和智能合约的"引用性代码"中添加监管规则，易于构建"穿透式"监管机制。其次，智能法律合约应对所遵循的监管条例和共同约定以条款形式语义予以明确表达，并通过仲裁条款等形式对监管机构、协议管辖、仲裁机构等进行确认。

穿透式监管这一概念在 2016 年 10 月 13 日国务院办公厅发布的《互联网金融风

---

① 吴志攀. 我国的金融法律制度. http://www.npc.gov.cn/zgrdw/npc/xinwen/200012/28/content_1459918.htm.

险专项整治工作实施方案》中首次被提及，它要求"根据业务实质明确责任""根据业务实质认定业务属性""根据业务本质属性执行相应的监管规定""透过表面判定业务本质属性、监管职责和应遵循的行为规则与监管要求"。对于区块链智能合约，穿透式监管可以简单理解为监管机构在纵向上跨级进行交易管理，对于发现的问题实现跨级预警或上报。显然，这在传统管理上是无法实现或成本巨大的。

区块链智能合约必须积极拥抱监管，而不是成为逃避监管的利器。一些国内组织和机构、标准组织和贸易协会已经承认智能合约可能对其领域的交易产生影响，并进行了有益的尝试。

例如，国际掉期和衍生工具协会（ISDA）针对智能合约提出了智能衍生品合约（smart derivatives contracts）的概念，并在智能衍生品合约最新指南中列举了智能合约可以在衍生品环境中创造效率的各种方式，特别是在利率衍生品方面。然而，ISDA明确指出任何智能合约的使用都必须遵守现有的法律要求，同时，ISDA提出了一系列智能衍生品合约规范和法律准则，对智能合约开发与监管具有一定的指导意义。

此外，商品期货交易委员会（CFTC）也对区块链和智能合约予以了足够的关注，并认可了智能合约在特定行为和环境下潜在的法律合约属性。同时，CFTC要求智能合约根据应用类型和产品特征应遵循各种法律框架，包括：美国《统一商法典》（UCC）、《统一电子交易法》（UETA）以及《全球和国内商业法中的电子签名法案》（ESIGN法案）等，并对智能合约的操作风险、技术风险、安全风险等方面表示了担忧，但CFTC尚未发布关于智能合同如何影响其管辖权和执法权的进一步指导意见。

在国内金融监管领域，我国互联网金融从业机构反洗钱和反恐怖融资工作遵循《中华人民共和国反洗钱法》，并以中央银行、证监会等部门规章及规范性文件为辅，包括《金融机构客户身份识别和客户身份资料及交易记录保存管理办法》《中国人民银行关于加强反洗钱客户身份识别有关工作的通知》等。这些法规中均要求金融机构"执行客户身份识别制度，遵循"了解你的客户"（know your customers，KYC）原则"。因此，在区块链智能合约实际应用中必须遵循上述法律法规及原则。

2.7 小　　结

智能合约的法律化，必然导致计算机程序开发新的变革。针对智能合约如何有效应对法律化要求，学者们开展了讨论，形成了富有启发性的观点。本章对智能法律合约的各种研究进展进行了归纳总结，阐述了智能合约的法律化探索和实践，对法律化进程中的关键问题进行了辨析与总结。

智能合约是一个新兴的领域，尤其是智能法律合约的研究应保持前瞻性，不能等待智能合约法律地位确定后再发展智能合约产业。与其相比，法律的滞后性是不可避免的，因为法律不能假设、不能预想可能发生什么，进而对该可能性进行立法。因此，利用智能法律合约推进智能合约法律化具有积极意义。

参 考 文 献

[1] NAKAMOTO S. Bitcoin: A peer-to-peer electronic cash system[J]. Cryptography Mailing.

[2] NICK S. Smart contracts in essays on smart contracts[J]. Commercial Controls and Security, 1994.

[3] NICK S. Smart contracts: Building blocks for digital markets[Z]. 1996.

[4] ZHU Y, SONG W, WANG D, et al. Ta-spesc: Toward asset-driven smart contract language supporting ownership transaction and rule-based generation on blockchain[J]. IEEE Transactions on Reliability, 2021: 1-16.

[5] BERTOLI P. Smart (legal) contracts: Forum and applicable law issues[Z]. 2021: 181-189.

[6] BARTOLETTI M, POMPIANU L. An empirical analysis of smart contracts: Platforms, applications, and design patterns[C]//Financial Cryptography and Data Security - FC 2017 International Workshops. 2017: 494-509.

[7] SAVELYEV A. Contract law 2.0: "smart" contracts as the beginning of the end of classic contract law[J]. Information and Communications Technology Law, 2017, 26: 1-19.

[8] 朱岩, 王巧石, 秦博涵, 等. 区块链技术及其研究进展 [J]. 工程科学学报, 2019, 41(11): 4-16.

[9] SINGH A, PARIZI R, ZHANG Q, et al. Blockchain smart contracts formalization: Approaches and challenges to address vulnerabilities[J]. Computers and Security, 2019, 88: 101654.

[10] WANG S, OUYANG L, YUAN Y, et al. Blockchain-enabled smart contracts: Architecture, applications, and future trends[J]. IEEE Transactions on Systems, Man, and Cybernetics: 2019, 49: 2266-2277.

[11] 区块链智能合约形式化表达: T/CIE 095-2020[Z]. 2020.

[12] Smart legal contracts - specification: PAS 333:2020[Z]. 2020.

[13] GOVERNATORI G, IDELBERGER F, MILOSEVIC Z, et al. On legal contracts, imperative and declarative smart contracts, and blockchain systems[J]. Artificial Intelligence and Law, 2018, 26: 377-409.

[14] GELATI J, GOVERNATORI G, ROTOLO A, et al. Normative autonomy and normative coordination: Declarative power, representation, and mandate[J]. Artificial Intelligence and Law, 2004, 12: 53-81.

[15] 何小东, 易积政, 陈爱斌. 区块链技术的应用进展与发展趋势 [J]. 世界科技研究与发展, 2018, 40 (6): 615-626.

[16] ANDROULAKI E, BARGER A, BORTNIKOV V, et al. Hyperledger fabric: A distributed operating system for permissioned blockchains[C]//Proceedings of the Thirteenth EuroSys Conference. 2018: 1-15.

[17] 郎芳. 区块链技术下智能合约之于合同的新诠释 [J]. 重庆大学学报 (社会科学版), 2020: 1-13.

[18] 吴烨. 论智能合约的私法构造 [J]. 法学家, 2020, 2: 1-13.

[19] 陈吉栋. 智能合约的法律构造 [J]. 东方法学, 2019, 69(3): 20-31.

[20] 贺海武, 延安, 陈泽华. 基于区块链的智能合约技术与应用综述 [J]. 计算机研究与发展, 2018, 55 (11): 112-126.

[21] 孟博, 刘琴, 王德军, 等. 法律合约与智能合约一致性综述 [J]. 计算机应用研究, 2020: 1-9.

[22] 陶露, 张翼, 阳斌, 等. 人工智能的民事责任探析——以自动驾驶汽车和智能机器人为切入点 [J]. 产业创新研究, 2020, No.47(18): 74-75.

[23] HE X, QIN B, ZHU Y, et al. SPESC: A specification language for smart contracts[C]//2018 IEEE 42nd Annual Computer Software and Applications Conference. IEEE. 2018: 132-137.

[24] 朱岩, 秦博涵, 陈娥, 等. 一种高级智能合约转化方法及竞买合约设计与实现 [J]. 计算机学报, 2021, 44: 652-668.

[25] ETHEREUM. Solidity documentation, release 0.8.8[EB/OL]. 2021. https://media.readthedocs.org/pdf/solidity/develop/solidity.pdf.

[26] WÖHRER M, ZDUN U. Domain specific language for smart contract development[C]// IEEE International Conference on Blockchain and Cryptocurrency. IEEE, 2020: 1-9.

[27] CHRISTIDIS K, DEVETSIKIOTIS M. Blockchains and smart contracts for the internet of things[J]. IEEE Access, 2016, 4: 2292-2303.

[28] 朱岩, 甘国华, 邓迪, 等. 区块链关键技术中的安全性研究 [J]. 信息安全研究, 2016, 12.

[29] SKLAROFF J. Smart contracts and the cost of inflexibility[J]. University of Pennsylvania Law Review, 2017, 166: 263-303.

[30] 欧阳丽炜, 王帅, 袁勇, 等. 智能合约: 架构及进展 [J]. 自动化学报, 2019, 45(3): 445-457.

[31] 方轶, 丛林虎, 杨珍波. 基于区块链的数字化智能合约研究 [J]. 计算机系统应用, 2019, 9.

[32] BEAUMONT P. Fixed-income synthetic assets: Packaging, pricing, and trading strategies for financial professionals[M]. John Wiley & Sons, 1992.

[33] LEE R M. A logic model for electronic contracting[J]. Decis. Support Syst., 1988, 4(1): 27-44.

[34] GROSOF B N, LABROU Y, CHAN H Y. A declarative approach to business rules in contracts: courteous logic programs in XML[C]//Proceedings of the First ACM Conference on Electronic Commerce. ACM, 1999: 68-77.

[35] GOVERNATORI G. Representing business contracts in RuleML[J]. Int. J. Cooperative Inf. Syst., 2005, 14(2-3): 181-216.

[36] GOVERNATORI G, MILOSEVIC Z. A formal analysis of a business contract language[J]. Int. J. Cooperative Inf. Syst., 2006, 15(4): 659-685.

[37] GOVERNATORI G, PHAM D H. DR-CONTRACT: An architecture for e-contracts in defeasible logic[J]. Int. J. Bus. Process. Integr. Manag., 2009, 4(3): 187-199.

[38] IDELBERGER F, GOVERNATORI G, RIVERET R, et al. Evaluation of logic-based smart contracts for blockchain systems[C]//The 10th International Symposium, RuleML. 2016: 167-183.

[39] FRANTZ C, NOWOSTAWSKI M. From institutions to code: Towards automated generation of smart contracts[C]//2016 IEEE 1st International Workshops on Foundations and Applications of Self* Systems. IEEE, 2016: 210-215.

[40] MAVRIDOU A, LASZKA A. Designing secure ethereum smart contracts: A finite state machine based approach[C]//Financial Cryptography and Data Security - 22nd International Conference. Springer, 2018: 523-540.

[41] 王璞巍, 杨航天, 孟佶, 等. 面向合同的智能合约的形式化定义及参考实现 [J]. 软件学报, 2019, 30(9): 44-55.

[42] O'CONNOR R. Simplicity: A new language for blockchains[C]//Proceedings of the 2017 Workshop on Programming Languages and Analysis for Security. ACM, 2017: 107-120.

[43] REGNATH E, STEINHORST S. Smaconat: Smart contracts in natural language[C]//2018 Forum on Specification & Design Languages. IEEE, 2018: 5-16.

[44] CHOUDHURY O, RUDOLPH N, SYLLA I, et al. Auto-generation of smart contracts from domain-specific ontologies and semantic rules[C]//The 2018 IEEE International Conference on Blockchain. IEEE, 2018: 963-970.

[45] BIRYUKOV A, KHOVRATOVICH D, TIKHOMIROV S. Findel: Secure derivative contracts for ethereum[C]//Financial Cryptography and Data Security - FC 2017 International Workshops. Springer, 2017: 453-467.

第 3 章　智能法律合约语言

> **摘要**
> 智能合约是一个跨学科的概念，它涉及商业、金融、法律（合同法）和信息技术。在面向合约软件工程中，如何支持来自不同领域专家的密切合作以进行智能合约的设计和开发是一个具有挑战性的问题。本章提出了智能合约的一种规范语言 SPESC，它可定义以协作设计为目的的智能合约规范。SPESC 可以采用与现实世界合约类似的形式规范智能合约，使用类似自然语言的语法，其中当事人的义务和权利以及加密货币的交易规则是明确定义的。初步研究结果表明 SPESC 可以很容易地被 IT 和非 IT 用户所理解，在促进协作开发智能合约方面具有很大的潜力。

3.1　引　　言

区块链的一个突出和富有前景的用途表现在智能合约方面[1-2]。从技术上讲，智能合约是一个在区块链上部署和自动执行运行的程序代码，以及保障代码运行的相关编程开发、部署、执行、维护的软件环境。由于智能合约提供了区块链更为广阔的应用领域和高效的开发工具，因此它已被用于实现各种应用和操作（如金融工具、产品可追溯性服务、自我执行或自治政府应用[2]）。

智能合约使用智能合约程序语言进行编码，比如比特币的脚本语言和以太坊 Solidity 编程语言[3]。例如，图 3.1 显示了用 Solidity 编写的智能合约的代码片段，该代码片段演示了一个可以调用的函数，该函数实现了买方向卖方支付一定数量的加密货币。从示例不难看出，目前智能合约的语言依然是传统编程语言，这种语言与法律合约形式相去甚远。

从信息技术角度来看，虽然智能合约通常被视为在线合约（体现了当事人之间的交易前约定），但它实际上是一个跨学科的概念，与商业、金融、法律[4]等密切有关。从商业与金融的角度来看，智能合约规范了在不同的账户之间交易和付款的执行方式。从法律角度来看，合同是由当事人所做的相互承诺组成的协议，因此智能合约是一种承诺自动履行的合同[5]。

```
contract OnlinePurchase {
address public seller;
address public buyer;
 uint public price;
 function OnlinePurchase() public {...} // constructor
 //check whether the caller is the buyer
 modifier onlyBuyer() {require(msg.sender == buyer);_;}
 // check whether the caller paid the right amolnt of money
 modifier rightMoney {require(msg.value==price);_;}
 // the definition of function pay,
 //   where keyword payable means the caller must send some money
 function pay() public onlyBuyer rightMoney payable {
  // transfer the money from the caller (i.e., the buyer) to the seller by
  // using the local account held by this contract as a bridge
  // the money sent by the caller is deposited into this. balance first
   seller.transfer(this.balance);
 }
 ...
}
```

图 3.1　一个 Solidity 程序的示例

3.1.1　面临的挑战

由于智能合约跨领域的性质，致使它必须由许多来自不同领域的专家协商、设计和实施[4]，如编程人员、安全工程师、金融业务专家、银行经理、律师。因此，对于智能合约开发和履行引发了一些挑战，这些挑战与其说与法律的局限性有关，不如说与智能合同代码的运作方式和当事方如何交易之间潜在的冲突有关。

下面对这些挑战简单予以讨论：

首先，在许多情况下智能合同的当事方将没有技术能力创建智能合同，因此需要雇用第三方创建智能合同，或者依赖第三方提供的智能合同"模板"。在这种情况下程序员可能会有错误，或者当事方没有准确地向开发人员传达他们的意图。

其次，智能合约开发必须解决如何让不同领域（金融、法律、计算机等）专家能够合理地理解、讨论和规范合同的问题。现有的智能合约语言，如 Solidity[3] 和 Hawk[6] 主要是从 IT 角度定义的，并且并不包含法律、金融相关的语法和语义，因此使用这些语言作为交流工具（如图 3.1 中所示）对于非 IT 行业者通常是难以准确交流的。

再次，智能合约中涉及的计算机技术将成为其他合约相关方（当事人、律师、仲裁员、法官等）理解智能合约所表达含义的障碍。因此，智能合约的一个关键挑战是各方需要依靠可信赖的技术专家来获取各方在代码中的协议或确认第三方编写的代码是准确的。即使是最基本的智能合约，非程序员也可能无法完全理解或者理解上出现错误与偏差，因此更需要专家来解释合约"说什么"。因此，非程序方在理解管理其协议的代码方面仍然处于严重劣势。

最后，当合约出现违约或异常终止且无法调解时将转交法院判决，法院可能会将原始合同文本和相关智能合约代码视为统一的单一性协议。当传统的合同文本和代码不对齐或理解上存在偏差时，问题变得复杂。

3.1.2 解决挑战的思路

解决上述挑战问题需要另辟蹊径。

首先，考虑计算机语言既是人类与计算机之间交流的媒介，在计算机程序开发和设计中具有基础性的重要地位；同时，它也是广义上人类语言的一种形式，具有可执行性、无二义性等特征。因此，从计算机语言入手研究智能合约是一种可行而理想的方式。

其次，正如2.2节所阐述的智能合约"文法要求"包括自然语言表述、法言法语词汇、计算机形式化语法三方面，这些尚没有在现有计算机语言设计中考虑。鉴于此，就需要设计一种面向法律合同领域的语言（domain-specific language for legal contract，DSL-LC 或 DSL-law），从而解决智能合约的可理解性和合作问题，也有助于将其开发的智能合约（智能法律合约）作为法律合同文本的另一种语言形式或合同内容表示的另一种形态。

再次，以智能法律合约语言设计为出发点，推进面向合约软件工程的标准化流程建设也有助于解决缔约方无法理解智能合同代码从而妨碍签订智能合同的问题。首先，面向合约软件工程需要对智能合约基本功能创建合约"模板"或"范例"，并用于指示需要输入哪些参数以及如何执行这些参数。例如，对于"在指定日期未收到特定的付款，则从交易对手的钱包中提取滞纳金"这一个简单智能合同功能，文本模板可提示各方输入预期付款金额、到期日期和滞纳金金额等信息，通过这些辅助性的描述和提示，从而避免争议的发生。

> 作为一种计算机语言编写的程序，智能合约代码本身就是一种合同"模板"或"范例"，它以变量形式表示各种缔约方的选择和协商结果。

最后，综合上述讨论，参考计算机语言按照语言抽象程度分为高级语言（C++、Python、Java、SQL）和低级语言（机器语言、汇编语言）等不同层次，可以将智能合约分为两大类：

① 高级智能合约语言：是一种面向法律、金融等特定领域、抽象度较高的编程语言，属于领域特定语言的一种，且通常独立于特定的智能合约系统或区块链系统。

② 智能合约平台语言：是一种可执行且语言功能与具体区块链平台相关的智能合约语言，提供了一定或较小的抽象且能够被转化为机器指令。

这两类语言中智能合约平台语言处于高级智能合约语言底层，两者构成两层结构。高级智能合约语言更加抽象和面向自然语言，表达能力更强（因允许使用专业词汇）而且更加面向专业领域，智能合约平台语言则是更加严谨、无二义的计算机可执行语言。

3.1.3 本章组织及内容

基于上述分析和讨论，本章将设计一种称为 SPESC 的智能法律合约的规范语言，该语言的最早版本发表于 Compsac 2018 国际会议[7]，其后不断地被改进。如图 3.2所示，SPESC 语言是最先出现的一种旨在以法律与计算机等领域人员协同设计为目的的智能法律合约语言规范（而不是其实施），因此由 SPESC 语言编写的智能合约被视为一种信息技术、法律合同和金融交易的组合性语言。

```
1  contract simplePurchase{
2
3      party seller{
4          create()
5          abort()
6      }
7
8      party buyer{
9          confirmPurchase()
10         confirmReceived()
11     }
12
13     balance : Money
14     price : Money
15
16     term term1 : seller can create,
17         while deposit $ price*2.
18
19     term term2 : buyer can confirmPurchase when after seller did create
20         while deposit $ price*2.
21
22     term term3 : seller can abort when before buyer did confirmPurchase
23         while withdraw $ price*2.
24
25     term term4 : buyer can confirmReceived
26         while
27             withdraw $ price
28             transfer $ balance to seller.
29
30  }
```

图 3.2　SPESC 语言示例

具体而言，智能法律合约 SPESC 语言具有如下特征：

首先，SPESC 语言在语法方面采用类自然语言的合同语法，能使用户以一种类似现实合同的形式书写智能合约，例如，SPESC 语言规范了 party（合同当事人）、资产 assert、条款 term（用于表示各方的义务和权利）以及仲裁条款（arbitration term）。

其次，为了精准地描述当事人及交易之间的行为关系，SPESC 语言引入了时序逻辑，例如，在条款 term 中可以限定条款何时成立的条件；当条款执行时，SPESC 语言也可描述当事人的状态（如获取条款触发时间、持续时间、最后一个当事人的结束时间等）。

最后，为了满足商业和金融交易的需要，SPESC 语言引入了账户的概念和相关交易操作，为资金高效流动、资产安全交易提供了基础，同时，通过 SPESC 语言可进一步为智能合约开发自动化地生成程序框架，进而编译生成可执行的智能合约代码。

本章的其余部分内容如下：3.2 节简要介绍了相关背景知识；3.3 节介绍了 SPESC 的语法和语义；3.4 节描述了由 SPESC 语言派生的程序框架；3.5 节以案例研究评估了 SPESC 的可学习性和可理解性；3.6 节讨论了最近的研究工作；3.7 节总结了本章内容。

3.2　相关研究背景

3.2.1　区块链与智能合约

区块链是一种简单的加密安全数据结构[8]，它将许多记录放到一个块上（就像把它们整理在一张纸上）。每个块使用加密的哈希值链接到下一个块。区块链如公共分布式记账技术[9] 一样，任何人都可以分享和证实，不必担心存储的记录会被改变。因此，区块链是用于描述分布在多个站点、国家或机构中的分布式和分散式分类账系统的术语。众所周知，区块链技术起源于比特币；加密货币[10] 是区块链最成功的应用。

在加密货币中，区块链可以被用作交换媒介，保持记录整个系统中发生的所有交易。主要的创新是该技术允许使用者通过没有中心化的第三方[11] 的网络传输资产。此外，加密技术可用于控制货币单位的创建和资金转移的核实。

智能合约程序[12]（见图 3.1 示例）是以编程语言而不是法律语言编码的条款。智能合约可以由计算系统自动执行，如合适的分布式记账系统，方便完成资产转让。智能合约的潜在好处包括立约、执行和遵守合同的成本的降低，因此，在许多低价值交易上形成合同变得经济可行[13]。

3.2.2　领域特定语言

领域特定语言（domain specific language，DSL）是一种旨在特定领域的上下文的语言。这里的领域是指某种商业上的（如银行业、保险业等）上下文，也可以指某种应用程序的（如 Web 应用、数据库等）上下文。与 DSL 相对的是通用编程语言（general purpose language），但比起通用编程语言，DSL 与通用编程语言的区别如下：
- DSL 主要供非程序员或领域专家使用；
- DSL 有更高级的自然语言抽象，不涉及类似数据结构的细节；
- DSL 表现力有限，只能描述该领域的模型；
- DSL 简化复杂代码、促进领域内人员间沟通、消除开发瓶颈来提高生产力。

自然语言抽象即以更贴近自然语言的方式去设计 DSL 的语法，它行得通的基本逻辑是领域专家基本都是和你我一样的自然人，更容易接受自然语言的语法。这种 DSL 的语法并不一定是最简洁的，反而会加入一些冗余的非功能性语法词汇。

通用语言是开发者在构建方案模型前用于表达方案模型中专有词汇的基础，随后构建者需要将通用语言中的专有词汇转化到开发模型中，比如将专有词汇转化为程序中的类或者模型中的实体等。但是在该过程中，通用语言交流过程的结果没有保证，即该领域专员对模型构建者解释领域知识与业务活动后，领域专员并没有知晓构建者理解是否正确的渠道，构建者也无法证实自己的理解，或者还会存在领域专员的介绍不够完整导致内容缺失的问题。而如果能让领域专员使用简单的编程语言描述该领域的活动与知识，即使用程序的方法构造出一个双方可以交流的通用语言，这样基于该语言可以在一定程度上解决开发者与领域专员的沟通协作问题。上面说的程序化的通用语言，即为领域特定语言 DSL。

DSL 的应用范围逐渐由编程人员熟知的通用领域语言，到如今只面向某种指定问题的领域专用语言，常见的 DSL 如下：软件构建领域 Ant；UI 设计语言 HTML；硬件设计语言 VHDL；数据库语言 SQL。

一般来说，实现 DSL 需要完成的工作可简单总结如下：
（1）设计语法和语义，定义 DSL 中的元素及其代表含义；
（2）实现对 DSL 的解析或语法分析（parser），设计解释器；
（3）完备的 DSL 应提供代码生成器，将 DSL 转化为目标语言。

当读取用 DSL 编写的实例程序时，实现必须确保该程序遵守该语言的语法。对此，我们需要将实例拆分成语言的单个原子元素，包括关键字（类比 Java 中的类）、标识符（类比 Java 类名）或符号名（类比 Java 中的变量名）。

将程序的字符序列转换为单个原子元素序列的过程称为词法分析，执行这种分析的程序或过程称为词法分析器（lexer）。这种分析通常是通过使用正则表达式语法实现的。随后，我们必须确保它们在我们的语言中构成一个有效的语句，也就是说，它们尊重语言所期望的语法结构。

虽然这是很复杂的工作，但是有一些工具可以处理解析，因此不必手工实现解析器。特别是，有专门指定语言语法的 DSL，并且根据该规范自动生成 lexer 和 parser 的代码，这些工具被称为解析器生成器（compiler generator）。

3.2.3　Xtext

Xtext 是一个开发编程语言和领域特定语言的框架。使用 Xtext，您可以使用强大的语法语言定义您的语言。因此，您得到了一个完整的基础设施，包括解析器、链接器、类型检查器、编译器以及对 Eclipse 的编辑支持、任何支持语言服务器协议的编辑器和您喜爱的 Web 浏览器。

Xtext 是用于开发领域专用语言 DSL 的开源软件框架[14]。与其他标准解析器生成器不同，Xtext 不仅可以根据语言模型和语法规则生成对应的语言解析器，而且能够生成该语言模型对应的抽象语法树 AST 的类模型[15]，该语法树可以有效辨析实例的元素层次结构，利于实例的架构分析。用于描述 DSL 语法的语言可基于 Xtext 框架本身进行实现，即 Xtext 为元编译器。自我实现功能是语言和编译器开发领域的常见技术手段。相关研究表明，如果一项语言和工具实现了自我实现，则证明该语言和工具相对成熟[16]。

Xtext 提供了功能齐全且可定制的、基于 Eclipse 的 IDE，并在此基础上支持了语言服务器协议 (language server protocol，LSP)，该协议由微软率先提出，是一种开放的、基于 JSON-RPC 的协议，是定义了编辑器或集成开发环境 IDE 与语言服务器之间使用的协议。该协议提供的语言功能包括自动完成、转到定义等。LSP 协议通过将这种服务器和开发工具的通信进行协议标准化，从而可以实现以最小的努力使面向领域语言支持多种平台，具有较大的扩展能力。

在进行领域特定语言的开发工作时，开发人员需要使用 Xtext 的语法语言编写领域特定语言语法。该语法将描述如何从文本符号中提取 Ecore 模型。根据该定义，Xtext 通过建模工作流引擎派生出 ANTLR 解析器和对象模型的类，二者都可以独立于 Eclipse 使用。

3.3　智能法律合约语言 SPESC 语法规范

智能合约是一种程序，不仅拥有计算机语言的特点，还拥有金融和法律属性。智能合约的发展需要相关领域专家的密切合作。本节提出了我们的智能合约规范语言，即 SPESC，其合约模块及具体语法定义见表 3.1。SPESC 的目标是在智能合约的具体实施之上建立一个抽象层，以促进来自不同领域的专家之间的协作。在 SPESC 中，智能合约被视为跨学科的加工品，并从编程、商业/金融交易和合同法三个角度加以规范。

表 3.1　采用 SPESC 的智能法律合约语法模型

合约模块名称		@@ 语法定义	语法定义
合约框架			$Contract ::= Title\{Parties+Assets+Terms+Additions+Conclusion\}$
合约名称		@@ 合约标题：合约序号	$Title ::=$ **contract** $Cname$ (**:serial number** $Chash$)?
当事人描述		@@ 当事人群体？名称 {属性域 +}	$Parties ::=$ **party group**? $Pname\{field+\}$
标的		@@ 资产 资产名称 {资产描述 {属性域 +} 资产权属 {属性域 +}}	$Assets ::=$ **asset** $Aname\{info\{field+\}\mathbf{right}\{field+\}\}$
资产表达式		@@ 资产表达式：$(具体数量)？(具体权属)？资产名称	$AssetExpressions ::=$ \$ (amount)? (**right of**)? $Aname$
资产操作	存入	@@ 存入（满足某种价值关系的）？资产描述	$Deposits ::=$ **deposit** (**value** RelationOperator)? $AssetExpression$
资产操作	取回	@@ 取回指定资产	$Withdraws ::=$ **withdraw** $AssetExpression$
资产操作	转移	@@ 转移指定资产到某当事人	$Transfers ::=$ **transfer** $AssetExpression$ **to** target
时间表达式	动作完成时间查询	@@ 动作完成时间查询：(任意 | 存在 | 当前)？当事人执行某动作时间	$ActionEnforcedTimeQuery ::=$ (**all**|**some**|**this**)? $party$ **did** $action$
时间表达式	时间谓词	@@ (目标时间)？(是 | 否) 在基础时间点 (之前 | 之后)	$TimePredicate ::=$ (targetTime)? (**is**|**isn't**) (**before**|**after**) baseTime
时间表达式	边界时间谓词	@@ 边界时间点 (之前 | 之后) 一段时间 (内)？	$BoundedTimePredicate ::=$ (**within**)? boundary(**before**|**after**)baseTime
合约条款	一般条款	@@ 条款名：当事人（必须 | 可以 | 禁止） 行为（属性域 +） (执行所需的前置条件)？ (伴随的资产操作 +)？ (执行后需满足的后置条件)？	$GeneralTerms ::=$ **term** $Tname$: $Pname$ (**must**|**can**|**cannot**) action($field+$) (**when** preCondition)? (**while** transactions+)? (**where** postCondition)?.
合约条款	违约条款	@@ 违约条款条款名（针对条款名 +)？：当事人（必须 | 可以）违约处理（属性域 +） (执行所需的前置条件)？ (伴随的资产操作 +)？ (执行后需满足的后置条件)？	$BreachTerms ::=$ **breach term** $Bname$ (**against** $Tname+$)? : $Pname$ (**must**|**can**) action($field+$) (**when** preCondition)? (**while** transactions+)? (**where** postCondition)?
合约条款	仲裁条款	@@ (所声明之争议)？由某仲裁机构进行裁决	$ArbitrationTerms ::=$ **arbitration term** : (The statement of any controversy)? administered by **institution** : instName
附加信息		@@ (属性域 +) 或 (附加信息附加信息名 {属性域 +})	$Additions ::=$ $field$ + |(**addition** $Dname\{field+\}$)

续表

合约模块名称		语法定义
合约订立	@@ 合约订立:(所有当事人的约定)?{签名}	*Conclusion*::=**Contract conclusion**: (the statement of all parties)? {*Signs*+}
签名	@@ 当事人签名:{打印名,法定代表人签字,签订日期}	*Signs* ::= **Signature of party** Pname:{printedName: string, signature: string, Date:date}
域	@@ 属性:(常量 | 变量类型)	*Field* ::= attribute : (constant |type)

本节的其余部分将以一个简单的购买合同为例对 SPESC 语言进行说明。这个简单的合同有如下约定：第一，合同必须由买方和卖方签字；第二，签订合同时必须规范产品的价格；第三，除非买方取消合同，否则必须在合同签订后三天内付款；第四，付款会被冻结在合约中而不是直接转移给卖方；第五，买方可以在付款前取消此合同；第六，卖家必须在付款后五天内发货、买方必须在发货后十天内确认收货、在确认收货的同时，付款将转移给卖方；第七，如果买方未及时确认收货，则卖方也可以收款。

3.3.1　一般结构

在 SPESC 语言中智能法律合约包括当事人、合同属性、条款和数据类型的定义。SPESC 整体结构的初始模型如图 3.3 所示。

图 3.3 中的合同（Contract）表示正在开发的智能合约，当事人（Party）表示参与合同并与其他人交互的角色，条款（Term）用于指定与一方关联的特定义务或权利。Party 和 Term 的详细定义将在稍后介绍。

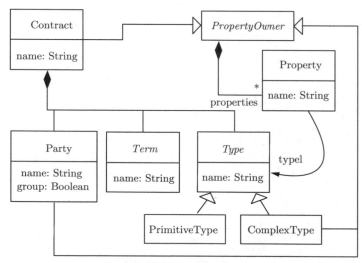

图 3.3　一般结构的初始模型

SPESC 中的资产所有者（property owner）可能拥有一些属性（property），这些属性是指表示某种确定数据类型的静态字段。属性也可用于指定合同对象的必要属性，例如，被出售货物的数量和价格。

作为程序规范，SPESC 合同还必须精确定义已有的数据类型（在现实世界合同中数据类型则可由常识确定）。SPESC 使我们能够使用 Type 显式定义数据类型，它有两个具体的子类，即 PrimitiveType 和 ComplexType。PrimitiveType 和 ComplexType 的含义与传统的编程语言一致。在我们的工具支持中，提供了一些预定义类型，如 String 和 Money。

图 3.4 中代码显示了购买合约（Purchase）的一般结构，这是用 SPESC 的具体语法编写的。此外，图 3.3 也定义了关键词 Contract, Party, Term, Type 等，它们也在购买合约中被使用。

```
contract Purchase {
    party Seller {/* details of Seller*/}
    party Buyer {/* details of Buyer */}
    info : ProductInfo // contract property
    term No1 : ... /*details of Term*/
    term No2 : ...
    /*other Terms*/
    type ProductInfo {
        price : Money,
        model : String
    }
}
```

图 3.4　SPESC 框架示例

3.3.2　当事人和条款

当事人 Party 和条款 Term 是现实世界合同的重要组成部分。与当事人和条款有关的 SPESC 初始模型如图 3.5 所示。

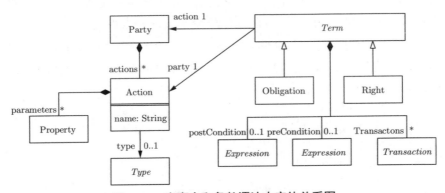

图 3.5　当事人和条款语法中实体关系图

在 SPESC 中，Party 由一个用来在合约中作为标识的名称、一些当事人属性（必须记录在区块链上的信息，见图 3.3）以及一组动作（Action）组成。为了简化语法，可以直接使用 group 关键字进行这种群组当事人宣称。

每项动作 Action 代表一方当事人可以或必须履行的某项行为。一项 Action 被声明（并将被实现）为智能合约程序的一项功能（表示为目标语言函数或方法）。在现实世界合同中，一方通常可以做任何不被禁止的事情；但是在 SPESC 中我们假设一方只能执行声明的动作。

默认情况下，Party 表示智能合约系统中的用户。另外，SPESC 可以通过使 party 中 group 属性为真来支持具有相同角色的一组用户，在运行时可以由多个用户动态加入，这是一个与现实纸质合约不同的当事人定义，多用于拍卖、竞标等网络商业行为。

图 3.6 演示了一个三方声明的例子。前两个例子显示了在 SPESC 语法中购买方 Buyer 和销售方 Seller 的定义。在示例中，Buyer 可以执行三项动作 Actions，即支付订单 pay、取消合同 cancel 和确认收到货物 receive；Seller 可以执行两项动作 Actions，即邮寄货物 post 和收取款项 collect。第三个例子展示了群组当事人 Voters，在运行时可以由用户动态加入，并分别记录名称 name 和进行投票 vote。

```
party Seller {              party Buyer {           party group Voters {
post()                      postTo : Address        name:Name
collect()                   pay()                   vote()
}                           cancel()                }
                            receive()
                            }
```

图 3.6　三方声明的示例

3.3.3　条款表达式

在当事人 Party 声明一个动作 Action 之后，该动作 Action 必须（作为义务）或可以（作为权利）何时履行必须通过使用合同条款 Term 来规范。

在图 3.7 的条款示例中，一项条款 Term 涉及一个当事人 Party 和其动作 Action，并包含前置/后置条件（由表达式 Expressions 规范）。Term 有两个子类，即 Obligation 和 Right 类，具体如下：

```
term No1: Buyer must pay when within 3 day after start
         while deposit $info::price.
term No2: Buyer may cancel when before Buyer did pay.
term No3: Seller must post when within 5 day after Buyer did pay.
```

图 3.7　条款示例

- 义务条款（Obligation 类）：规定了当事人 Party 在一定先决条件下必须执行该行为 Action。
- 权利条款（Right 类）：定义了当事人 Party 在规范的先决条件下可以执行行为 Action。

然而，当执行时条件不成立时，我们假设该当事人不能进行该行动。

SPESC 合约将交易视为智能法律合约的核心。SPESC 为每个 Term 提供了一种规范加密货币交易的方法。在图 3.5 中，Term 也可以与一组货币或资产的交易（Transactions）相关联。表达式 Expression 和交易 Transaction 的具体定义将在后面介绍。

为了更好的可读性，SPESC 语言采用了类似自然语言的语法来规定合同条款。条款 term 的具体语法在 EBNF[①] 中定义如下：

term name : party (**must**|**may**) action
    (**when** preCondition)?
    (**while** transactions+)?
    (**where** postCondition)? .

其中，在 SPESC 模型中定义的概念以斜体显示，关键字以粗体显示。

一项条款 Term 可以具有前置条件（preConditon），它规范了条款必须/可以执行行为所需满足的条件。条款也可以具有一个后置条件（postCondition），它规范了在条款执行后必须满足的条件。

图 3.7 显示了三项条款，具体说明如下：
- 第一项条款 No1 是 Obligation 条款，它规定了购买方必须在合同开始后三天执行购买 Pay 动作，购买方必须按合同属性 info 中定义的价格 price 来存入货币。
- 第二项条款 No2 是一个 Right 条款，它规范了购买方可以在付款之前放弃 cancel 购买。
- 第三项条款 No3 也是 Obligation 条款。它声明销售方必须在买方支付后的三天内执行寄送 post 服务。

3.3.4 表达式

SPESC 支持各种表达式来规范条款条件，包括时间谓词（TimePredicate）、逻辑表达式（LogicalExpression）、关系表达式（RelationalExpression）、算术表达式（ArithmeticExpression）和常量表达式（ConstantExpression）。图 3.8 显示了 SPESC 中的表达式和交易（Tranaction）功能的关系图。由于篇幅限制，图 3.8 仅显示了 SPESC 语法的部分内容。SPESC 支持的基本表达式总结如下（省略了它们的详细定义）：

[①] 扩展巴科斯-诺尔范式（Extended Backus-Naur Form, EBNF）是表达作为描述计算机编程语言和形式语言的正规方式的上下文无关文法的元语法符号表示法。

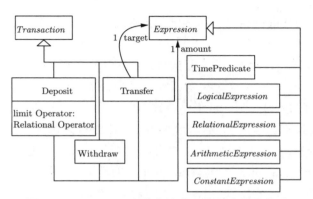

图 3.8　SPESC 中的表达式和交易功能的关系

- 逻辑表达式，如 and, or, not 和 implies。
- 关系表达式，如 >, >=, <, <=, =, != 和 belongsTo。
- 算术表达式，如 +, −, ∗ 和 /。
- 常量表达式，如 false 和 true。

3.3.5　时间表达式

在纸质合同中当事人的权利和义务通常都带有时间条件的限制。例如，买方必须在合同签订后三天内付款。对于智能合约语言规范，我们认为时间条件至关重要。

SPESC 支持 TimePredicate 来定义时间条件，其中，TimePredicate 的定义如图 3.9 所示。TimePredicate 检查当前日期/时间与 base 时间点之间的关系，其具体语法

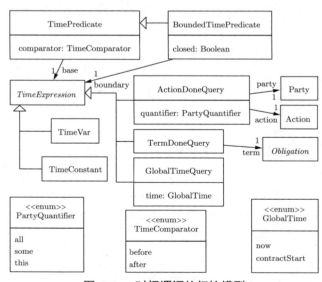

图 3.9　时间谓词的初始模型

定义如下：

$$(\textbf{before}|\textbf{after})\ base$$

其中，**before** b 相当于当前时间 $currenttime <= b$，而 **after** b 相当于当前时间 $currenttime >= b$。如果 TimePredicate 的比较关键词是 before，则表达式检查当前时间是否早于规范的 base 时间点（被定义为时间表达式 TimeExpression）；否则，TimePredicate 检查当前时间是否晚于 base 时间点。

TimeExpression 用于规范时间点。它有 5 个子类，包括 TimeVar, TimeConst, ActionDoneQuery, TermDoneQuery 和 GlobalTimeQuery。TimeVar 用来表示日期/时间的变量，TimeConst 表示时间常数，例如，5 天和 1 小时。GlobalTimeQuery 可以返回此合同的当前日期/时间和创建时间。

ActionDoneQuery 表示执行 party 执行某个 action 的时间点。其语法如下：

$$(\textbf{all}|\textbf{some}|\textbf{this})?\ party\ \textbf{did}\ action$$

如果 party 没有执行该 action，则 ActionDoneQuery 返回 ⊥，其中，⊥ 表示未解决的时间，即该预期行为还没发生，因此无法确定时间，此外，任何解决的时间值都早于 ⊥。

当当事人 party 很多时，ActionDoneQuery 可以包含一个量词（如 all, some 和 this）。考虑前面使用 vote 和 delegate（委托他人）投票的群组当事人 Voters 的例子（见图 3.6）。假设在此例中已有 n 个 Voters，并且第 i 个投票者完成投票的时间是 t_i。

- 量词 all 意味着 ActionDoneQuery 会返回 party 中最后一个成员执行 action 的时间。例如，all Voters did vote，返回 $max(t_1, t_2, \cdots, t_n)$。
- 量词 some 意味着 ActionDoneQuery 会返回 party 中第一个成员执行 action 的时间。例如，some Voters did vote，返回 $min(t_1, t_2, \cdots, t_n)$。
- 量词 this 意味着 ActionDoneQuery 会返回合同 Term 涉及的用户执行 action 的时间。例如，下面的条款 VoteOnce 规定投票人只能投票一次。

```
term VoteOnce: Voters may vote
    when before this Voters did vote.
```

在这个例子中，对于属于群组当事人 Voters 的用户，我们在检查条款 VoteOnce 条件时，检查他/她的投票时间。如果 ActionDoneQuery 返回 ⊥，当前时间 $currenttime \leqslant$ ⊥ 为真，那么允许投票；否则，当前时间必然大于 ActionDoneQuery 返回的时间，因此时间谓词判定为假，那么将拒绝投票。

TermDoneQuery 类似于 ActionDoneQuery。它表示履行 Obligation 条款的时间点。假设查询的 Obligation 条款规定当事人 party 必须执行行为 action。关于这个条款的 TermDoneQuery 等同于 ActionDoneQuery，即 **all** party **did** action。

BoundedTimePredicate 延伸了一个额外的时间 boundary。边界可以是封闭边界或开放边界。具体语法如下：

(**within**)? *boundary* (**before**|**after**) *base*

具体而言，BoundedTimePredicate 有四种基本形式，它们的语义如下：

（1）**within** b **before** t：这相当于检查 $t - b \leqslant currenttime \leqslant t$。例如，**within** 3 day **before** Buyer did pay。

（2）b **before** t：它相当于检查 $currenttime \leqslant t - b$。例如，2 day **before** Guest **did** arrive。

（3）**within** b **after** t：它相当于检查 $t \leqslant currenttime \leqslant t + b$。

（4）b **after** t：它相当于检查 $t + b \leqslant currenttime$。

SPESC 支持的表达式不是图灵完备的[①]。目前有些复杂的条件可能无法编码到 SPESC 中，主要原因是 SPESC 是一种协作开发的规范语言，而不是实现语言。SPESC 的目的是被非 IT 领域的（法律、金融等）专家理解，因此我们在完整性/表达能力与 SPESC 的可学习性/可理解性之间进行了权衡。作为未来的工作，我们计划在保持其可交互性的同时增强 SPESC 的表达能力。

3.3.6 交易

在加密货币平台上，每个用户都有一个加密货币账户（或钱包）；同时，每个智能合约程序也有一个账户，被称为"合约账户"。当用户与智能合约互动时，用户可以将一些加密货币从账户转移到智能合约账户；此外，用户还可以通过智能合约使加密货币从合约账户转移到其他账户。

上述概念和实体与操作都属于数字交易（Transaction）范畴，也为智能合约实现数字社会中的价值交易提供了基础。所谓交易就是指买卖双方通过数字货币对商品或服务进行价值交换的过程，其中，货币起到了一般等价物的作用。下面介绍 SPESC 语言采用数字货币形式进行价值交换的语法规则。

为了给账户之间的交易建模，图 3.8 已定义了交易 Transaction 相关类型间的关系。具体而言，SPESC 目前支持三种类型的 Transaction，即 Deposit，Withdraw 和 Transfer。三个交易操作的具体语法如下所示。

---

deposit(=|> |>=|<|<=)? $amount
withdraw $amount
transfer $amount **to** target

[①] 图灵完备是一个计算理论的概念，它表示某一（指令系统或编程语言）系统可用来模拟图灵机。图灵完备也指可以计算每个（图灵机下的）可计算函数的计算系统。

- Deposit 表示存储、订金或抵押，意味着用户将一些加密货币放入正在与他/她交互的合约账户中。上述 Deposit 语法可以采用限制操作符，如 =，<，<=，> 或 >=，表示要保存的加密货币是否应等于、小于（等于）或大于（等于）指定的金额。如果在具体语法中缺少限制操作符项，则默认为 =。
- Withdraw 表示撤销、注销、取回，意味着用户从合约账户中取出一定数量的货币到个人账户或钱包。
- Transfer 表示转移或转账，意味着智能合约向目标用户 target 转移一定数量的货币。

上述三种交易类型中，货币的数量 amount 由表达式规范；Transfer 中的 target 是对 Party 的引用。

回想一下示例 Purchase 合同。根据 3.3 节开头提出的合同说明，Buyer 应在履行付款 pay 行为时支付货款。他/她支付的钱被存入合约账户并将被智能合约冻结。因此，Purchase 合同声明在邮寄后 15 天内 Buyer 必须通过 receive 动作确认收货，并且必须解冻并将货款转移给 Seller；否则，Seller 可以通过 collect 动作收取货款。我们通过定义以下两个条款（No4 和 No5）来实现此要求。

```
term No4: Buyer must receive
         when within 15 day after Seller did post
         while transfer $info::price to Seller.
term No5: Seller may collect
         when 15 day after Seller did post
         while withdraw $info::price.
```

3.4 从 SPESC 中派生程序框架

智能合约最终由一个程序实现。为了促进智能合约的开发，我们允许开发人员从 SPESC 合同规范中派生程序代码的框架。在本节中，将介绍如何将 SPESC 映射到 Solidity（或其他智能合约语言）。

Solidity 是一种面向合同的通用性编程语言。Solidity 中基本程序单元称为 contract（为清楚起见，在本章的其余部分中将其表示为 Solidity contract）。Solidity contract 类似于面向对象编程中的概念类，而不等价于纸质合同。一个 Solidity 程序（用 Solidity 编码的智能合约）可以包含许多 Solidity contract。每个用户以及每个 Solidity contract 实例都由唯一的地址表示。

从 SPESC 到 Solidity 的映射规则定义如下。注意，这些规则也可能适用于其他智能合约语言。

规则 3.1 对于 SPESC 合同 c，生成 Solidity contract（又名主体 Solidity 合同，即 C[main]），并满足如下子规则：

3.1.1 生成 C[main] 的构造函数和 start 字段来表示合同开始时间。

3.1.2 对于在 c 中声明的属性 Property p，要在 C[main] 中生成一个字段 P[p]。

3.1.3 对于在 c 中声明的当事人 Party p，要生成一个 C[p] 类型的字段。生成的字段用 P[p] 表示，其中，C[p] 的含义在规则 3.5 中解释。

规则 3.2 对于在当事人 p 中声明的 SPESC 操作 a，要在 C[main] 中生成一个函数（用 F[a] 表示），其签名与此操作的声明相同。同时，要生成一个 F[a] 的先决条件，检查调用者已记录在 P[p] 中。通过调用 C[p] 中定义的辅助函数来实现检查（参见规则 3.5.5）。

规则 3.3 假设 E(e) 将 SPESC 中的表达式 e 转换为语义上等同于 e 的语句/表达式。转换通常很简单，例如，对于表达式 e1+e2，有转化关系 E[e1+e2]=E[e1]+E[e2]。时间谓词 TimePredicate 则根据其语义进行转换，如 3.3 节所述。

规则 3.4 对于 SPESC 条款 t，满足如下子规则：

3.4.1 根据 t.preCondition 生成 F[t.action] 的前提条件 PreCondition，并将前提条件放在 modifier 中，其中，modifier 是 Solidity 中函数的行为扩展，modifier 的主体由 E [t.preCondition] 生成。

3.4.2 根据 t.postCondition 生成 F[t.action] 的后置条件（E[t.postCondition]），并将后置条件也放在与 F[t.action] 关联的 modifier 中。

3.4.3 根据 t.transactions 生成 F[t.action] 的交易，如下所示：

首先，为 F[t.action] 附加一个先决条件，检查 F[t.action] 的调用者转移的资金是否满足所有 t.transactions 存款的要求。

其次，为 F[t.action] 附加一个先决条件，检查 C[main] 的余额是否大于 t.transactions 中 Withdraws 和 Transfers 规范的金额之和。

再次，对于 t.transactions 中的每个 Withdraw w，在 F[t.action] 的主体中生成以下语句：msg.sender.transfer(E[w.amount]);

最后，对于 t.transactions 中的每个 Transfer d，在 F[t.action] 的主体中生成以下语句：E[d.target].transfer(E[d.amount])。

规则 3.5 对于每个 SPESC 的 Party p，要生成一份 Solidity contract（表示为 C[p]）。同时，在 C[p] 中生成一个结构（用 T[p] 表示）。T[p] 定义充当 Party p 的用户的私有信息。为了支持多个用户可以扮演与 Party p 相同的角色，C[p] 使用了用户列表。他们的详细信息如下：

3.5.1 生成一个字段，即 userID，其类型为地址，存放在 T[p] 中。userID 用于记录与 Party p 相同角色的用户。

3.5.2 对于在 p 中声明的每个 Property，在 T[p] 中生成一个字段。

3.5.3 对于在 p 中声明的每个 Action a，在 T[p] 中生成一个字段（表示为 S[a]）记录上次执行时间。评估时间谓词时将使用此字段。当执行 F[a] 时，该字段也将被更新（我们在 F[a] 的主体中生成更新 S[a] 的语句）。

3.5.4 在 C[p] 中生成一个 T[p] 数组，记录所有扮演 Party p 角色的用户的信息。

3.5.5 在 C[p] 中生成辅助函数。这些辅助函数用于添加/删除用户，返回用户列表，检查用户是否已经被添加到用户列表，以及更新和检索用户信息。

规则 3.6 C[main] 中用 struct1 来定义 SPESC 合同中声明的类型。代码的生成如图 3.10 所示，虚线箭头表示如何应用规则。由于空间限制，省略了代码生成的一些细节。

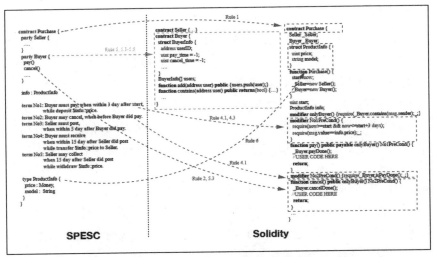

图 3.10　SPESC 合约到 Solidity 程序代码的生成图示

基于 Xtext[17]，我们实现了特定领域语言 SPESC。本节中提出的初始模型是使用 eclipse modeling framework 定义的，代码生成规则是通过 Xtext 提供的代码生成接口实现的。在实现中，我们还实现了一些语法糖（syntactic sugar），使 SPESC 更容易阅读和使用。

3.5　案例研究

我们进行了一个案例研究来评估 SPESC 的可学习性和可理解性，这是合作开发智能合约的两个关键特征。确定的两个主要研究问题如下：

RQ1 SPESC 是否比现有的智能合约编程语言更容易理解？RQ1 进一步分为两个子问题：

RQ1.1 相比于理解用智能合约语言编写的智能合约程序，是否需要更少的时间来理解 SPESC？

RQ1.2 相比于用智能合约平台编程语言编写的智能合约程序，是否可以更准确地理解 SPESC 规范？

RQ2 相比于现有的智能合同编程语言，参与者是否更喜欢 SPESC？

我们的案例对比研究设计如下：首先，要求参与者阅读两种不同的智能合约；其次，参与者被问到一些问题，我们记录回答问题的时间并对回答准确性进行评分；最后，形成案例对比研究报告。我们选择 Solidity 作为与 SPESC 进行比较的语言，这是一种目前使用最广的智能合约平台编程语言。研究细节如下。

3.5.1 案例设计

参与者。我们从大学招募了 15 名参与者。9 名参与者来自计算机科学系，其中，4 人是硕士生，另外 5 人是本科生。6 名参与者来自法律系，他们都是硕士生。我们从法律系招募参与者是因为我们将智能合同视为一个跨计算机与法律两个学科的概念。因此，SPESC 必须被非 IT 领域的专家容易学习和理解。

所有 15 名参与者被随机分为两组（GA 和 GB）。GA 由 4 名计算机系学生（GA-CS）和 3 名法学院学生（GA-L）组成。GB 由 5 名计算机系学生（GB-CS）和 3 名法学院学生组成（GB-L）。

智能合约。我们选择了两个智能合约（贷款和投票）：

• 贷款智能合约由 Github 上的开源 Solidity 程序改编。它使借款人能够从多个贷方筹集资金。如果借款人筹集到足够的资金，借款人就获得了资金，必须在约定的期限结束时向每个贷方支付本金和利息。

• 投票智能合约从 Solidity 文件中描述的官方示例中改编，同时通过支持多阶段投票策略来加强官方范例。选民可以购买代币作为他们的权值。他们可以投票给自己或委托其他选民投票。但是，选民不能（过渡性地）委托他/她自己投票。

根据两个 Solidity 程序的源代码（Lending-SO 和 Voting-SO），使用 SPESC 重新指定了两个智能合约（Lending-SP 和 Voting-SP）。Lending-SP 有 57 个 LOC，Lending-SO 有 152 个 LOC；Voting-SP 有 59 个 LOC，投票-SO 有 147 个 LOC。所有源代码都可以在我们的网站（www.smartlegalcontract.cn）上找到。

问卷调查过程。针对上述问卷，我们设计下面过程来完成对比研究：

第一步，解释本研究的目标和过程。所有参与者都被告知本研究的目的是比较 SPESC 和 Solidity 两种语言。但是，为了避免任何偏见，他们没有被告知 SPESC 是由作者开发的。

第二步，对 SPESC 和 Solidity 给出一个小时的教程。在本教程中，解释了 SPESC 和 Solidity 的语法和语义。然后，给每个参与者一个 SPESC 示例和一个 Solidity 示例，这两个例子实现了完全相同的在线购买合同。参与者必须尽力阅读这两份合同，并在遇到任何问题时提出问题。我们在每位参与者确认他/她没有其他问题后关闭教程。

第三步，我们要求 GA 和 GB 阅读 Lending-SP 和 Lending-SO，分别完成关于智能合约贷款的调查问卷。计算每个参与者阅读并完成他/她的调查问卷所消耗的秒数。

第四步，类似于第三步，但是在本案例中，我们要求 GA 和 GB 分别阅读 Voting-SO 和 Voting-SP，并分别完成关于智能合约投票的调查问卷。

最后一步，我们要求所有参与者就其背景信息完成一个简单的调查，并且对 SPESC 作一个主观评估。

调查问卷和数据收集。所有参与者都被要求在研究期间完成三份问卷。每份问卷包括 4~6 个问题（包括单/多选问题和简答题）。参与者必须根据他/她对智能合约贷款和投票的理解来完成前两个问卷。对于每个问题，参与者必须在他们找到答案的智能合约中提供答案和位置。答案和位置都必须正确。最后一个问卷有四个问题，是一个简单的背景调查和对 SPESC 的主观评价。

提出的问题列出如下，试卷包括 10 个问题，采用标识 $Q_{x,y}$ 表示问卷 x 中第 y 个问题，以 SS，MS 和 SA 标准，分别用于单选、多选和简答。

$Q_{1.1}$ 谁能执行 confirm 函数？(SS)

$Q_{1.2}$ refund 函数的先决条件是哪个？(SS)

$Q_{1.3}$ refund 函数的影响是什么？(SS)

$Q_{1.4}$ payback 函数的影响是什么？(SS)

$Q_{1.5}$ 借款人的义务是什么？(MS)

$Q_{1.6}$ 总结合同的主要内容。(SA)

$Q_{2.1}$ 选民可以委托他/她自己投票吗？(SS)

$Q_{2.2}$ 如果他/她投了票，选民可以投票吗？(SS)

$Q_{2.3}$ 属性 stopTime 的含义是什么？(SS)

$Q_{2.4}$ chairman 可以执行哪些操作/功能？(MS)

$Q_{2.5}$ 投票开始后和停止前，选民可以执行哪些操作/功能？(MS)

$Q_{2.6}$ 哪些操作/功能会改变投票过程的状态？(MS)

$Q_{3.1}$ 你的编程能力怎么样？(SS)

$Q_{3.2}$ 您对智能合约有什么样的了解程度？(SS)

$Q_{3.3}$ 您认为哪一个（SPESC 或 Solidity）更容易学习和理解？为什么？(SA)

$Q_{3.4}$ 您认为哪一个（SPESC 或 Solidity）可以促进智能合约的协作开发？为什么？

从问题中，我们提取了以下数据：

T_Q^G 是组 G 的问卷 Q 的平均完成时间。Q 可以是 Q_1 或 Q_2，G 是组 ID，即 GA、GA-CS、GA-L、GB、GB-CS 和 GB-L。

P_Q^G 是组 G 的问题 Q 的平均准确度。Q 表示问题 ID（含有 $Q_{1.1}$ 和 $Q_{2.6}$）。G 表示组 ID，例如，$P_{Q_{1.1}}^{GA}$ 表示 GA 组问题 $Q_{1.1}$ 的平均准确度。

R_Q^G 是组 G 的 MS 问题 Q 的平均召回率。Q 是指 MS 问题 ID（$Q_{1.5}$ 和 $Q_{2.4} \sim Q_{2.6}$）。G 是指组 ID，例如，$R_{Q_{2.4}}^{GB-CS}$ 表示 GB-CS 组的问题 $Q_{2.4}$ 的平均召回率。

S_Q^G 是在回答 G 组中问题 Q 时，相比 Solidity，更喜欢 SPESC 的参与者比例，其中，Q 可能是 $Q_{3.3}$ 或 $Q_{3.4}$，而 G 可能是 GA-CS + GB-CS 或 GA-L + GB-L。

T_Q^G 有助于 RQ1.1；P_Q^G，R_Q^G 和 $S_{Q_{3.1}}^G$ 有助于 RQ 1.2；S_Q^G 有助于 RQ2。为了计算 P_Q^G，我们首先计算每个参与者的 Q 的准确性。如果问题 Q 是 SS/MS 问题，那么特定参与者对 Q 的答案的准确性计算如下：

$$\frac{\#被选择的选中的正确项}{\#被选择的全部项}$$

为了计算 $Q_{1.6}$（SA 问题）的准确性，我们招募了两名没有参加本研究的志愿者，要求他们回顾 $Q_{1.6}$，并且每个答案独立地给出 0~100 分。参与者的信息，包括参与者姓名和小组 ID，被两位志愿者隐藏起来。我们使用平均分作为这个答案的准确性。为了计算 R_Q^G，首先计算每个参与者的 Q 召回率如下：

$$\frac{\#被选择的选中的正确项}{\#被选择的全部正确的项}$$

3.5.2 结果

首先，从 $Q_{3.1}$ 和 $Q_{3.2}$ 开始，大体了解每个参与者的背景知识。9 名参与者（计算机系的参与者）具有很强的编程能力，而其他 6 名（法律系的参与者）没有编程经验。只有两名参与者（1 名 CS 学生和 1 名法学院学生）对智能合约有一点了解，而其余 7 名参与者不了解智能合约。在本研究之前，参与者没有学过任何智能合约编程语言。

表 3.2 显示了问卷 1 的结果：

• 关于完成时间，GA 的参与者平均需要 745.4s 来阅读 Lending-SP 并完成问卷 1；GB 的参与者平均需要 1551.2s 阅读 Lending-SO 并完成相同的问卷调查。

• 关于答案的准确性，GA 的参与者在 $Q_{1.1} \sim Q_{1.5}$ 中的准确度 > 85%，而 GB 的参与者仅获得 < 65% 的准确度。$P_{Q_{1.6}}^{GA}$ 降至 58.6%，而 $P_{Q_{1.6}}^{GB}$ 变得更糟（21.9%）。

表 3.2　问卷 1 的结果

	GA-CS	GA-L	GA	GB-CS	GB-L	GB
$T_{Q_1}^G$	762.8	722.3	745.4	1551.2	1193.7	1439.6
$P_{Q_{1.1}}^G$	100%	100%	100%	20.0%	66.74%	37.5%
$P_{Q_{1.2}}^G$	100%	100%	100%	80.0%	0.0%	50.0%
$P_{Q_{1.3}}^G$	75.0%	100%	85.7%	60.0%	66.7%	62.5%
$P_{Q_{1.4}}^G$	75.0%	100%	85.7%	0	0	0
$P_{Q_{1.5}}^G$	83.5%	89.0%	85.9%	63.4%	66.7%	64.6%
$P_{Q_{1.6}}^G$	100%	100%	100%	80.0%	100%	87.50%
$P_{Q_{1.7}}^G$	70.0%	43.3%	58.6%	14%	35.0%	21.9%
$\overline{P_{Q_1}^G}$	83.9%	88.7%	86.0%	39.6%	39.2%	39.4%

总的来说，对于问卷 1 中的所有问题，GA 获得的平均准确度为 86.0%，而 GB 获得的平均准确度为 39.4%。

表 3.3 显示了问卷 2 的结果：

- 关于完成时间，GA 的参与者平均需 1338.3s 来阅读 Voting-SO 和完整的问卷 2；GB 的参与者平均需要 698.6s 阅读 Voting-SP 并完成相同的问卷调查。
- 关于答案的准确性，对于大多数问题（$Q_{2.2}$，$Q_{2.3}$，$Q_{2.4}$ 和 $Q_{2.5}$），来自 GB 的参与者获得的准确度 $>= 75\%$；来自 GA 的参与者在大多数情况下获得了 $<= 60\%$ 的准确度（$Q_{2.1}$，$Q_{2.2}$，$Q_{2.3}$，$Q_{2.6}$）。

表 3.3　问卷 2 的结果

	GA-CS	GA-L	GA	GB-CS	GB-L	GB
$T_{Q_2}^G$	1264.0	1437.3	1338.3	664.2	756.0	698.6
$P_{Q_{2.1}}^G$	50.0%	33.3%	42.9%	60.0%	0	37.5%
$P_{Q_{2.2}}^G$	50.0%	33.3%	42.9%	100%	33.3%	75.0%
$P_{Q_{2.3}}^G$	25.0%	66.7%	42.9%	100%	66.7%	87.5%
$P_{Q_{2.4}}^G$	75.0%	55.6%	66.7%	100%	100%	100%
$P_{Q_{2.4}}^G$	100%	83.3%	92.9%	100%	100%	100%
$P_{Q_{2.5}}^G$	95.0%	58.3%	79.3%	100%	100%	100%
$P_{Q_{2.5}}^G$	62.5%	41.7%	53.6%	70.0%	83.3%	75.0%
$P_{Q_{2.6}}^G$	91.8%	11.0%	57.1%	90.0%	0	56.3%
$P_{Q_{2.6}}^G$	100%	16.7%	66.7%	100%	0	62.5%
$\overline{P_{Q_2}^G}$	64.5%	43.0%	58.3%	91.7%	50.0%	76.0%
$\overline{P_{Q_2}^G}$	87.50%	47.22%	71.03%	90.00%	61.11%	79.17%

总的来说，对于问卷 2 中的所有问题，GA 得到的平均准确度为 55.3%，而 GB

获得的平均准确度为 76%。对于 $Q_{2.4}$，$Q_{2.5}$ 和 $Q_{2.6}$，GA 的平均召回率为 71.03%，GB 的平均召回率为 79.17%。

表 3.4 显示了问卷 3 的结果：

- 对于问题 $Q_{3.3}$，88.9% 的 CS 学生（9 名 CS 学生中的 8 名）和所有法学院学生同意 SPESC 比 Solidity 更容易学习和理解。关于他们选择的原因，参与者提到 SPESC 在术语和结构方面接近真正的合同，并且更简洁，它的自然语言语法对非 IT 从业者非常有帮助。

- 在问题 $Q_{3.4}$ 中，55.6% 的 CS 学生和所有法学院学生都认为 SPESC 比 Solidity 更适合协作开发。关于他们选择的原因，参与者提到 SPESC 不需要任何编程知识，SPESC 适用于非 IT 从业者，并且能够减轻他们读写程序的恐惧和痛苦。

表 3.4 问卷 3 的结果

	GA-CS+GB-CS	GA-L+GB-L
$S_{Q_{3.3}}^{G}$	88.9%	100%
$S_{Q_{3.4}}^{G}$	55.6%	100%

3.5.3 RQs 的回答

根据表 3.2、表 3.3 和表 3.4 中的结果，研究问题的回答如下：

对于 RQ1.1，我们的回答是肯定的。相比于理解用智能合约编程语言编写的智能合约程序所需要的时间，理解 SPESC 规范所需的时间要少。如表 3.2 和表 3.3 所示，$T_{Q_1}^{GA} < T_{Q_1}^{GB}$ 和 $T_{Q_2}^{GB} < T_{Q_2}^{GA}$。这意味着无论他们来自哪个群体，阅读 SPESC 版本的参与者比阅读 Solidity 版本的参与者能更快地理解合同。

对于 RQ1.2，我们的回答是肯定的。相比于用智能合约编程语言编写的智能合约，SPESC 规范更准确地被理解。如表 3.2 和表 3.3 所示，$P_{Q_1}^{GA} > P_{Q_1}^{GB}$，$\overline{T_{Q_2}^{GB}} > \overline{T_{Q_2}^{GA}}$ 和 $\overline{T_{Q_2}^{GB}} > \overline{T_{Q_2}^{GA}}$。对于大多数情况，相比于阅读 Solidity 版本的参与者给出的回答（精确度和回忆值），SPESC 版本的参与者给出的回答要精确得多。这意味着无论他们来自哪个群体，阅读 SPESC 版本的参与者都比阅读 Solidity 版本的参与者更了解合同。

通过总结 RQ1.1 和 RQ1.2 的回答。基于 $S_{Q_{3.1}}^{GA-CS+GB-CS}$ 和 $S_{Q_{3.1}}^{GA-L+GB-L}$，我们对 RQ1 的回答是肯定的——在理解的时间、准确性以及用户评估方面，SPESC 比现有的智能合约编程语言更容易理解。虽然 Solidity 类似于 Javascript，CS 学生非常熟悉，但 CS 学生在阅读和理解 SPESC 规范时仍然表现更好。这个结果巩固了我们的回答，SPESC 更容易学习和理解。

表 3.5 现有智能合约语言调查（部分）

语言	水平	现状	项目	范例/影响	分析	计量	图灵完备	主要特点
Bamboo	高级	类（实验）	Ethereum	函数式	EVM 字节码分析	gas	是	程序表现为状态自动机
Bitcoin Script	低级	发展中	Bitcoin	基于栈，逆波兰	无	脚本大小	否	第四类语法，任何程序总是终止
Chaincode	高级	稳定	Hyperledger Fabric	通用语言	无	超时	是	Go, Node.js 和 Java 扩展程序编写的智能合约
EOSIO	高级	稳定	EOS.IO	面向对象，静态类型	EVM 字节码分析	边界	是	基于 C++库
EVM bytecode	低级	稳定	Ethereum	基于栈	EVM 字节码分析	gas	是	一种虚拟机指令系统
Flint	高级	类	Ethereum	面向合约，类型安全	K 生成的工具	gas	是	类 Swift 语法且类型安全
IELE	低级	模型	Ethereum	基于注册	无	gas	是	由正式规范生成，类 LLVMIR 语法和类型安全
Ivy	高级	模型（实验）	Bitcoin	命令式	无	gas	否	可以被比特币脚本编译
Liquidity	高级	发展中	Tezos	全类型，函数式	发展中	gas	是	类 Oclaml 语法，根据形式语义编译到 Michelson, 类型安全
LLL	中级	发展中	Ethereum	基于栈	EVM 字节码分析	gas	是	类 Lisp 语法，对 EVM 字节码的封装
Logikon	高级	实验	Ethereum	逻辑内聚	EVM 字节码分析	gas	是	翻译为 Yul
Michelson	低级	发展中	Tezos	基于栈，强类型	类型检查工具	gas	是	程序可以被 Coq 验证
Plutus (PlutusCode)	高级 (低级)	发展中	Cardano	函数式	无	gas	是	类 Haskell 语法，正式规范
Rholang	中级	发展中	Rchina	函数式	无	基于规则	是	并发，类 Scala 语法，基于 rho calculus 模型
Scilla	中级	发展中	Zilliqa	函数式	Scilla 检查器	位机器单元使用情况	否	嵌入到了 Coq, 正式规范
Simplicity	低级	发展中	Bitcoin	函数式	位计算器	gas	否	形式的外延和操作语义
Solidity	高级	稳定	Ethereum	函数式，静态类型，面向对象	EVM 字节码分析	gas	是	类 JavaScript 语法，广泛使用
SolidityX	高级	类	Ethereum	面向合约	EVM 字节码分析	gas	是	编译成 Solidity
Vyper	高级	类	Ethereum	命令式	EVM 字节码分析	gas	否	类 Python 语法，安全的
Yul	中级	发展中	Ethereum	面向对象	EVM 字节码分析	gas	是	未来 Solidity 的中间过渡语言

对于 RQ2，我们的回答是肯定的。相比于现有的智能合约编程语言，参与者确实更喜欢 SPESC。基于 $S_{Q3.1}^{GA\text{-}CS+GB\text{-}CS}$，$S_{Q3.1}^{GA\text{-}L+GB\text{-}L}$，$S_{Q3.2}^{GA\text{-}CS+GB\text{-}CS}$ 和 $S_{Q3.2}^{GA\text{-}L+GB\text{-}L}$，参与者认为 SPESC 在可学性、可理解性和协作开发方面优于 Solidity。所有法律学生都选择了 SPESC 来解决这两个问题。这表明 SPESC 在智能合约的协作开发中有更大的潜力被非 IT 专家接受。关于 $S_{Q3.2}^{GA\text{-}CS+GB\text{-}CS}$，大约 45% 的 CS 学生认为 Solidity 更适合协作开发。我们假设主要的原因是 CS 学生已接受过源代码交流和协作的培训，他们很难理解律师或商业专家学习和使用编程语言以及和开发者交流的痛苦。

有效性的威胁。本研究主要受到外部有效性的威胁，参与者和本研究中使用的智能合约可能不代表真正的从业者和智能合约系统。将来，我们将在真实的工业化环境中重复这项研究。

3.6 相关工作

尽管许多研究人员从不同角度研究了智能合约，例如，并发编程[18-19]、安全性[6,20-21]和软件工程[4-5,22]。我们调研了现有的部分智能合约语言各自的优劣势[23]，得到的结果见表 3.5，其中，"水平"一列中"低级"是指该语言是为底层执行环境直接执行而设计的；"高级"是指该语言通过提供抽象的服务系统而具有较高可读性和高安全性的高级语法构造，使开发人员更容易编写契约；"中级"是指在高级源语言和低级目标语言之间进行折中的语言，该语言可以针对不同平台进行编译。据我们所知，我们是最早提出协作开发智能合约规范语言的人之一。

Porru 等[4]确定了面向区块链的软件工程所面临的许多挑战。他们认为，面向区块链的系统需要具备金融法和技术等知识的专业人士。本章遵循这一观点，并提出了一种新的智能合约规范语言，旨在实现更好的协作。

Frantz 等[22]提出了一种支持将人类可读合同的表示半自动转换为等价物计算的建模方法。他们采用 ADICO[24]对智能合约进行建模。从基于 ADICO 的模型，他们还开发了一个代码生成器来获取部分源代码。ADICO 格式可以指定一方的义务和权利。SPESC 涵盖了 ADICO 的主要概念。此外，SPESC 能够支持后置条件和交易规则，并提供用户友好的语法。

De Kruijff 等[5]提出了区块链从业者的区块链本体。Kosba 等[6]提出了一种新的智能合约语言 Hawk 来实现隐私保护。在区块链和智能合约的应用方面，也有许多研究工作[1, 13, 21, 25]。

3.7 小　　结

本章提出了一种智能合约的规范语言 SPESC，旨在促进智能合约系统的协作开发。我们的初步研究结果表明，SPESC 易于学习和理解，并且大多数参与者更喜欢的。在今后的研究中，应该提高 SPESC 的表达能力和语法，为了促进智能合约开发，我们还将扩展代码生成器并构建完整的开发环境。更多案例研究将被用来评估表达能力、用户友好性、SPESC 的可学习性和可理解性，以及工业背景下 SPESC 对跨学科合作的贡献程度。

参 考 文 献

[1] LU Q, XU X. Adaptable blockchain-based systems: A case study for product traceability[J]. Ieee Software, 2017, 34(6): 21-27.

[2] LUU L, CHU D H, OLICKEL H, et al. Making smart contracts smarter[C]// Proceedings of the 2016 ACM SIGSAC conference on computer and communications security. 2016: 254-269.

[3] WOOD G, et al. Ethereum: A secure decentralised generalised transaction ledger[J]. Ethereum project yellow paper, 2014, 151(2014): 1-32.

[4] PORRU S, PINNA A, MARCHESI M, et al. Blockchain-oriented software engineering: Challenges and new directions[C]//2017 IEEE/ACM 39th International Conference on Software Engineering Companion (ICSE-C). IEEE, 2017: 169-171.

[5] DE KRUIJFF J, WEIGAND H. Understanding the blockchain using enterprise ontology[C]// International Conference on Advanced Information Systems Engineering. Springer, 2017: 29-43.

[6] KOSBA A, MILLER A, SHI E, et al. Hawk: The blockchain model of cryptography and privacy-preserving smart contracts[C]//2016 IEEE Symposium on Security and Privacy (SP). IEEE, 2016: 839-858.

[7] HE X, QIN B, ZHU Y, et al. SPESC: A specification language for smart contracts[C]//2018 IEEE 42nd Annual Computer Software and Applications Conference. IEEE. 2018: 132-137.

[8] LIN I C, LIAO T C. A survey of blockchain security issues and challenges.[J]. IJ Network Security, 2017, 19(5): 653-659.

[9] ABBASI A G, KHAN Z. Veidblock: Verifiable identity using blockchain and ledger in a software defined network[C]//Companion Proceedings of the 10th International Conference on Utility and Cloud Computing. 2017: 173-179.

[10] NARAYANAN A, BONNEAU J, FELTEN E, et al. Bitcoin and cryptocurrency technologies: a comprehensive introduction[M]. Princeton University Press, 2016.

[11] CHATZOPOULOS D, AHMADI M, KOSTA S, et al. Flopcoin: A cryptocurrency for computation offloading[J]. IEEE transactions on Mobile Computing, 2017, 17(5): 1062-1075.

[12] DELMOLINO K, ARNETT M, KOSBA A, et al. Step by step towards creating a safe smart contract: Lessons and insights from a cryptocurrency lab[C]//International conference on financial cryptography and data security. Springer, 2016: 79-94.

[13] CHA S C, PENG W C, HUANG Z J, et al. On design and implementation a smart contract-based investigation report management framework for smartphone applications[C]// International Conference on Intelligent Information Hiding and Multimedia Signal Processing. Springer, 2017: 282-289.

[14] EYSHOLDT M, BEHRENS H. Xtext: Implement your language faster than the quick and dirty way[C]//Proceedings of the ACM international conference companion on Object oriented programming systems languages and applications companion. 2010: 307-309.

[15] S WILE D. Supporting the dsl spectrum[J]. Journal of Computing and Information Technology, 2001, 9(4): 263-287.

[16] EFFTINGE S, VÖLTER M. Oaw Xtext: A framework for textual dsls[C]//Workshop on Modeling Symposium at Eclipse Summit. 2006.

[17] EYSHOLDT M, BEHRENS H. Xtext: Implement your language faster than the quick and dirty way[C]//Proceedings of the ACM international conference companion on Object oriented programming systems languages and applications companion. 2010: 307-309.

[18] YU L, TSAI W T, LI G, et al. Smart-contract execution with concurrent block building[C]// 2017 IEEE Symposium on Service-Oriented System Engineering (SOSE). IEEE, 2017: 160-167.

[19] DICKERSON T, GAZZILLO P, HERLIHY M, et al. Adding concurrency to smart contracts [J]. Distributed Computing, 2019: 1-17.

[20] FROWIS M, BOHME R. In code we trust: Measuring the control flow immutability of all smart contracts deployed on ethereum[J]. LNCS, 2017, 10436: 357-372.

[21] YASIN A, LIU L. An online identity and smart contract management system[C]//2016 IEEE 40th Annual Computer Software and Applications Conference (COMPSAC). IEEE, 2016: 192-198.

[22] FRANTZ C K, NOWOSTAWSKI M. From institutions to code: Towards automated generation of smart contracts[C]//2016 IEEE 1st International Workshops on Foundations and Applications of Self* Systems (FAS* W). IEEE, 2016: 210-215.

[23] VALERIEVITCH T A, VLADIMIROVITCH T I, ALEXANDROVITCH K J, et al. Overview of the languages for safe smart contract programming[J]. 2019, 31(3).

[24] CRAWFORD S E, OSTROM E. A grammar of institutions[J]. American Political Science Review, 1995: 582-600.

[25] TACKMANN B. Secure event tickets on a blockchain[M]. Data privacy management, Cryptocurrencies and Blockchain technology. Springer, 2017: 437-444.

第 4 章　智能法律合约编译方法

> **摘要**
>
> 针对智能法律合约语言与可执行智能合约语言之间的自动转化问题，本章设计了一种 SPESC 到目标程序语言（Solidity）的转化规则，并提出了一种包括高级智能合约层、智能合约层和机器代码执行层的三层智能合约系统框架。首先，转化规则给出了根据 SPESC 合约当事人定义生成目标语言当事人子合约、SPESC 其余部分生成目标语言主体子合约之间的对应关系；其次，除程序框架与存储结构外，目标语言程序还包含当事人人员管理、程序时序控制、异常检测等机制，这些机制能辅助编程人员半自动化地编写智能合约程序，进而通过两个实验验证了上述高级智能合约框架的易读性以及转换的正确性。

4.1　引　　言

智能合约[1]作为第二代区块链的技术核心，它是区块链从虚拟货币、金融交易到通用平台发展的必然结果。广义上讲，智能合约就是一套数字形式的可自动执行的计算机协议[2]。由于它极大地丰富了区块链的功能表达，使得应用开发更加便利，因此近年来已引起学术界与工业界的广泛关注。

狭义上讲，智能合约就是部署并运行在区块链上的计算机程序。智能合约的代码、执行的中间状态及执行结果都会存储在区块链中，区块链除了保证这些数据不被篡改外，还会通过每个节点以相同的输入执行智能合约来验证运行结果的正确性。区块链的这种共识验证机制保证了智能合约的不可篡改性和可追溯等特性，从而使它具备了被法律认可的可能。

智能合约相较于比特币的脚本指令系统，可以处理更加复杂的业务逻辑，并可以更加灵活地在区块链中存储包括合约状态在内的各种数据。目前各大区块链平台和厂商都添加了智能合约模块，较为流行的智能合约平台包括以太坊（Ethereum）、超级账本（Hyperledger Fabric）等。

在智能合约语言方面，以太坊的智能合约目前支持 Serpent 和 Solidity 两种编程语言，Serpent 类似于 Python 语言，而 Solidity 类似于 JavaScript 语言；超级账本支持如 Go，Java 等传统编程语言进行编写；此外，其他平台也都在已有编程语言（如 C，C++，Java）基础上给出了智能合约开发工具。

4.1.1 研究动机

通过上述分类可知，智能合约平台和语言已日益成熟且功能趋于完善。然而，由于智能合约通常涉及计算机、法律、金融等多领域的协作，而目前的智能合约编程语言存在对于非计算机领域人员不够友好、对没学习过编程的人员来说难以理解等问题。具体而言，目前的智能合约语言存在以下几个缺点：

（1）程序语言与法律合约形式相去甚远；
（2）智能合约程序专业性强，用户和法律人员难以理解；
（3）从法律合约到可执行智能合约代码生成没有建立直接联系。

这些缺点导致合约的编写非常困难，不同领域人员之间交流存在障碍，大大制约了智能合约的开发效率和公众的认可程度。

近年来一些学者提出高级智能合约语言（ASCL）来解决上述问题。这种语言是介于现实合同与智能合约之间的一种语言，通过易读且规范化的语法，帮助不同领域人员进行沟通，并可（半）自动化地实现向平台智能合约语言的转化，辅助编程人员进行编写。

4.1.2 相关工作

基于区块链的智能合约概念被提出以来，不少学者在程序设计与平台构造等方面都做了大量研究工作。这些工作中的多数研究是通过形式化语言验证合约的正确性，如文献 [3]~ 文献 [7] 等；也有不少研究是从法律角度讨论智能合约，如文献 [8] ~ 文献 [11] 等。但以易于读写的语法建立高级智能合约语言模型，并实现向可执行智能合约语言转化的工作比较少。

与其他智能合约语言相比（见 4.2 节），SPESC 的语法易读、结构清晰，且包含完整的语言模型定义，是智能合约未来的发展趋势之一，更接近本章对高级智能合约语言的要求，但目前 SPESC 还没有转化为可执行智能合约语言的生成器，因此，本章将继续针对这一问题进行研究。

4.1.3 本章主要工作

本章针对高级智能合约语言与可执行智能合约语言之间缺少转化方法的问题，通过常用合约的实例化研究，设计一种针对 SPESC 语言的可执行代码生成器，给出了

SPESC 与目标程序语言（以 Solidity 为例）之间的转化关系，可简化智能合约的编写、规范智能合约的程序结构、辅助编程人员验证代码的正确性。具体工作如下：

（1）提出一种包括高级智能合约层、智能合约层和机器代码执行层的三层智能合约系统框架，该框架是在综合了已有的 SmaCoNat，SWRL，Findel，SPESC 等高级智能合约语言特点基础上提出的，并给出了高级智能合约语言编写智能合约的基本流程。

（2）给出了一种 SPESC 到目标程序语言（Solidity）的转化规则。首先，给出了根据 SPESC 合约当事人定义生成目标语言当事人子合约以及 SPESC 其余部分生成目标语言主体子合约的对应关系；其次，除程序框架与存储结构外，目标语言程序还包含当事人人员管理、程序时序控制、异常检测等机制，这些机制能辅助编程人员半自动化地编写智能合约程序。

本章以竞买合约为实例，给出了根据上述转化规则从 SPESC 合约转化到可执行 Solidity 合约语言程序以及该程序的部署、运行、测试的全过程。首先，通过引入当事人群体，实现了支持当事人动态加入的 SPESC 竞买智能合约；然后，在完成可执行 Solidity 竞买合约语言程序后，通过以太坊私链部署并运行测试，验证了转化过程的正确性。

本章内容如下：4.2 节将 SPESC 与几种相关工作对比分析；4.3 节介绍包含高级智能合约语言的智能合约系统框架；4.4 节介绍 SPESC 的语法；4.5 节分析竞买的流程；4.6 节展示如何通过 SPESC 编写竞买合约；4.7 节说明以 Solidity 为目标语言的 SPESC 编译规则；4.8 节将计算机与法律学生分组阅读 SPESC 与 Solidity 编写的合约，完成问答验证易用性，并将生成的 Solidity 智能合约部署并测试；4.9 节进行总结。

4.2 相关工作

下面对现有多个智能合约语言进行梳理和优劣势分析，并将它们与 SPESC[12] 比较，从而介绍 SPESC 的机制与优势。

Typecoin（Bitcoin）[13]：Typecoin 是一种建立在 Bitcoin 基础上的承诺机制，用于携带逻辑命题。Typecoin 的基本理念是让交易携带逻辑命题而不是硬币。事实上，每笔 Bitcoin 交易都可以转化为 Typecoin 交易，其中输入和输出成为命题，逻辑将允许分割或合并输入，因此它允许交易在被提交到区块链之前进行类型检查。由于 UTXO 只支持交易金额的合并或拆分（相当于代数加法或减法运算），底层逻辑是线性的，因而不足以处理复杂状态。

Simplicity（Bitcoin）[14]：Simplicity 是在 Bitcoin 背景下提出的最新语言。由于

Bitcoin 使用 UTXO 模型，系统状态不像 Ethereum 那样复杂，该语言也不需要处理对全局状态的读写。此外，该语言遵循 Bitcoin 自成一体的交易设计，包括合约无法访问交易之外的任何信息。这也意味着 Simplicity 不支持通信型合约。另一方面，它未被设计为基于账户的模型，其中合约之间不可以相互通信。

Solidity（Ethereum）[15]：Solidity 是当今最流行的智能合约语言。它是一种图灵完全语言，类似于 JavaScript。然而，该语言的表达性在过去存在多个安全漏洞。例如，由于本地状态操作和外部调用的任意交错，重入攻击被证明是可能的。此外，该语言的图灵完全性使得合约不太适合形式化验证。

Bamboo（Ethereum）[16]：Bamboo 依赖于多态合约，每当状态发生变化时，一个合约就会更改为另一个合约，但 Bamboo 并不注重合同的验证方面。

Babbage（Ethereum）[17]：Babbage 是在 Ethereum 背景下提出的智能合约概念级设计。该设计采用的是一种编写合约的机械模型而不是文本程序。但是由于其基本的简单性和缺乏形式化的设计语义，很难适应形式化推理机制。

F embedding（Ethereum）：Bhargavan 等 [18] 提供了一个框架来分析和验证用 Solidity 编写的 Ethereum 合约运行时的安全性和功能正确性，并将其转换成 F，后者是一种针对程序验证的函数编程语言。

Viper（Ethereum）[19]：Viper 是在 Ethereum 背景下提出的一种实验性语言，以简化智能合约的可审计性。该语言没有递归调用和无限循环。因此，可以消除 gas 限制设置上限的必要，而后者常常被 gas 限制攻击所利用。Viper 还计划消除在任何非静态调用后对状态进行修改的可能性，这样可以防止可重入攻击。

Rholang（RChain）[20]：Rholang 是基于异步的多元演算，最适合在并发环境下工作。Rholang 允许无界递归，并要求所有的外部调用都是尾部调用，所以外部调用和本地指令之间没有复杂的交错。

Michelson（Tezos）[21]：Michelson 是一种纯粹的基于函数的堆栈语言，没有太多的安全威胁。

Liquidity（Tezos）[22]：Liquidity 是一种高级语言，它符合 Michelson 的安全限制，并保持了与 Michelson 的兼容性。

Plutus（IOHK）[23]：Plutus 是一种基于类型化演算的语言，旨在为像 Bitcoin 这样的区块链运行交易验证。因此，该语言允许合约操作全局状态并对其他合约进行外部调用。

OWL（BOSCoin）[24]：网络本体语言 OWL 是在 BOSCoin 的背景下开发的。OWL 中的底层计算模型是定时自动机[25]，并提倡没有副作用的纯函数。

F dialect（Zen）[26]：Zen 使用 F dialect 作为其智能合约语言。Zen 中的智能合

约是无状态的，功能上是纯粹的。这意味着它没有副作用，也没有与其他合约的交互。虽然这消除了竞争条件和并行执行的任何障碍，但它也严重限制了人们可以构建的智能合约类型。例如，涉及同一智能合约的多个交易可能不容易并行化，必须串行执行。通过干净的分离，就有可能消除本地计算和外部调用的复杂和不理想的交错。

SPESC[12]语言类似自然语言，通过采用现实世界合同中的语法元素，构建了SPESC语法模型，支持合约当事人权利（can）与义务（shall）以及资产转移规则的定义。例如，SPESC 描述的合约示例如图 3.2 所示，详见前述章节。该合约展示了销售者和购买者之间商品买卖的基本流程，包含四条条款：购买者可以付款；购买者付款后，销售者需在 5 天内发货；购买者可确认收货；销售者有权收取货款。

SPESC 兼顾了现实合约与现有智能合约的特点：通过条款方式明确了合约当事人的权利与义务，同时面向司法与金融领域定义了当事人行为、资产转移操作、履行期限以及变量化的合约信息。因此，SPESC 支持编写买卖、竞买、借贷等金融类合约，同时也可实现投票、存证等司法类合约。与其他方案相比，SPESC 更接近于 ASCL 要求。

4.3 系统框架

4.3.1 系统目标

基于区块链的智能合约系统通常是指支持可自动执行的合约代码生成并运行的软件系统。现有的智能合约系统可分为两层：智能合约层与机器代码执行层。为了增强合约的规范性和易读性，本章的智能合约系统在这两层结构之上添加一层高级智能合约层，高级智能合约语言在智能合约语言之上提供了更优化的封装，形成了类似于高级程序语言与低级程序语言之间的关系，如 C＋＋语言与汇编语言。

对本章的智能合约系统提出以下要求：

（1）高级智能合约语言更便于阅读与理解；
（2）规范化智能合约的编写；
（3）能支持高效的智能合约生成；
（4）生成更系统的目标语言智能合约程序框架。

4.3.2 智能合约编写框架

基于本章所提出的三层智能合约系统，合约当事人通过高级智能合约语言编写智能合约的流程及框架如图 4.1所示。在此框架中，首先，用户可以根据现实合同或真实意图进行高级智能合约语言的编写；其次，通过高级智能合约语言的编译器，将合约转化为传统程序语言编写的智能合约；最后，生成机器代码并将其部署运行在区块链中。

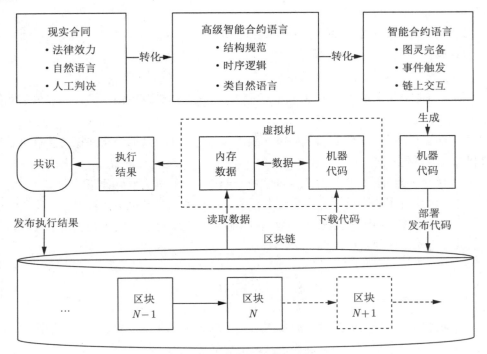

图 4.1　智能合约编写框架

（1）现实合同在符合法律的情况下签订成立后就具有法律效力。现实合同的书写与形式相对自由，没有严格规定的格式，即使合同中存在歧义或缺省，也可以由司法机构根据法律与合约当事人的真实意图进行裁决。它与目前的智能合约相比，具有以下特点：

① 具有法律效力；

② 采用自然语言，书写自由；

③ 一旦出现争议可由人工判决（调定，调解）。

（2）高级智能合约语言将计算机程序、法律、金融等多个方面的特点融合在一起，以一种既比程序语言更容易被理解、又比自然语言更规范的方式表达合约内容。本章所采用的 SPESC 具有以下特点：

① 参考现实合同的结构；

② 通过时序逻辑表达时序关系；

③ 采用类自然语言的语法。

（3）现有智能合约语言与传统的程序语言类似，并在此基础上设计或预定义了区块链相关特殊元素或操作。由于智能合约主要涉及多个用户之间的交互，因此多采用事件触发的方式，由用户调用并触发智能合约运行。目前主流的智能合约语言如 Solidity，Java，GO 等具有以下特点：

① 语言是图灵完备的，表达能力强；

② 事件触发的方式执行；

③ 预定义了与区块链交互的操作。

（4）智能合约通过编译生成机器代码后，可在虚拟机或容器中运行，它的部署执行主要分下面三步：

① 部署智能合约。将机器代码发布到区块链中，使得其他参与共识的节点可以获取智能合约以便验证。

② 执行智能合约。在执行或验证智能合约前，将智能合约代码下载到本地，同时将存储在区块链中的合约状态恢复到内存中，并在本地虚拟机中运行。

③ 发布执行结果。根据输入参数运行智能合约后，将执行结果与其他参与验证的节点共识记录到区块链中。

4.4　SPESC 介绍

下面介绍本章采用的高级智能合约语言 SPESC，SPESC 智能合约由四部分组成：合约名称、合约当事人描述、合约条款、附加信息。

定义 4.1（合约）　　SPESC 合约具体定义如下：

Contract::= Title{Parties+ Terms+ Additional+}

合约的当事人可能是个人、组织或是群体，合约中应记录其关键属性和行为。

定义 4.2（当事人）　　合约当事人具体定义如下：

Parties::= party group? PartyName {Field+ Action+}

在上述定义中，group 关键词表示合约的当事人是群体，Field 表示当事人在合约中的需要记录的关键属性，Action 声明了当事人在合约中的权利与义务。

个体当事人是指合约中拥有一定权利或义务的个体，如买家、卖家等。群体当事人是指在合约中拥有相同权利与义务的多个个体，如投票人、竞拍人等，群体当事人既可以在合约执行前事先指定，也可以在合约运行中动态加入或退出。

当事人定义是为了便于处理与记录当事人的信息。每个个体在区块链中都有对应的账户地址，因此，当事人属性中默认包含地址属性，用户可以通过设定具体地址来规定当事人的具体身份，也可以不在编写 SPESC 时规定，而在智能合约运行时根据条款与执行情况进行变更。

合约中的条款分为权利条款和义务条款两种，权利表示在一定条件下可以执行的动作，义务表示在一定条件下必须完成的动作，而未满足条件的动作或未被写入合约的动作表示禁止执行的动作。

定义 4.3（条款） 合约条款具体定义如下：

Terms::= **term** tname: PName (**shall**|**can**) AName

  (**when** PreCondition)?

  (**while** TransferOperation+)?

  (**where** PostCondition)?.

在上述定义中，PName 表示当事人，AName 表示执行的动作，PreCondition 表示可执行该条款的前置条件，TransferOperation 表示执行该条款的过程中伴随的资产转移，PostCondition 表示该条款执行结束后该满足的后置条件。前置条件与后置条件区分的依据是：合约的业务逻辑可通过前置条件与时间表达式予以表达；对于程序预期外的情况，可通过后置条件予以限制。

资产转移的操作被分为存入、取出、转移三种。

定义 4.4（资产转移） 资产转移操作定义如下：

TransferOperation::=

{Deposit} **deposit** (**value** ROP)? AssetExp |

{Withdraw} **withdraw** AssetExp |

{Transfer} **transfer** AssetExp **to** Target

在上述定义中，ROP 表示关系操作，包含 >, <, =, >= 和 <=；AssetExp 表示资产表达式，用于描述转移的资产；Target 表示资产转移的目标账户。

为了保证智能合约检查与记录的功能，所有资产转移需通过合约账户实现。如 A 向 B 转账的操作，需先由 A 向合约账户转账，再由合约账户向 B 转账，通过上述方法，合约便于根据条款对转账条件与金额检查，同时在合约中记录转账信息。因此，合约中涉及的资产转移本质应分为两种，即账户向合约转移和合约向账户转移，如图 4.2 (a) 所示，这种账户与合约账户之间的资产转移可由用户进行操作。

由于从用户账户向合约转移资产的操作只能由该用户自己主动执行，而不能强制执行，因此图 4.2(b) 展示了多账户之间的资产转移操作及限制，为了区分执行者与其他账户，将资产转移操作分为三种：

（1）存入（deposit）：用户主动将资产存入合约。

（2）取出（withdraw）：根据合约条款从合约取出资产。

（3）转移（transfer）：根据合约条款从合约向其他账户转移资产。

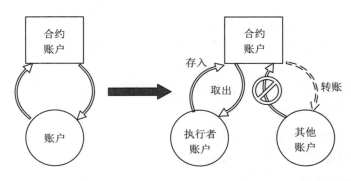

（a）单账户间转移操作　　　（b）多账户间转移操作及限制

图 4.2　资产转移操作

在三种资产转移操作中，存入操作与后两种操作不同，在后两者中，操作的资产都是事先在合约条款中约定，由常量或是变量可以准确描述的。而在存入操作中，由于是由用户主动执行，存入资产不一定由合约直接规定，合约只能对资产进行限定，如在 4.6 节描述的合约中，合约无法直接规定竞买人在竞拍时的出价，而可以限制为出价一定要大于当前最高价。

此外，资产转移操作还与具体的智能合约平台及语言有关。例如，在以太坊平台中，账户既可以是合约账户也可以是用户账户。由于 Solidity 编写的合约中可以定义在收到以太币时自动执行的接收方法，向未知用户转移资产可能存在安全风险。因此，在以以太坊作为智能合约平台时，应尽量通过用户主动取款的方式代替转账方式。

4.5　竞买合约

本章将通过基于 SPESC 的拍卖合约实例来说明 SPESC 生成器，并验证生成合约的正确性以及三层合约框架的可用性，本节将介绍竞买合约规则及流程。竞买 (auction) 是专门从事拍卖业务的机构接受货主的委托，在规定的时间与场所，按照一定的章程和规则，将要拍卖的货物向买主展示，公开叫价竞购，最后由拍卖人把货物卖给符合规则的买主的一种现货交易方式。本章主要讨论以最高价成交的竞买合约。

竞买合约涉及两个当事人：

（1）拍卖人：即从事拍卖活动的企业法人；

（2）竞买人：即参加竞购拍卖标的的公民、法人或其他组织。

最高价竞买流程如图 4.3所示，其流程如下：

(1) 首先，由拍卖人或主持人开始竞拍，并设置竞拍底价和竞拍结束时间。

(2) 竞拍期间竞买人随时可以进行出价，同时上交押金。如果出价大于目前最高价，记录为新最高价，押金放入资金池，并将之前最高出价者所交押金退回；否则，出价不大于目前最高价，出价失败，退回押金。

(3) 在竞拍时间结束后，拍卖人可以收取合约中最高出价的押金。

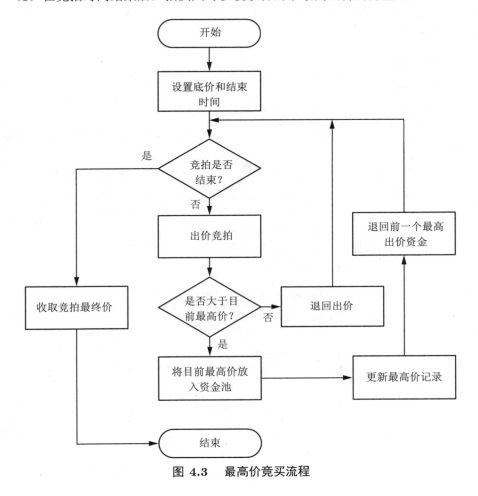

图 4.3　最高价竞买流程

4.6　SPESC 编写竞买合约

依据上述流程用 SPESC 编写的竞买合约如图 4.4 所示。

上述竞买合约可分为三个部分：

(1) 合约当事人。如前所述，竞买合约包含竞买人与拍卖人两方。

```
1   contract SimpleAuction{
2
3◉      party group bidders{
4           amount : Money
5           Bid()
6           WithdrawOverbidMoney()
7       }
8
9◉      party auctioneer{
10          StartBidding(reservePrice : Money, biddingTime : Date)
11          StopBidding()
12      }
13
14      highestPrice : Money
15      highestBidder : bidders
16      BiddingStopTime : Date
17
18◉     term no1 : auctioneer can StartBidding,
19          when before auctioneer did StartBidding
20          where highestPrice = reservePrice and BiddingStopTime = biddingTime + now.
21
22◉     term no2 : bidders can Bid,
23          when after auctioneer did StartBidding and before BiddingStopTime
24          while deposit $ value > highestPrice
25◉         where highestPrice = value and highestBidder = this bidder and
26              this bidder::amount = this bidder::Ori amount + value .
27
28◉     term no3_1 : bidders can WithdrawOverbidMoney,
29          when this bidder isn't highestBidder and this bidder::amount > 0
30          while withdraw $this bidder::amount
31          where this bidder::amount = 0.
32
33◉     term no3_2 : bidders can WithdrawOverbidMoney,
34          when this bidder is highestBidder and this bidder::amount > highestPrice
35          while withdraw $this bidder::amount - highestPrice
36          where this bidder::amount = highestPrice.
37
38◉     term no4 : auctioneer can StopBidding,
39          when after BiddingStopTime and before auctioneer did StopBidding
40          while withdraw $highestPrice.
41  }
```

图 4.4 SPESC 编写的竞买合约完整实例

竞买人的定义如下：

```
party group bidders{
    amount : MoneyBid()
    WithdrawBid ()
}
```

竞买人属于群体当事人，是由用户在执行竞拍操作 Bid 时表明参与竞买并注册成为竞买人。竞买人包含货币类型的属性 amount，用于记录竞买人的押金池，用于回收无效的出价。同时 WithdrawBid 声明了竞买人可以回收竞价失败所交的押金。

```
party auctioneer{
    StartBidding(reservePrice: Money, auctionDuration: Date)
    CollectPayment ()
}
```

拍卖人即拍品所有者属于个体当事人,声明了拍卖人可以执行的两个动作:开始竞拍 StartBidding 和结束竞拍 CollectPayment。在执行开始竞拍时,需要输入两个参数:底价 reservePrice 和竞拍时间 auctionDuration。

(2)合约中记录的附加信息。本合约中主要需要记录三个变量:

```
highestPrice : Money

highestBidder : bidders

BiddingStopTime : Date
```

第一个变量为货币类型,记录了当前最高价;第二个变量为竞买人类型,记录了当前最高出价者;第三个变量为日期类型,记录了竞拍结束时间。

在此处定义的信息会被记录到区块链中,从而保证区块链不仅记录了信息当前的状态,还会记录合约执行过程中每一步执行后的历史状态。由于区块链数据具有不可篡改性和时序性,保证了智能合约状态的不可篡改性和可追溯性,智能合约与区块链结合的一方面优势就体现在这里。

(3)条款。本合约中存在五条条款:

从 4.3 节的竞买合约分析中可以看出,有三个需要当事人主动触发的过程,分别是:①开始竞拍;②出价竞拍;③收取货款。其余流程可由程序自动完成。

由于任何账户可以注册为竞买人,且本章中以 Solidity 为目标语言,如 4.4 节所述,如果直接向拍卖人发回资金是有安全风险的,让拍卖人自己取钱会更加安全。因此,在编写合约时添加收回押金条款。

如图 4.5 所示,通过 Petri 网表示了拍卖过程的状态转移图,其中,合约分为四种状态和五种动作。状态包括生效、竞拍中、竞拍结束、合约终止;动作包括开始竞拍、出价竞拍、收回押金、时间结束、收取货款。在五种动作中,时间结束是由计算机自动触发,其余四种为用户触发。根据四种动作,编写如下条款:

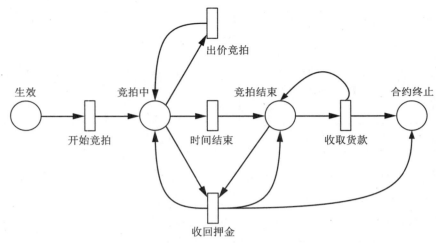

图 4.5　Petri 网表示的拍卖过程状态转移图

条款 1　发起竞拍条款定义如下：

```
term no1 : auctioneer can StartBidding,
    where highestPrice = reservePrice and
        BiddingStopTime = auctionDuration+now.
```

拍卖人（auctioneer）有权触发动作发起竞拍（StartBidding），在动作执行后，当前最高价（highestPrice）应为拍卖人输入的底价（reservePrice），结束时间（BiddingStopTime）应为当前时间（now）加上输入的竞拍持续时间（auctionDuration）。

条款 2　出价竞拍条款定义如下：

```
term no2 : bidders can Bid,
    when after auctioneer did StartBidding and
        before BiddingStopTime
    while deposit $value> highestPrice
    where highestPrice = value and highestBidder = this bidder
        and
        this bidder::amount = this bidder::Originamount+value.
```

竞买人（bidders）可以在拍卖人发起竞拍后，且在竞拍结束前，向合约转账（deposit）进行出价（Bid）。其中，在拍卖人发起竞拍后由 after auctioneer did StartBidding 表示，在竞拍结束前由 before BiddingStopTime 表示。如果出价（value）大于目前最高价（highestPrice），则出价成功；如果出价小于或等于最高价，则出价失败。

动作执行成功后,最高出价人的属性(this bidder::amount)中应记录了失败的出价总额,其中为方便表达,Origin 关键词表示动作执行前的值,合约当前最高价(highestPrice)与最高价出价人(highestBidder)应为本次出价(value)与出价人(this bidder)。

条款 3　回收押金分为两条子条款,定义如下:

```
term no3_1 : bidders can WithdrawBid,
    when this bidder isn't highestBidder and this bidder::
        amount > 0
    while withdraw $ this bidder::amount
    where this bidder::amount = 0.
```

如果竞买人(bidders)不是最高出价者,且当前合约中存有押金(this bidder::amount > 0),可以取回无效的竞价(WithdrawrBid)。条款执行成功后,该竞买人押金记录(this bidder::amount)应为 0。

```
term no3_2 : bidders can WithdrawBid,
    when this bidder is highestBidder and this bidder::amount >
        highestPrice
    while withdraw $ this bidder::amount - highestPrice
    where this bidder::amount = highestPrice.
```

如果竞买人是最高出价者,且当前合约中存有该竞买人竞价失败的押金(this bidder::amount > highestPrice),可以取回无效的竞价。条款执行成功后,该竞买人押金记录应为最高价。

条款 4　结束竞拍条款定义如下:

```
term no4 : auctioneer can CollectPayment,
    when after BiddingStopTime and before auctioneer did
        CollectPayment
    while withdraw $highestPrice.
```

拍卖人(auctioneer)在竞拍时间结束后,且没有收取过货款,可以收取货款(CollectPayment)并将最高价货款取出(withdraw)。

4.7 目标代码生成

本节通过竞买合约的例子，讲述 SPESC 的目标代码生成方法，从而由编写好的 SPESC 合约自动生成 Solidity 代码。

4.7.1 目标语言合约框架

生成的 Solidity 合约分为两部分：

（1）当事人合约。由当事人定义生成的合约，主要负责当事人人员的管理、关键事件的记录与统计和记录的查询功能。

（2）主合约。由其他部分生成的合约，主要包括变量的定义、修饰器（modifier）以及条款生成的方法。

下面分别对这两个方面的生成过程进行阐述。

如图 4.6 所示，图中展示了由 SPESC 自动生成的 Solidity 语言竞买合约类图，并通过带颜色的线标明了 SPESC 元素与其对应关系。Solidity 语言竞买合约共分为三个部分，拍卖人合约、竞买人合约与竞买主体合约。

拍卖人合约中包含拍卖人的地址、人员的注册与查询方法以及对其所属的两个条款 StartBidding 与 CollectPayment 的记录。

竞买人合约包含由地址和 SPESC 中定义的变量 amout 组成的结构体、结构体数组、映射表、人员添加与查询方法以及 amount 的设定与获取方法。

竞买主体合约包含当事人的定义，SPESC 中三条附加信息 highestPrice、highestBidder、BiddingStopTime 的定义以及根据五条条款生成的四个方法和两个修饰器（onlybidders、onlyauctioneer）。其中，条款 3.1 与 3.2 声明的是同一个动作 WithdrawBid，因此只生成一个方法。

此外，对于当事人的管理，除了基本的操作外，未被使用的管理操作会以注释的方式提供，如获取当事人群体列表、删除个体等，如果用户在方法的实现中需要使用，可以解除注释使用。而对于不参与时序控制的条款，如竞买合约中的出价竞拍（Bid）和取回押金（WithdrawBid），不会在合约中生成记录执行情况的属性与方法，实际执行情况仍可以在区块链中追溯，但不在合约中另行记录与处理。

4.7.2 当事人合约的生成

每个当事人都会对应生成一个当事人合约。由于当事人可分为个体当事人与群体当事人两类（见 4.4 节），因此，当事人合约可分为个体当事人合约（individual party-contract）和群体当事人合约（group party-contract）两类。

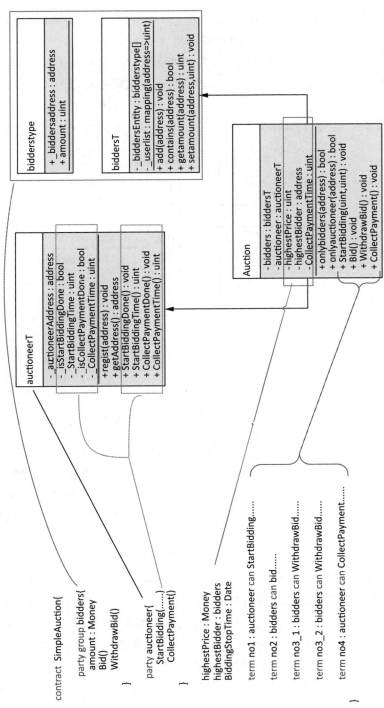

图 4.6　SPESC 与所生成合约类图对应关系（见文前彩图）

个体当事人合约被用来规范一定权利或义务行为的个体,如买家、卖家对应的合约。群体当事人合约则用来规定拥有相同权利与义务行为的多个个体,如投票人、竞拍人对应的合约。群体当事人合约与个体当事人合约的区别在于:群体当事人合约包含数组和映射结构体及增删操作,使得群体当事人可以在合约运行中动态加入或退出。

两类当事人合约结构如图 4.7 所示。

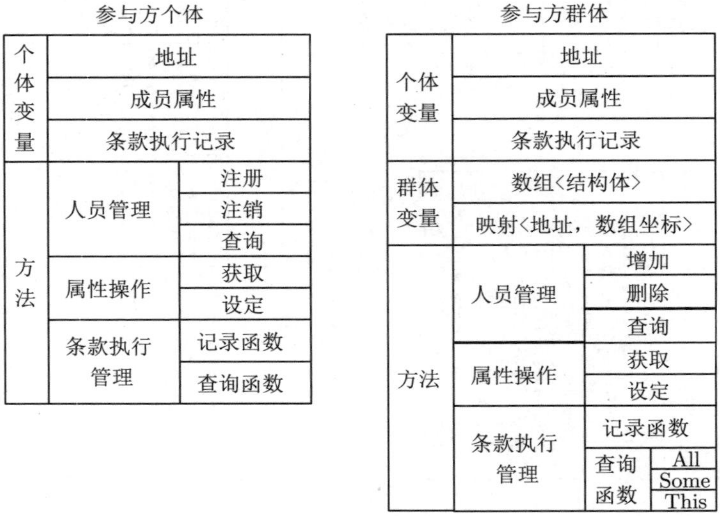

参与方个体

个体变量	地址	
	成员属性	
	条款执行记录	
方法	人员管理	注册
		注销
		查询
	属性操作	获取
		设定
	条款执行管理	记录函数
		查询函数

参与方群体

个体变量	地址		
	成员属性		
	条款执行记录		
群体变量	数组<结构体>		
	映射<地址,数组坐标>		
方法	人员管理	增加	
		删除	
		查询	
	属性操作	获取	
		设定	
	条款执行管理	记录函数	
		查询函数	All
			Some
			This

图 4.7 两类当事人合约结构

情况 1:当事人个体生成的 Solidity 合约内容按类别分为三个部分。

(1)当事人属性。当事人个体需要记录的内容包括账户地址、成员属性、条款执行记录。账户地址作为账户的唯一身份标识,对应账户在区块链中的地址[①]。成员属性是在 SPESC 中由用户设定的需要记录的属性,并会在属性操作中生成对应的设定与获取方法。

条款执行记录 Record 生成规则如下:对由该当事人限定的条款集合 ϕ 中的每个条款 t,Record::={<_is≪t≫Done,_≪t≫Time>:∀$t,t \in \phi$},其中,≪t≫ 表示取条款 t 的动作名,变量名以下划线表示起初是为了与用户定义变量区分。例如,对于条款 1 对应的动作 StartBidding,按上述规则将生成两个变量:_isStartBiddingDone 记录条款 t 是否执行完成与 _StartBiddingTime 记录条款 t 执行时间。

如图 4.8 所示,竞买例子中拍卖人未在 SPESC 中定义属性,但有两个所属条款 StartBidding 和 CollectPayment,每个条款包括前述的两个属性,例如,_isStartBid-

---

① 账户在区块链中的地址通常是账户公钥的哈希。

dingDone 和 _StartBiddingTime。此外，变量 _auctioneerAddress 用于记录拍卖人地址。

```
//attributes of action StartBidding
bool _isStartBiddingDone;
uint _StartBiddingTime;

//attributes of action CollectPayment
bool _isCollectPaymentDone;
uint _CollectPaymentTime;

address _auctioneerAddress;
```

图 4.8　拍卖人合约变量

（2）人员管理。根据当事人是群体还是个体，生成对应管理方法。个体管理较为简单，包括注册、注销与查询三种方法。在竞买例子中拍卖人只涉及注册与查询拍卖人地址两种方法，如图 4.9 所示。

```
function regist(address a) public {
    _auctioneerAddress = a;
}
function getAddress() public view returns (address a){
    return _auctioneerAddress;
}
```

图 4.9　拍卖人的人员管理方法

（3）条款执行管理。对于当事人的每条条款，生成条款执行记录方法，在条款执行完毕后记录完成时间；生成查询方法，返回条款完成时间。拍卖人的开始竞拍条款生成方法如图 4.10 所示。

情况 2：当事人群体除当事人个体的内容外，还包含更丰富的当事人管理方法，以及多种记录的查询方式。具体生成规则如下：

（1）当事人属性。对于当事人群体，为了使当事人可以遍历，采用结构体数组记录个体内容；同时为了方便用户通过地址查询用户个体信息，添加账户地址到数组坐标的映射表（mapping table），如图 4.11所示。其中数组中记录的用户个体变量与当事人个体的变量相同。

```
function StartBiddingDone() public{
    _StartBiddingTime = now;
    _isStartBiddingDone = true;
}

function StartBiddingTime() public view returns (uint result){
    if(_isStartBiddingDone){
        return _StartBiddingTime;
    }
    return _max;
}
```

图 4.10　拍卖人条款执行管理方法

（2）人员管理。当事人群体人员管理包括添加、删除、查询。添加操作如图 4.11 虚线中 A.1）与 A.2）所示，例如，为了添加新的当事人个体 P_B，A.1）首先将个体信息插入数组最后一位；A.2）然后在映射表中记录该个体地址 AddressB 对应的数组坐标 N。删除操作如图 4.11 虚线中 B.1）～B.3）所示，例如，为了删除个体 P_A，根据地址 AddressA 从映射中查询到其在数组的坐标 K 后，B.1）将数组最后一位 N 的个体 P_B 替换掉 K 位的信息，并将第 N 位清空；B.2）将映射中记录的 P_B 坐标替换为新坐标 K；B.3）将 P_A 的坐标替换为初始值 0。如果删除的个体是数组中最后一位，则直接将数组和映射表对应位置设置为空即可。

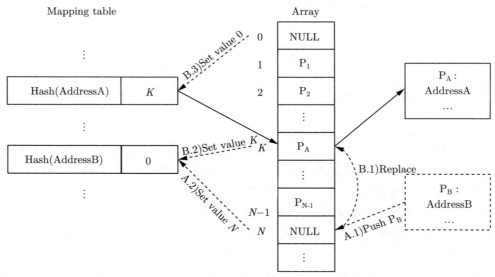

图 4.11　当事人群体人员管理

在竞买合约中，竞买人涉及添加与查询操作，如图 4.12 所示。

```
function add(address a) public {
    _biddersEntity.push(bidderstype({_biddersaddress:a,amount:0}));
    _userlist[a] = _sum;
    _sum ++;
}

function contains(address a) public view returns (bool b){
    return _userlist[a] != 0;
}
```

图 4.12　竞买人的人员管理方法

（3）条款执行管理。当事人群体生成的合约中，除当事人个体包含的记录方法外，在合约中记录第一个人与最后一个人完成条款的时间，提供以下三种查询方式：

① All 查询：最后一个个体完成时间。

② First 查询：第一个个体完成时间。

③ This 查询：这个当事人个体完成时间。

如在投票合约中，主持人在所有人都投票以后才能统计，用 SPESC 表示如下：

```
term no1 : chairman can count ,
    when after all voters did vote.
```

则通过第一种方式查询时间。

4.7.3　主体合约生成

生成的主体合约主要分两部分。

第一部分是合约属性和当事人的定义与初始化，合约的属性就是用户在 SPESC 中定义的合约信息，当事人通过 4.7.2 节定义的当事人合约类定义。其中，生成的变量默认访问权限为公开（public）类型，Solidity 中公开权限变量可以通过合约直接访问，从而获取合约状态。例如，竞买者可以查询合约中 highestBidder，获知最高出价人地址，而确定自己是否中标。

第二部分是条款的处理。SPESC 合约中的每个条款包含一个动作，在 Solidity 中对应生成一个方法。方法中包含执行条件检测、方法主体和执行结果检测三个部分，如果条件检测失败，程序会抛出异常并做相应处理。

在 Solidity 中抛出异常分为 require，assert 和 revert 三种。其中，require 关键词用于检测执行条件，如方法的输入或合约的状态等，如果检测不通过，以太坊平台会返还剩下的费用（gas）；而 assert 关键词用于检测程序的意外情况，在正确运行的程序中 assert 检测永远不会失败，一旦检测失败，意味着程序中存在错误，应该修改代码；而 revert 关键词与 require 类似，但可以通过与其他语句结合表达更复杂的情况。

条款的执行条件有三种限制：

（1）当事人限制：条款规定有哪些当事人可以执行。

（2）条件限制：SPESC 条款中的前置条件。

（3）金额限制：调用交易操作中的 deposit 语句需要向合约存入的金额限制。

执行条件检测失败属于程序正常状态，应返还用户剩余费用，并回滚状态。因此，使用关键词 require 或 revert。

在条款所生成的方法最后会根据后置条件生成相应的执行结果检测，辅助用户编写方法主体逻辑，检验程序中的错误。一旦后置条件检测失败，意味着程序中存在错误，因此，使用 assert 关键词进行检测。

SPESC 编译规则将依据条款的后置条件推测生成方法所包含的主体内容，该内容作为编程人员的参考。同时，编程人员也需依照业务逻辑及其他细节检查、补充完成主体逻辑的设计。在这个过程中，已知方法输入和结果，用户只需要关注单个方法的实现，通过后置条件验证执行正确性即可。

在本例当中，程序逻辑相对比较简单。因此，在自动生成后，只需添加竞买人注册代码，检查代码逻辑没有问题，就可以直接运行。

如图 4.13 所示，SPESC 语言代码记为 A，所生成的 Solidity 代码记为 B。

（1）根据 A 第 1 行中动作名 Bid 生成相同方法名（B 子图第 1 行，记为 B1）。如果检测到 A 中含有资产转移语句，如第 4 行的 while 关键词，则为方法添加 payable 关键词，表明方法可以接收或发送以太币。

（2）根据 A 第 1 行中 Bidders 的限定生成当事人检测。然而在本例中根据合约实际意图，出价的人即为竞买人，因此，需要手动去掉当事人限制，并添加当事人注册代码（B2~B3）：如果出价者不是竞买人则注册成为竞买人。

（3）根据 SPESC 中在拍卖人开始竞买后竞买时间结束前的前置条件（A2~A3）与出价大于最高价的要求（A4）生成了两条执行要求（B4~B5）。

（4）根据 SPESC 中的后置条件（A5~A7），自动生成了三条执行代码（B7~B9）：记录了最高价、最高出价人和最高出价人的资金池，供编程人员参考。

（5）根据后置条件（A5~A7）生成了断言（B10~B11）用于结果检测，其中 A 第 7 行中使用了 Ori 关键词，表示该变量在方法执行前的值，因此在方法主体前记录该变量（B6），以便于在检测时使用。

第 4 章 智能法律合约编译方法

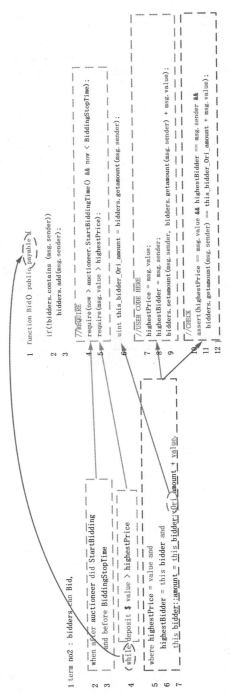

图 4.13 条款 2 对应关系（见文前彩图）

91

上述例子中，所生成的执行代码不需要修改，就可以正确运行，但如果将第二条条款的后置条件替换为如下语句：

```
where this bidder::amount = this bidder::Ori amount +
    highestPrice
    and highestPrice =value
    and highestBidder = this bidder.
```

条款表达意思相同，但生成的方法主体会错误地将上一个最高价加入本次出价者的资金池中（断言可以成功检测出错误），需要手动调整程序所生成的语句顺序。

4.7.4 表达式实现

SPESC 中共含有 5 类表达式：逻辑、关系、运算、常量和时间表达式。在 SPESC 语言的转化模型中，所有表达式都继承 Express 抽象类，增强了互操作性。

如表 4.1 所示，表中展示了 SPESC 表达式对应的编程语言运算符，以及生成后的优先级。

表 4.1　SPESC 表达式对应运算符级优先级

优先级	生成运算符	SPESC 表达式
1	.	ActionEnforcesTimeQuery ThisExpression
2	!	NotExpression
3	*、/	MultiplicativeExpression
4	+、-	AdditiveExpression TimeLine
5	>、>=、<、<=	RelationalExpression TimePredicate
6	==、!=	RelationalExpression
7	&&	AndExpression TimePredicate
8	||	OrExpression
9	?:	ConditionalExpression ImplyExpression

SPESC 中的时间表达式类型分为时间点与时间段，其中类型为日期（Date）的常量与变量、动作完成时间表达式（ActionEnforcedTimeQuery）、全局时间表达式（GlobalTimeQuery）属于时间段；而类型为时间（Time）的常量与变量属于时间点。

时间线表达式（TimeLine）中，时间点与时间点不能进行加减运算，时间点与时间段运算结果为时间点，时间段与时间段运算结果为时间段。而时间谓词表达式（TimePredicate）的返回结果为布尔值，其生成规则如下：

```
after a => now > a
a after b => a > b
c after b => now > c + b
within c after b => (now > b) && (now < a + b)
```

其中，a 与 b 属于时间点，c 属于时间段，now 为当前时间。

4.8 实验及结果

针对 SPESC 语言及其转化规则，本节将通过两个实验分别测试 SPESC 语言所生成合约的易用性和 SPESC 合约转化可执行合约的有效性。

针对 SPESC 合约转化有效性，我们将通过实验的方式验证 4.7 节方法生成的 Solidity 智能合约。下面介绍从编写 SPESC 到执行完成流程中的实验环境、实验步骤和预测结果以及实验结果与分析。

（1）SPESC 语言模型与生成器

SPESC 包含 70 条语言模型与 64 条语法规则，以及一千多行的生成器代码，最终形成一个 Eclipse 插件，通过插件编写 SPESC 代码并生成目标代码。SPESC 的语法和生成器通过 EMF 与 Xtext 实现，其中，EMF 是一个建模框架和代码生成工具，Xtext 是一个开发程序语言和特定领域语言的框架。

（2）区块链测试平台

实验系统运行在 3 个 Windows7 系统的虚拟机下，区块链采用以太坊平台，以太坊 Geth 客户端版本为 1.7.0-stable。创世区块的参数如图 4.14 所示，实验中 3 个虚拟机共部署 3 个节点，分别是一个拍卖人节点 A 和两个竞买人节点 B1 与 B2。每个节点的主要账户初始状态见表 4.2。

（3）编译环境

Solidity 合约需要编译为机器代码才能在以太坊虚拟机中运行，本章使用以太坊的 Remix 编译器，Remix 是一个开源工具，包含编写合约、测试、调试和部署的功能。Remix 用 JavaScript 编写，支持在浏览器和本地使用。

（4）合约测试

合约的测试流程如下，其中查询步骤由于不影响合约状态、不造成任何开销且随时可以执行而被省略：

步骤 1：由 A 部署合约，此时合约中拍卖人由 A 注册，只有 A 可以执行方法 StartBidding，A 无法执行其他方法，其他账户也无法执行任何方法。

步骤 2：A 执行 StartBidding 方法开始竞拍，并设置底价为 2eth，设置结束时间为执行后 5 分钟（以太坊中的时间每生成一个区块更新一次，执行时间为当次区块时间，以太坊平均 15s 生成一个区块，因此可能存在少量误差）。此时，StartBidding，WithdrawBid，CollectPayment 方法不能被执行。任何账户可以执行 Bid 方法进行出价，但出价若少于或等于 2eth，执行失败。

```
{
    "config": {
        "chainId": 15,
        "homesteadBlock": 0,
        "eip155Block": 0,
        "eip158Block": 0
    },
    "coinbase" : "0x0000000000000000000000000000000000000000",
    "difficulty" : "0x10000",
    "extraData" : "",
    "gasLimit" : "0xffffffff",
    "nonce" : "0x0000000000000042",
    "mixhash" : "0x0000000000000000000000000000000000000000
                 000000000000000000000000",
    "parentHash" : "0x0000000000000000000000000000000000000000
                    000000000000000000000000",
    "timestamp" : "0x00",
    "alloc": { }
}
```

图 4.14 创世区块的参数

表 4.2 账户状态

账户	A	B1	B2
地址	0xCA35b7d915458EF540aDe6068dFe2F44E8fa733c	0x14723A09ACff6D2A60DcdF7aA4AFf308FDDC160C	0x4B0897b0513fdC7C541B6d9D7E929C4e5364D2dB
余额	100eth	100eth	100eth

步骤 3：B1 执行 Bid 方法出价参与竞拍，出价 3eth。此时，最高出价者为 B1，最高价为 3eth，B1 的资金池里有 3eth，方法可执行情况与步骤 2 相同。

步骤 4：B2 执行 Bid 方法出价竞拍，出价 4eth。此时，最高出价者为 B2，最高价为 4eth，B2 的资金池里有 4eth。所有账户可以执行 Bid 方法，B1 可以执行 WithdrawBid。

步骤 5：B1 执行 WithdrawBid 收回押金，然后再次执行 Bid 出价竞拍，出价

5eth。此时，最高出价者为 B1，最高价为 5eth，B1 的资金池有 5eth，B2 资金池有 4eth。

步骤 6：等到竞拍时间结束。此时，只有 A 可以执行 CollectPayment，B2 可以执行 WithdrawBid。

步骤 7：A 执行 CollectPayment 收取货款，B2 执行 WithdrawBid 收回押金（不分先后顺序）。合约结束，合约中没有资金，没有方法可以执行。

（5）实验结果与分析

经过实际运行测试，测试结果与上述流程中预测的方法可执行情况、合约状态相符。账户余额与执行消耗 gas 情况见表 4.3，其中，执行消耗 gas 指的是智能合约程序在以太坊虚拟机中执行所需消耗的 gas，即程序实际执行的步骤。存储消耗 gas

表 4.3　账户余额与执行消耗 gas 情况

当事人	操作	参数	账户余额/eth	总消耗 gas	执行消耗 gas	存储消耗 gas
拍卖人 A	部署（初始化）		A:99.9; B1:100.0; B2:100:0	2124040	1577980	546060
拍卖人 A	StartBidding	底价:2eth; 时间:300s	A:99.9; B1:100.0; B2:100:0	110737	89017	21720
竞买人 B1	Bid	存入:3eth	A:99.9; B1:96.9; B2:100:0	156552	135280	21272
竞买人 B2	Bid	存入:4eth	A:99.9; B1: 96.9; B2:95.9	141552	120280	21272
竞买人 B1	WithdrawBid		A:99.9; B1:99.9; B2: 95.9	44361	38089	6272
竞买人 B1	Bid	存入:5eth	A:99.9; B1:94.9; B2:95:9	84480	63208	21272
拍卖人 A	CollectPayment		A:104.9; B1:94.9; B2:95:9	81861	60589	21272
竞买人 B2	WithdrawBid		A:104.9; B1:94.9; B2:99:9	44361	38089	6272

指的是更改区块链中数据所需消耗的 gas，即将上传到区块链的变量更改。gas 所消耗的以太币为 cost=gasUsed×gasPrice，其中，gasPrice 为 gas 单价，由合约用户在执行合约时设置，单价的高低影响矿工处理的优先级。自动生成的 Solidity 智能合约中，程序员仅对方法内的代码检查与修改，而合约的接口、变量、修饰器、合约间的关系等程序结构由生成器自动生成。因此，SPESC 规范化了 Solidity 合约的结构。

上述实验以竞买合约为例展示了通过 SPESC 编写、生成、运行的完整流程。实例表明合约既可以通过时序逻辑表示描述执行流程，也可以通过变量记录的合约状态描述，因此，该流程对于其他合约同样适用，如买卖、竞买、借贷、投票等。但对于合约中出现的除以太币外的其他资产，如自定义代币、买卖的货物等，只能通过变量记录，未来可以增加对资产的定义及操作。

4.9 小　　结

本章提出了 SPESC 的生成规则，通过 SPESC 编写智能合约，可以自动生成人员管理，提供便捷的操作与查询接口，用户不需要考虑当事人存储结构，但增加了适用性的同时也会稍微增加运算开销；可以根据条件生成时序控制，记录条款执行情况；SPESC 无法保证生成正确的函数体，但可以根据后置条件生成方法结果检测，辅助编写与检测程序。

为了进一步改善 SPESC 语言，后续工作将包括以下方面：首先，为验证 SPESC 编写合约的正确性，目前已有很多通过形式化验证合约正确性的研究，如上文提到的文献 [3]～文献 [7] 等，未来可以在已有的 SPESC 语言模型基础上，建立形式化表示，通过形式化的方法，验证合约条款的前置条件、后置条件，以及条款间时序的正确性，为用户提供形式化分析工具。其次，对于生成的 Solidity 目标代码正确性，目前已有一些分析或检测漏洞的研究，如文献 [27]～文献 [30] 等，未来研究可以根据这些研究继续改进生成的目标代码，优化程序结构和规范，增强合约安全性和正确性。

参 考 文 献

[1] LINNHOFF-POPIEN C, SCHNEIDER R, ZADDACH M. Digital marketplaces unleashed[M]. Springer, 2018.

[2] SZABO N. Smart contracts: building blocks for digital markets[J]. EXTROPY: The Journal of Transhumanist Thought, 1996, 18(2).

[3] SCHRANS F, EISENBACH S, DROSSOPOULOU S. Writing safe smart contracts in flint[C]// Conference Companion of the 2nd International Conference on Art, Science, and Engineering of Programming. 2018: 218-219.

[4] COBLENZ M. Obsidian: A safer blockchain programming language[C]//2017 IEEE/ACM 39th International Conference on Software Engineering Companion (ICSE-C). IEEE, 2017: 97-99.

[5] IDELBERGER F, GOVERNATORI G, RIVERET R, et al. Evaluation of logic-based smart contracts for blockchain systems[C]//International Symposium on Rules and Rule Markup Languages for The Semantic Web. Springer, 2016: 167-183.

[6] SERGEY I, KUMAR A, HOBOR A. Scilla: A smart contract intermediate-level language[J]. arXiv preprint arXiv:1801.00687, 2018.

[7] FRANTZ C K, NOWOSTAWSKI M. From institutions to code: Towards automated generation of smart contracts[C]//2016 IEEE 1st International Workshops on Foundations and Applications of Self* Systems (FAS* W). IEEE, 2016: 210-215.

[8] KASPRZYK K. The concept of smart contracts from the legal perspective[J]. Review of European and Comparative Law, 2018, 34(3): 101-118.

[9] GOLDENFEIN J, LEITER A. Legal engineering on the blockchain: "smart contracts" as legal conduct[J]. Law and Critique, 2018, 29(2): 141-149.

[10] GOMES S S. Smart contracts: Legal frontiers and insertion into the creative economy[J]. Brazilian Journal of Operations & Production Management, 2018, 15(3): 376-385.

[11] ALLEN J G. Wrapped and stacked: "smart contracts" and the interaction of natural and formal language[J]. European Review of Contract Law, 2018, 14(4): 307-343.

[12] HE X, QIN B, ZHU Y, et al. Spesc: A specification language for smart contracts[C]//2018 IEEE 42nd Annual Computer Software and Applications Conference (COMPSAC). IEEE, 2018: 132-137.

[13] CRARY K, SULLIVAN M J. Peer-to-peer affine commitment using bitcoin[C]//Proceedings of the 36th ACM SIGPLAN Conference on Programming Language Design and Implementation. 2015: 479-488.

[14] O' CONNOR R. Simplicity: A new language for blockchains[C]//Proceedings of the 2017 Workshop on Programming Languages and Analysis for Security. 2017: 107-120.

[15] Solidity[EB/OL]. https://docs.soliditylang.org/en/develop/.

[16] Bamboo[EB/OL]. https://github.com/pirapira/bamboo.

[17] Babbage—a mechanical smart contract language[EB/OL]. https://medium.com/@chriseth/babbage-a-mechanical-smart-contract-language-5c8329ec5a0e.

[18] BHARGAVAN K, DELIGNAT-LAVAUD A, FOURNET C, et al. Formal verification of smart contracts: Short paper[C]//Proceedings of the 2016 ACM Workshop on Programming Languages and Analysis for Security. 2016: 91-96.

[19] Viper[EB/OL]. https://viper.readthedocs.io/en/latest/.

[20] Rholang[EB/OL]. https://rholang.rchain.coop/.

[21] Michelson: the language of smart contracts in tezos[EB/OL]. https://www.tezos.com/static/ papers/language.pdf.

[22] Liquidity[EB/OL]. http://www.liquidity-lang.org/.

[23] Formal specification of the plutus core language (rev. 10)[EB/OL]. https://github.com/input-output-hk/plutus-prototype.

[24] Yezune choi and jake hyunduk choi. owlchain(boscoin) technical specification[Z].

[25] ANDRYCHOWICZ M, DZIEMBOWSKI S, MALINOWSKI D, et al. Modeling bitcoin contracts by timed automata[C]//International Conference on Formal Modeling and Analysis of Timed Systems. Springer, 2014: 7-22.

[26] MANNING A. Zen protocol's smart contract paradigm[EB/OL]. https://blog.zenprotocol.com/zen-protocols-smart-contract-paradigm-a6e54a187d84.

[27] LUU L, CHU D H, OLICKEL H, et al. Making smart contracts smarter[C]// Proceedings of the 2016 ACM SIGSAC Conference on Computer and Communications Security. 2016: 254-269.

[28] ATZEI N, BARTOLETTI M, CIMOLI T. A survey of attacks on ethereum smart contracts [C]//International Conference on Principles of Security and Trust. Springer, 2017: 164-186.

[29] BHARGAVAN K, DELIGNAT-LAVAUD A, FOURNET C, et al. Formal verification of smart contracts: Short paper[C]//Proceedings of the 2016 ACM Workshop on Programming Languages and Analysis for Security. 2016: 91-96.

[30] PARIZI R M, DEHGHANTANHA A, et al. Smart contract programming languages on blockchains: An empirical evaluation of usability and security[C]//International Conference on Blockchain. Springer, 2018: 75-91.

第 5 章 智能法律合约订立方法

> **摘要**
>
> 智能法律合约作为一种符合法律规定的智能合约形式，近年来得到了广泛重视，然而智能法律合约订立过程仍缺乏有效技术手段使之符合现行法律规定，因而影响合约的法律效力。针对这一问题，本章从合同订立的相关法律规定入手，通过引入合约范本化思想，提出了一种包含智能合约建立、部署、订立与存证四个阶段的规范化合约订立流程，使之满足书面合同成立要件的法律规定；同时，在合约范本中提出了书面化交互接口，使之满足合约"订"和"立"两个阶段的交互；此外，在智能法律合约语言 SPESC 中引入了合约订立相关语法，使之满足合约订立过程中的"要约-承诺"制度，并设计了三种区块链交易结构支持当事人注册、签名、条款执行中交互数据的存证；最后，以销售合约为实例，从订立过程的要约认定、承诺认定、存证合法性三方面辨析了所提智能法律合约订立方案的合规性，上述工作将有助于为智能法律合约的订立过程提供法律依据，促进我国智能合约的法律化建设。

5.1 引 言

随着数字经济时代的到来，以区块链为基础的智能合约（smart contract）[1-2]正成为构建"价值互联网"的颠覆性技术。伴随区块链技术[3]的不断演化，智能合约不仅是区块链上满足预定条件时自动执行的计算机代码，而且也演化出支持智能合约可执行程序开发、生成、部署、运行、验证的信息系统[4]，这使得区块链应用开发日益完善、产业应用日益广泛。

尽管智能合约具有将法律合同以程序代码形式加以自动执行的能力[5]，但就智能合约本身而言，它仍然采用常规计算机语言编写，与传统的程序代码并无差异，因此在可读性、易理解、法律效力等方面仍有别于法律合同。因此，智能法律合约（smart legal contract）[6]被提出，它是一种含有合同构成要素、涵盖合同缔约方依据要约和承诺达成履行约定的计算机程序，兼具法律合同和计算机程序的特征，为代码法律化提供了基础。

智能法律合约依据法律规定在形式上能够以程序代码表达法律合同条款[7]，保证了它既具有现实合同的法律特征和易理解性，又有计算机程序的规范性，有助于解决智能合约的合法合规问题。按照我国现行法律规定，法律合同的订立过程也应遵守特定的法律原则，特别是订立过程的"要约–承诺"制度。然而，目前在学术和实践中都缺乏以计算机程序为对象的订立过程合规性研究，无法通过技术手段使智能法律合约的订立过程符合现行法律规定，进而保证合约合法生效。

针对上述智能法律合约订立过程中缺乏技术手段来保证其合规性的问题，本章从合同订立的相关法律规定入手，规范了智能合约订立流程，扩充了智能法律合约语言使之满足合约订立过程中的"要约–承诺"制度，并设计三种区块链交易结构支持订立过程中交互数据的存证。具体工作如下：

（1）通过引入合约范本化思想，提出了一种规范化的智能合约订立流程，该流程包含智能合约的建立、部署、订立与存证四个阶段，并详细给出智能合约订立的数据流程，保证了智能合约满足我国现行法律对书面合同成立条件的规定；

（2）在合约范本中提出了针对要素属性信息和行为属性信息的书面化交互接口，用于满足合约"订"和"立"两个阶段的数据交互，并通过销售合约实例给出了当事人注册与签名动作的行为处理算法，验证了上述交互接口设计实施合约订立过程的有效性；

（3）在智能法律合约语言 SPESC 中引入了合约订立相关语法，该语法包含当事人宣称和当事人签名两部分，用于缔约双方以意思表示的形式对要约和承诺过程中的事项进行表述，并可记录合约成立的当事人信息、签名和签名时间，保证智能法律合约以书面合同样式体现"要约–承诺"制度。

本章以销售合同为实例对上述智能合约订立方法予以验证。首先，给出了采用 SPESC 语言所撰写的销售合约范本，并按照所提出的智能合约订立流程，实现了该合约从协商、注册、签名到执行的全流程；其次，设计了三种伴随交易结构用于当事人注册、签名、条款执行中所有交互数据的区块链存证；最后，以上述实例为基础，从订立过程的要约认定、承诺认定、存证合法性三方面辨析了所提出的智能法律合约订立方案的合规性。

5.2 相关工作

近几年智能合约法律化问题得到了广泛关注，不少学者从智能合约本身能否被置于现行法律法规框架内以及如何对智能合约进行规范使其转化为现行法律法规所认可的形式两个方面进行了智能合约法律化研究。

一方面，一些学者采用"直觉逻辑"研究智能合约本身所具有的合同属性，例如，2018年Kasprzyk[8]通过分析智能合约能否真实表达缔约双方的意图，来界定智能合约的法律效力、2019年郭少飞[9]从合同效力、修改与履行、违约及救济三方面深入剖析智能合约的合同法适用性。同年，陈吉栋[10]通过讨论智能合约是否具有法律合同的要约–承诺构造来判断智能合约能否成为法律合同。上述研究基本认定了智能合约的合同法适用性。

另一方面，一些学者则采用"构造逻辑"研究智能合约法律化问题，希望通过对现有智能合约技术予以改进或规范化，使其转化为现行法律法规所认可的形式。现有研究大致可分为如下三个方面：

首先，从规范程序设计与平台构建角度，为解决非计算机人员难以理解智能合约内容的问题，高级智能合约语言被提出，它是介于自然语言与智能合约语言间的一种语言。2016年Farmer和Hu[11]提出了一种具有精确语义的形式语言FCL，通过该语言编写的智能法律合约由一组包含定义、协议和规则的组件构成。2018年何啸、秦伯涵等[12]提出了一种智能合约规范化语言SPESC，它可以将现实合同采用类自然语言的形式编写为智能法律合约。同年，Regnath和Steinhorst[13]提出了SmaCoNat语言，创建了从自然语言到程序语义的映射。

其次，为使智能法律合约自动转化成与其意思表达一致的智能合约代码，2017年Mavridou和Laszka[14]提出了一种FSolidM语义框架，用于将高级智能合约设计为有限状态机FSM模型，使其自动生成以太坊Solidity合约。2018年Choudhury等[15]提出了一种根据特定领域的本体和语义规则自动生成智能合约代码的框架；2020年Zupan等[16]提出了一种基于Petri网生成智能合约的框架；同年，朱岩等[17]提出了一种将高级智能合约语言（SPESC）自动转化为智能合约语言Solidity的转化规则。

最后，从合约模板生成智能合约代码角度，为使智能法律合约具备与现实合同同等的法律效力，2016至2018年间，Clack等[18-20]通过探索智能合约的语义框架，并基于现实合同设计了具备法律效力的合约模板，同时使用操作参数建立了高级智能合约与智能合约间的联系。Accoud①和OpenLaw②项目开发了一种使用特殊标记语言的合约模板库，将现实合同转化为对应的智能法律合约。

上述研究表明智能合约正朝着跨领域合作、标准统一、法律化的方向不断发展。

---

① www.accordproject.org。

② docs.openlaw.io。

5.3 预备知识

解释 1：合约订立

法律上，合同订立是指缔约当事人相互为意思表示并达成合意而成立了合同。合同的订立是合同双方动态行为和静态协议的统一，它既包括缔约各方在达成协议之前接触和洽谈的整个动态过程，也包括双方达成合意、确定合同的主要条款或者合同的条款之后所形成的协议[21]。也就是说，合约订立分为"订"和"立"两个阶段，前者强调缔约双方在达成合意之前不断接触、协商的整个动态过程，包括要约、要约邀请等；后者强调缔约双方协商的结果，表示双方当事人对合同条款已经达成合意。由此可见，"订"是"立"的过程，"立"是"订"的结果。

合同订立采用要约–承诺制度。要约是一方当事人以缔结合同为目的，向对方当事人提出合同条件，希望对方当事人接受的意思表示。发出要约的一方称为要约人，接受要约的一方称为受要约人。承诺是受要约人按照所指定的方式，对要约的内容表示同意的一种意思表示。采用"要约–承诺"制度的优点是使合同成立过程清晰，易于判断；也有助于分清合同订立过程中双方的权利义务与责任。

解释 2：智能合约归属

我国《电子签名法》第 2 条规定："本法所称数据电文，是指以电子、光学、磁或者类似手段生成、发送、接收或者存储的信息"。

智能合约采用计算机代码的形式表达合约条款，它通过电子化方式被发送至区块链网络，并被网络中所有节点接收和存储[22]，符合我国《电子签名法》的规定，应被认定为数据电文。

其次，智能合约以区块链为依托平台[23]，当事人可通过电子数据交换形式从区块链上随时调取查看合约内容，并能以屏幕显示或打印形式，有形地表现所载内容，根据我国《民法典》第 469 条规定① 可知属于数据电文的智能合约是书面形式，其归属图如图 5.1 所示。

因此，属于书面形式的智能合约在订立方面应符合《民法典》中的相关规定。其中，《民法典》第 471 条规定："当事人订立合同，可以采取要约、承诺方式或其他方式"，为符合上述规定，本章的智能合约订立过程亦采用要约–承诺方式。

---

① 《民法典》第四百六十九条：当事人订立合同，可以采用书面形式、口头形式或者其他形式。书面形式是合同书、信件、电报、电传、传真等可以有形地表现所载内容的形式。以电子数据交换、电子邮件等方式能够有形地表现所载内容，并可以随时调取查用的数据电文，视为书面形式。

第 5 章 智能法律合约订立方法

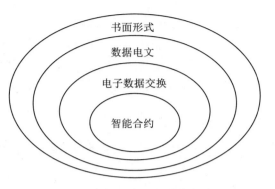

图 5.1 智能合约归属图

5.4 系统框架

5.4.1 系统目标

缔约双方约定采用智能合约的形式订立合同，则合同订立应符合《民法典》等现行法律法规要求的成立规则。针对这一现实需求，本章将对基于区块链的智能合约系统进行合约订立设计，使得合约订立过程遵循现行法律规定，使区块链智能合约能够成为一种具有法律效力或法律意义的文书。

依据上述目标，本章对合约订立设计过程提出以下要求：

（1）订立流程合法化：从法律上规范化智能合约订立流程。

（2）意思表示真实性：在要约–承诺阶段，要约人和受要约人通过明示方式作出其意思表示。

（3）合同生效规范化：明确要约、承诺生效时间。

（4）合同存证合法化：对订立过程中的合约原件及数据进行合法存证。

5.4.2 合约模板化

智能法律合约是对同一类纸质合同经模板化后的电子化表示，也被称为合约示范文本（简称范本 pattern 或模板 template）。合约范本是一类合约实例的抽象化[24]，它包含格式条款和法律构成要素的属性，其中每个要素属性都有其唯一标识和类型约束。这里，属性值在合约模板中事先不必赋值，但经双方当事人协商、合约订立后需被确定。合约范本也符合《民法典》第 470 条："当事人可以参照各类合同的示范文本订立合同"的规定。

智能法律合约中条款属于格式条款。《民法典》第 496 条指出"格式条款是当事人为了重复使用而预先拟定，并在订立合同时未与对方协商的条款"。为了便于采用计算机处理合约中的格式条款，通常采用高级智能合约语言对其描述形成合约范本。

此外，根据不同应用场景的实际需求，智能法律合约作为合约范本要为当事人提供书面化交互接口（见 6.3 节），通过交互过程确定上述要素属性的取值，这一过程也被称为合约范本的实例化过程，所得结果被称为合约实例（instance）。

5.4.3 智能合约订立框架

基于区块链的智能合约系统，本章进行"要约–承诺"制度的合约订立流程设计，如图 5.2 所示。该订立框架包含如下实体：

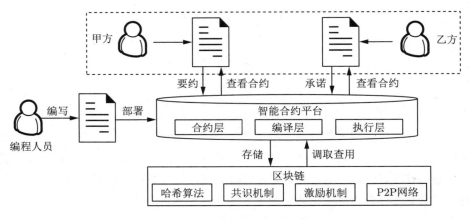

图 5.2 智能合约订立框架

（1）甲方、乙方及编程人员：假定合同由甲、乙双方当事人订立，他们均为具有相应民事权利能力和民事行为能力的人[25]。编程人员遵照商业规则采用智能合约语言撰写合约，并将其部署至智能合约平台。甲方通过平台调取查看合约后，如同意合约中条款表述则主动触发签名机制，以明示方式作出其意思表示，明确表明甲方已阅读、理解并同意本合约中的所有条款。乙方同样获取从智能合约平台返回的作为甲方"要约"的合约，若也同意合约中的权利义务内容，则也主动触发签名机制，以明示方式作出承诺，合约成立。

（2）智能合约平台：是一种支持智能合约可执行程序部署、签名、运行、验证的信息网络系统。包含合约层、编译层和执行层[26]，其中，

① 合约层为编程人员提供智能合约编程语言、合约模板及与区块链交互的 API 接口；

② 编译层将智能合约代码编译为虚拟机执行的字节码；

③ 执行层利用链上数据判断是否满足合约条款，若满足则自动执行合约。

（3）区块链：为智能合约提供了一个强有力的底层介质[27]，用于记录合约的代

码、执行的中间状态及执行结果。当前智能合约平台已经能够屏蔽区块链中的很多技术细节,使得区块链中的各种复杂(哈希、P2P、共识机制、激励机制)机制为智能合约生命周期中的数据存证提供保障[28]。

上述框架中甲、乙双方事先并未达成合意,编程人员直接通过智能法律合约语言编写合约范本后,智能合约程序被自动部署至智能合约平台,双方当事人从平台调取查看合约内容,如同意此合约中表述的权利义务内容,则选择进行交易。通过该方式也可反映出不同缔约主体间的合意,自合约成立后,双方当事人均受该意思表示约束。

5.5 解决方案

类似于传统纸质合同的签订方式,智能合约采取电子化形式进行要约–承诺认定,双方当事人签署数字签名后即视为缔约双方对智能合约代码所表示条款的认可,合约生效。智能合约订立流程如图 5.3 所示,包括智能合约从建立、部署、签名到存证四个阶段的处理。

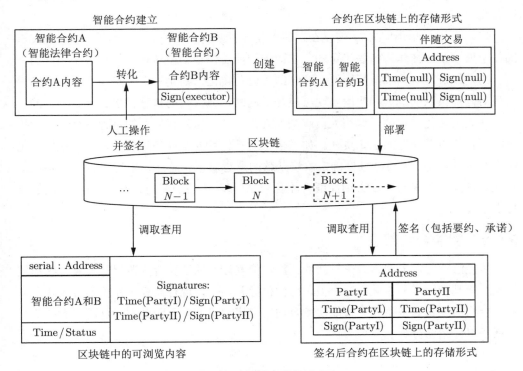

图 5.3　智能合约订立框架

5.5.1 智能合约建立

智能合约建立阶段是指编程人员撰写智能法律合约，经一定转化规则生成计算机可执行程序[29]。具体如下：编程人员将缔约双方所描述的权利义务关系采用智能法律合约语言（如 SPESC 语言[12]）撰写成智能法律合约，即智能合约 A。智能法律合约是对传统纸质合同的代码化后的结果，将自然语言描述的合同条款用智能法律合约语言表述后，可使合同条款在意思表示上更加精准简洁，无二义性[30]。经翻译后的智能法律合约与纸质合同相比，虽然合同内容的载体不同，但这并不影响缔约双方的合意呈现。

其次，将智能合约 A 通过包含一定转化规则的合约翻译器转化为智能合约程序，即智能合约 B。例如，文献 [17] 提出了一种从智能法律合约语言 SPESC 转化到以太坊智能合约语言 Solidity 的转化规则，该转化规则的制定使得转化后的智能合约 B 具有规范的逻辑表达和函数结构，避免了同一份智能合约 A 经不同编程人员转化后的不确定性。智能法律合约（智能合约 A）到智能合约（智能合约 B）的转化过程通常应满足以下要求：

（1）保证智能法律合约与转化后的智能合约具有相同的意思表示，具备相同的法律效力[31]。

（2）采用自动转化方式，转化在逻辑上是一种映射，保证了转化结果无二义性，原因在于所涉及的转化规则是确定的，从而使智能法律合约被转化后的结果是相同的。

（3）如果无法完成全部智能法律合约的自动转化，则允许人工参与。不同的编程人员对同一条款的解读和代码实现可能是不同的，但代码的执行结果必须是一致的。

在人工转化过程中，编程人员或法人必须对转化后的智能合约进行签名，并承担所编写代码引发问题的法律责任。如当事人对转化后的合同条款有争议，应根据《民法典》第 466 条第一款规定①确定争议条款的意思表示。总之，上述过程无论是自动转化或是需人工参与，都必须保证智能合约 A 和转化后的智能合约 B 具备相同的意思表示。

5.5.2 智能合约部署

智能法律合约虽然是一个较新的词汇，但其涉及的法律合约逻辑、智能合约形式化表达等基础探索和相关研究在很久前便已经开始了，现行研究工作主要分为两个方向：合约的逻辑模型研究与智能法律合约语言模型研究。下面分别就这两方面的研究进展予以介绍与分析。

---

① 合同文本采用两种以上文字订立并约定具有同等效力的，对各文本使用的词句推定具有相同含义。各文本使用的词句不一致的，应当根据合同的相关条款、性质、目的以及诚信原则等予以解释。

智能合约部署是指编程人员将智能合约 A 与智能合约 B 整合后部署至区块链智能合约平台的过程[29]。按照"要约–承诺"制度，合约部署后同意该合约的当事人才能进入合约订立阶段，因此，在智能合约部署过程中不仅涉及智能合约存证与可执行代码上链，还要为其后的智能合约订立预留接口。

为使区块链交易结构符合智能合约的订立要求，需要将已部署智能合约中的部分信息（前述智能法律合约中的法律要素属性）分离出来并以交易形式独立进行存储，这种新的交易形式被称为伴随交易，它通常包含以下两类信息：

（1）智能合约范本中尚未确定并待当事人商议后确认的合约意思表示，比如，承诺生效时间、标的价格、标的物编号、付款方式等；

（2）当事人订立合约中"立"阶段的智能合约签名信息，比如，要约人和受要约人的信息、签署时间、数字签名等。

表 5.1 给出了一个伴随交易的示例结构。它是在比特币的交易结构上添加新交易字段加以构造，具体如下：

（1）在输入（vin）字段中添加了 ContractInput 字段，该字段包含系统自动部署智能合约可执行代码后获得的合约地址 contractAddress、最新合约代码的交易标识 latestCodeID、最新合约执行状态的交易标识 lastestExecuteID、当前执行合约的账户地址 address、当前所触发的合约接口 method；

（2）在输出（vout）字段中添加了 ContractOutput 字段，该字段包含智能法律合约中的法律要素属性信息 contractData、合约签名列表 listSign、当前缔约方签名 signature、当前缔约方签名时间 signdate。

表 5.1　伴随交易的交易结构

字段名称		描述
vin[] ContractInput	contractAddress	合约部署地址
	latestCodeID	最新合约代码的交易 ID
	latestExecuteID	最新合约执行状态的交易 ID
	address	当前执行合约的账户地址
	method	当前所触发的合约接口
vout[] ContractOutput	contractData	合约中需要上链的数据
	listSign	签名列表
	signature	当前执行人的签名
	signdate	当前签名方的签名时间

5.5.3 智能合约订立

智能合约订立是指能够使合约合法成立的过程。基于区块链的智能合约平台，要约人和受要约人需遵循相关法律要求的"要约–承诺"制度，使合约订立流程合法合规化。

基于区块链的智能合约平台为缔约双方提供合约范本库，双方可根据自身需求对合约范本进行选择。为使合约订立过程中的要约–承诺阶段能够满足现行法律对要约–承诺的认定，合约范本必须为当事人提供书面化交互接口。在"订"阶段，合约中任何需由当事人确定的信息，都必须由当事人经协商后主动填入。在"立"阶段，对合约的签名动作，必须保证由要约人/受要约人主动激活。因此，在合约订立交互接口中必须包含当事人主动注册为要约人/受要约人的接口（registPublish）及当事人主动对合约发起签名的接口（toSign）。

区块链以伴随交易的形式对合约订立过程中的交互数据进行存证。要约人（PartyI）阅读、理解并同意合约中所有表述，则通过主动触发方式激活合约范本中的签名交互接口，进而调用已部署的智能合约可执行算法予以处理，处理完毕后将签名时间 Time（PartyI）和签名 Sign（PartyI）以伴随交易的形式存储于区块链，并将处理结果填充回合约范本，供相关人员查看。

要约生效后，要约过程中的所有数据都被存储于区块链，任何时候相关人员都可请求查看合约内容。受要约人（PartyII）若同意此要约，则主动触发合约交互接口进行签名，待已部署的智能合约可执行算法处理完毕后，将签名时间 Time（PartyII）和签名 Sign（PartyII）同样以伴随交易的形式存储于区块链，并将处理结果填充回合约范本以供查看。

5.5.4 智能合约存证

缔约双方经智能合约订立阶段后，合约生效。预先被存在链上的智能合约代码被当事人触发，通过网络中多节点共识后，按照合约中表述的条款自动执行。智能合约从一个状态转变成另一个状态，基于区块链的智能合约平台将合约代码、合约执行的中间状态 Status、执行结果以伴随交易的形式存储至区块链。该过程可对合约订立及合约执行中合约状态的改变进行存证[29]，其中区块链一方面保证这些数据不被篡改，另一方面通过每个节点以相同的输入执行智能合约来验证运行结果的正确性。

缔约双方及相关人员可通过交易 id 随时请求调取查看合约的代码、执行状态以及执行结果。智能合约平台将智能法律合约和链上存储的交互数据进行整合，并以书面化形式予以呈现。

总之，上述智能合约订立方案遵循"要约–承诺"制度，能够符合现行法律法规规范，从而保证智能合约依法成立与法律效力。

5.6 智能法律合约的订立方案

5.5 节已从建立、部署、订立和存证四个阶段规范了智能合约订立流程。此后我们将对该流程中的订立阶段进行详细设计，使该阶段满足相关法律规定的"要约–承诺"制度，保证合约合法成立。

智能法律合约作为法律合同转化为智能合约程序的过渡形式[32]，也需要遵循我国相关法律法规对合同订立的要求。同时，考虑到智能法律合约语言是编写智能法律合约的原则和依据，因而首先需要在智能法律合约语言设计中满足合同订立的法律要求。为了达到这一目的，本节将首先以 SPESC 语言为例介绍智能法律合约，继而在其中加入合同订立相关语法并加以示例。

5.6.1 智能法律合约语言

智能法律合约语言是一种面向法律合同领域的编程语言，属于领域特定语言 DSL 的一种，其特征就是符合现行法律规范。文献 [12] 提出的智能合约规范化语言 SPESC 就是这类语言的一种。采用该语言所撰写的智能法律合约有利于不同领域（法律、计算机及相关应用领域）人员协同设计和开发智能合约，是一种更加高级的智能合约语言形式。

表 3.1 展示了 SPESC 的智能法律合约语法规则。依据《民法典》第 470 条规定，智能法律合约涵盖的合同内容包括当事人信息、标的、数量、质量、价款或者报酬、履行期限和方式、违约责任、解决争议的方法等方面，因此，SPESC 语言编写的智能法律合约由合约框架（Contract）、合约名称（Title）、当事人描述（Parties）、标的（Assets）、资产表达式（AssetExpressions）、合约条款（Terms）、附加信息（Additions）等法律构成要素组成。

标的是指当事人权利和义务共同指向的对象，以资产加以表示。资产表达式则是智能合约语言中条款调用资产的形式，通常涉及的资产操作包括存入（Deposits）、取回（Withdraws）、转移（Transfers）三类。文献 [33] 对各种类型标的物（实物资产、虚拟资产、货币资产等）及其操作进行了全面阐述。

合同的主体是合同的各项条款，也是确定当事人权利和义务的根据。在 SPESC 语言中，条款包括一般条款（GeneralTerms）、违约条款（BreachTerms）、仲裁条款（ArbitrationTerms）三种类型。文献 [17] 中对合约名称、当事人描述、合同条款及附加信息进行了详细介绍，并给出了由 SPESC 撰写合约转化为智能合约程序的方法。然而，上述工作不涉及合约订立过程，也没有在语言中支持合约订立相关语法。

5.6.2 智能法律合约中订立语法

在现行法律法规中合同订立法律构成要件基础上，本章对智能法律合约语言进行了扩充并引入了合约订立（Contract conclusions）相关语法。首先，鉴于要约、承诺是合同成立的基本规则，因此合约订立语法需体现要约和承诺两个阶段；其次，订立过程必须确认当事人的姓名或者名称和住所；此外，《民法典》第 490 条规定了采用合同书形式订立合同的，自当事人均签名时合同成立，因此，智能法律合约必须支持当事人以数字签名形式对合约进行签名。

鉴于以上三点要求，参照现有书面合同样式，合约订立需包括两个部分：

（1）当事人宣称（statement）：用于双方当事人以意思表示的形式对要约与承诺过程中事项进行表述。

（2）当事人签名（signature）：用于记录合约成立的时间、地点、当事人及签名等信息，包括打印名（printed-Name）、法定代表人签字（signature）以及签订日期（date）等。

根据上述两部分的描述，智能法律合约中合约订立语法如下：

    Signs ::= Contract conlusions :
      （The statement of all parties.）?
   { **Signature of party** Pname:
    { printed-Name（打印名）：string,
      signature（法定代表人签字）: string,
      Date（签订时间）: date, +
    }, +
   }

其中，? 表示前面部分为可选内容，Pname 为当事人描述中定义的当事人名称（见图 3.3 中相关定义）。

当事人宣称部分可用自然语言对要约和承诺过程进行描述，例如：

（1）除非以书面形式并经双方签署，否则本合约不得以任何方式修改。

（2）通过数字签名，表明缔约双方都已经阅读、理解并同意本合同中的所有条款和法规等。

（3）双方当事人同意智能法律合约及其转化的智能合约，与现实法律合同具有同等的法律地位。

其中，第 3 点对智能法律合约及所转化智能合约的法律效力进行肯定。

5.6.3 智能法律合约示例

在上述智能法律合约语言中添加订立语法后，我们给出了一个由智能法律合约语言所撰写的打印机销售合约范本。如图 5.4 所示，该法律合约范本包含以下四方面内容：

```
contract purchase{
    party Seller{
        account :          action: registPublish
        deliver()
        collectPayment ()
    }
    party Buyer{
        account :          action: registPublish
        order()
        confirmReceive()
    }
    asset Printer{ info{
        name:              type: string
        value:             type: money
    } }
    term no1: Buyer can order
        while deposit $ Printer::value.
    term no2: Seller must deliver
        when within 7 days after Buyer did order.
    term no3: Buyer must confirmReceive
        when within 7 days after Seller did deliver.
    term no4: Seller can colletPayment
        when after Buyer did confirmReceive
        while withdraw $ Printer::value.
    Contract conclusion:
      - This contract may not be modified in any manner unless
        in writing and signed by both parties.
      - By signing this agreement, all parties agree to the terms
        as described above.
      - Both parties agree with conversion from this contract to
        computer programs on smart contract platform, and approve
        that the programs' implementation has the same legal effect.
    { Signature of party Seller :
      {   printed-Name:    type: string          ,
          signature:       action: toSign        ,
          date:            type: string
      }
    Signature of party Buyer :
      {   printed-Name:    type: string          ,
          signature:       action: toSign        ,
          date:            type: Date
      }
    }
}
```

图 5.4　SPESC 编写的打印机销售合约示范本

(1) 当事人信息（party）：打印机销售合约范本包含卖方（Seller）和买方（Buyer）。其中，Seller 中 account 属性用于记录卖方的账户地址，同时声明了卖方可以执行的两个动作：交付打印机（deliver）和选择支付方式（collectPayment）。Buyer 中 account 属性用于记录买方的账户地址以及声明买方可以执行的两个动作：预定打印机（order）和确认收货（confirmReceive）。

(2) 标的信息（asset）：作为标的的打印机定义包含 string 类型的 name 属性和货币类型的 value 属性。

(3) 条款（term）：打印机销售合约范本中包含 4 条条款，条款 no1 和条款 no3 定义了买方（Buyer）有权触发动作预定打印机（order）和确认收货（confirmReceive），条款 no2 和条款 no4 定义了卖方（Seller）有权触发动作交付打印机（deliver）和选择支付方式（collectPayment）。

(4) 合约订立（contract conclusion）：合约范本的当事人宣称部分包含了此类纸质合同所必需声明的意思表示；双方签名部分包括两个 string 类型的 printed-Name 属性和 signature 属性，以及一个 Date 类型的 date 属性。

在图 5.4 合约实例中，方框表示部分为当事人提供书面化交互接口。以上述打印机销售合约范本为例，智能法律合约中方框所表示的两种类型的信息如下：

(1) 要素属性信息：经双方当事人协商或由一方当事人填入后确定的信息。语法为"type：属性类型"，type 是此处需填入的类型标志符。如打印机销售合约范本中，打印机定义的 name 属性为"type：string"，表示该属性须由卖方（Seller）填入打印机型号，并且该属性值为 string。

(2) 行为属性信息：由当事人主动触发动作后确定的信息。语法为"action：动作名"，action 为动作标志符。如打印机销售合约范本中，卖方（Seller）所定义的 account 属性信息为"action：registPublish"，表示该属性是卖方（Seller）在主动触发动作 registPublish 时被填入的卖方账户地址（account）。签名时，卖方（Seller）和买方（Buyer）主动触发动作 toSign，将各自的打印名（printed-Name）、签名（signature）和签名时间（date）填入。registPublish 动作和 toSign 动作的详细分析见 5.8.2 节。

上述打印机销售合约范本被定义完成后，双方当事人通过协商确定范本中的要素属性值（包括双方签名）完成合同订立，并发送给区块链对要素属性值进行存证。任何时候相关方都可查看订立后合同，并由智能法律合约平台在合约范本中添加区块链存证的要素属性值生成该合约实例（订立后合同）。

5.7 转化后智能合约订立方案

5.7.1 合约订立流程

在前述智能法律合约编写的销售合约范本基础上，本节将给出该范本的合约订立方案。遵照合同订立"要约-承诺"的法律制度，前述销售合约通常将卖方 Seller 作为要约人，而将买方 Buyer 作为受要约人，因此，要约过程可视为卖方签署合约并向买方提供合同文本表明缔结合同的请求，承诺过程则视为买方接受请求并签署合约的行为。

销售合约订立流程如图 5.5 所示，详细步骤如下：

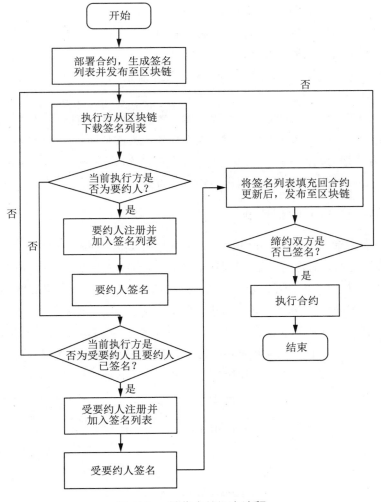

图 5.5 销售合约订立流程

(1) 将合约部署至基于区块链的智能合约平台，生成签名列表并以交易形式存储于区块链。

(2) 执行方触发动作 registPublish，从区块链上下载签名列表，判断执行方身份。

① 如果是要约人，则完成要约人注册并将其加入签名列表；

② 要约人触发动作 toSign，执行要约人签名，并转至步骤（4）；

③ 如果不属于要约人，则转为步骤（3）。

(3) 判断当前执行方是否为受要约人且要约人已签名。

① 如果是受要约人，则完成受要约人注册并将其加入签名列表；

② 受要约人触发动作 toSign，执行受要约人签名，并转至步骤（4）；

③ 如果不是受要约人，则转为步骤（2）。

(4) 填充签名信息至签名列表，并将更新后的签名列表发布至区块链。

(5) 判断缔约双方是否均已签名。

① 如果均已签名，进入合约执行阶段，程序结束；

② 否则转至步骤（2）。

在上述流程中必须保证要约人先对合约内容进行确认并签名，受要约人才被允许进行确认并签名。在具体实施中，要约人和受要约人都将通过动作触发的方式激活图5.4中方框内的行为属性，进而触发已部署的智能合约算法（registPublish 和 toSign）予以处理，并将结果填充回方框内供缔约双方查看。

5.7.2 智能合约中代码实现

缔约方触发动作 registPublish，完成注册并加入签名列表，注册流程如算法 1 所示。该算法需输入当前缔约方账户地址 address、系统自动部署智能合约可执行代码后获得的合约地址 contractAddress 和一个布尔类型的 bOfferor（表示动作 registPulish 是否由要约方触发）。输出 listSign 数组，用来存储 PartiesSigns 签名方类对象，该对象表示合约订立语法的签名部分，包括 3 个基本属性：签名方地址、对应签名和签名时间。其中，算法中的判断条件 signUser==NULL 是防止缔约方重复注册签名列表。在合约中，可以对签名方进行添加操作，签名方账户地址作为当事人的唯一标识。

算法 1 registPublish

Input: address, contractAddress, bOfferor

Output: flag

1: $flag \leftarrow false$

2: $listSign \leftarrow getListSign(contractAddress);$

3: $signUser \leftarrow listSign.getSignUser(bOfferor);$

4: **if** $signUser == NULL$ **then**
5:     $PartiesSignsps = newPartiesSigs();$
6:     $ps.setUserAddress(address);$
7:     $ps.setUserbOfferor(bOfferor);$
8:     $listSign.add(ps);$
9:     $flag = true;$
10: **end if**
11: **return** $listSign;$

缔约方触发动作 toSign，进行签名，完成合约订立，订立流程如算法 2 所示。该算法需输入当前执行方账户地址 address、合约地址 contractAddress 和一个布尔类型的 bOfferor（表示动作 toSign 是否由要约方触发）。输出是一个布尔类型的 flag，表示当前动作是否执行成功。其中，该算法的第一层判断条件 signUser!=NULL 是验证触发动作的执行方是否存在于签名列表；第二层判断条件 signUser.getSignature() 是防止二次签名，bOfferor==bCheckOfferor 是保证触发动作的执行方与签名列表中的签名方是同一个人；第三层判断条件 bOfferor==true 是判断当前触发动作的执行方是否是要约人，如果 bOfferor 取值为 true，表明当前执行方是要约方，则直接调用 signMessage 函数进行签名，否则执行判断条件 listSign.getOfferorSignature()!=null 判断要约人是否已签名，如果已签名，则受要约人直接调用 signMessage 函数进行签名。signMessage 函数采用的是椭圆曲线数学签名算法 ECDSA-secp256k1。

算法 2 toSign

Input: address, contractAddress, bOfferor
Output: flag

1: $flag \leftarrow false$
2: $listSign \leftarrow getListSign(contractAddress);$
3: $strMessage \leftarrow getMessage(contractAddress);$
4: $signUser \leftarrow listSign.getAddress(address);$
5: **if** $signUser == NULL$ **then**
6:     $bCheckOfferor \leftarrow signUser.getbOfferor();$
7:     **if** $signUser.getSignature()==NULL\&\&bOfferor==bCheckOfferor$ **then**
8:     **end if**
9: **end if**
10: **return** $listSign;$

5.8 合约实例

在上述合约订立过程中区块链负责对交互数据进行存证，这些存证应符合我国现行法律的存证要求，同时，区块链不可修改的特性也保证了存证的真实性[34]。根据合约订立过程，我们不难发现一个合约实例由其对应的范本及交互信息共同生成，这就保证了同一个合约范本能够支持大量的合约实例。为了符合上述合同订立的存证要求，本节将以前述销售合约的订立过程为实例，对所涉及的区块链存证方案进行设计，并通过实验案例加以验证。

实验采用基于 Bitcoin 架构的区块链系统。该系统以 JSON 格式的伴随交易（Transaction）（见表 5.1）为数据结构进行数据存储，其中 JSON 采用"键值对"形式存储数据，并支持数组（[…] 表示）和集合（…表示）两种结构。下面将基于 JSON 格式对智能合约执行流程所涉及的交易结构进行介绍。

（1）注册合约的交易结构：图 5.6 为买方 Buyer 触发动作 registPublish 的注册交易结构，包含输入字段和输出字段。输入字段有 method，params 等。其中，method 是本次触发合约的动作名，params 为参数数组，第一个参数是买方 Buyer 的账户地址，第二个参数是合约地址。输出字段有 listSign，txid。其中 listSign 为更新后的签名方列表；txid 表示此次注册合约的交易 id，通过该字段可恢复此次合约状态。该触发动作被已部署的智能合约算法 registPublish 处理完毕后，将买方 Buyer 账户地址填充回买方 Buyer 的 account 属性方框内，供缔约双方查看。

```
{
    method:"registPublish",
    params:["1EPnLUmG4o……bwPizGr4L",
            "1TttnpFTcc……TtVDesSqSRf"],
    id:1,
    chain_name:"testchain"
}{
    listSign:"fkoer456……536hyio817",
    txid:"2a0b2c15……6b631844478fcbd5"
}
```

图 5.6　买方 Buyer 注册合约交易结构图

（2）订立合约的交易结构：缔约方通过触发动作 registPublish 后将其加入 listSign 签名列表中，等待合约签名。图 5.7 为买方 Buyer 有权触发签名后的订立交易结构。输入字段与上述注册交易的输入字段一致。输出字段包含 5 个属性：userResult 用于提示签名方是否签名成功；listSign 为签名完成后更新的签名列表；signature 为当前执行方签名；signdate 为签名时间；txid 为此次合约订立的交易 ID，通过该 ID 可恢复此次合约状态。该签名触发动作被已部署的智能合约算法 toSign 处理完毕后，将签名 siganture 和签名时间 signdate 填充回买方 Buyer 的合约订立签名部分。

```
{
    method:"toSign",
    params:["1EPnLUmG4o……bwPizGr4L",
            "1TttnpFTccHjq……LUsSqSRf"],
    id:1,
    chain_name:"testchain"
}{
    userResult:"Sign Success!!!, but not all",
    listSign:"aced0013……1736a656a78",
    signature:"HR5pkp0vEE……MpP7g0=",
    signdate:"2020-10-26 10:29:58",
    txid:"f48ecfd45bbc3db5……df60820cd"
}
```

图 5.7　买方 Buyer 签名交易结构图

（3）执行合约的交易结构：以销售合约中条款 no1 执行为例，图 5.8 为买方 Buyer 触发动作预定打印机 order 的执行合约交易结构，包含输入字段和输出字段。其中，输入字段中 method 为本次触发的合约动作名；params 为合约参数数组，第一个参数为买方 Buyer 的账户地址，第二个参数为合约地址，第三个参数为买方 Buyer 所传入的预定金额。输出字段中 userResult 为预定提示信息，txid 为此次执行合约的交易 ID。

上述交易结构的设计使得合约注册、订立和执行三个阶段的交互数据都被存证，缔约双方及相关人员可通过交易 id 随时请求调取查看合约内容。基于区块链的智能合约平台将智能法律合约和链上存储的交互数据进行整合，并以书面化形式予以呈现。图 5.9 是前述销售合约模板与链上交互数据整合后的合约实例书面化呈现。

```
{
    method:"order",
    params:["1EPnLUmG4o……bwPizGr4L",
            "1TttnpFTccHjq……LUsSqSRf",
            "2500"],
    id:1,
    chain_name:"testchain"
}{
    userResult:"Order Successfully",
    txid:"38ca12ac8fed3fe……5a8d09c44278"
}
```

图 5.8　买方 Buyer 订购交易结构图

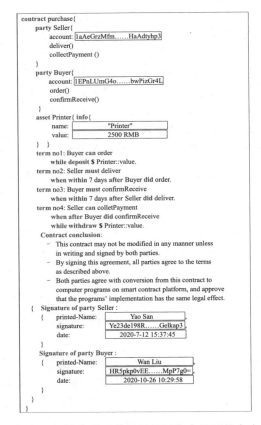

图 5.9　被填充后的打印机销售合约示范文本

5.9 方案合规性辨析

本节将对前述智能法律合约订立方案的合规性进行辨析，从而论证所提方案能够满足我国现行法律的规定，由该方案处理的智能合约具有法律效力。

辨析 1：本章合约订立过程中的要约阶段满足现行法律对要约的认定。

《民法典》第 472 条规定："要约是希望与他人订立合同的意思表示，该意思表示应当符合下列条件：内容具体确定；表明经受要约人承诺，要约人即受该意思表示约束。"据此，智能法律合约订立中的要约阶段需满足以下要求：

（1）合约内容具体确定

智能法律合约作为法律合同转化为智能合约程序的过渡形式，同样以数字代码的形式呈现。如 5.7.3 节所示，从 SPESC 撰写的打印机销售合约范本中可得出如下事实：首先，SPESC 语言作为计算机语言具有明确形式化、无二义性语法，满足《民法典》规定合同内容显式定义的要求；其次，该合约范本中条款包含了权利义务关系的声明，进一步使要约人的意思表示内容具体确定；此外，该合约范本中订立语法不仅包含由缔约双方不断协商后所约定的意思表示，也包含当事人姓名、签名、合约成立时间等信息。因此，由智能法律合约语言所撰写的智能法律合约的内容具体且确定。

（2）要约人受该意思表示约束

智能法律合约作为合约范本，为当事人提供了书面化交互接口，如 5.7.3 节的销售合约示范文本。合约内容以书面化形式供缔约双方阅读，双方通过不断协商确定法律合约中要素属性信息的值，并通过动作激活行为属性，进而触发智能合约可执行代码予以处理。上述一切的交互形式都是缔约双方在阅读、理解并同意合约中所有条款的情况下主动发起的。合约范本订立语法中包含当事人宣称部分。该部分是缔约双方对要约和承诺过程中的事项进行不断协商后的表述，因此，这部分是用户主观的意思表示，如 5.7.3 节销售合约范本的订立宣称部分包含如下约定："双方当事人同意高级智能法律合约及其转化的可执行程序，与现实法律合同具有同等的法律地位"。即表示缔约双方肯定了智能法律合约的法律地位，愿意同纸质合同一样受其约束。《民法典》第 140 条第 1 款规定："行为人可以明示或者默示作出意思表示"，在本章订立语法的当事人签名部分，要约人通过明示方式作出其意思表示，如主动触发上述行为属性信息，明确表明要约人已经同意本合约中的所有内容。在 5.7.3 节销售合约范本订立部分，卖方 Seller 如同意该合约则主动触发动作 toSign，对合约签名，生成签名 signature 及签名时间 signdate。因此，智能法律合约经受要约人承诺后，要约人必受该合约内容的意思表示约束。

（3）要约生效时间

《民法典》第 137 条第 2 款规定："当事人对采用数据电文形式的意思表示的生效时间另有约定的，按照其约定"。区块链负责对合约订立过程中的交互数据进行存证，要约人可查看合约内容，如希望与他人缔结合同，并已同意合约内容，则主动触发动作 toSign 予以签名，即要约，因此可将要约生效时间约定为要约人签名时间。如 5.7.3 节销售合约范本中订立合约部分，卖方 Seller 主动触发动作 toSign，被已部署的智能合约算法 toSign 处理完毕后，将签名 siganture 和签名时间 signdate 填充回卖方 Seller 的合约订立签名部分，此时要约生效，该签名时间为要约生效时间。

辨析 2：本章合约订立过程中的承诺阶段满足现行法律对承诺的认定。

《民法典》第 479 条规定："承诺是受要约人同意要约的意思表示"。据此，智能法律合约订立中的承诺阶段需满足以下要求：

（1）受要约人意思表示

如同上述要约认定第 2 点分析，合约内容以书面化形式供缔约双方查看，法律合约范本中所有的要素属性信息（包括签名部分）都是受要约人主动触发的。同时，受要约人也通过明示方式作出意思表示，明确表明受要约人已经阅读、理解并同意本合约中的所有条款。如 5.7.3 节销售合约范本中订立合约部分，买方 Buyer 主动触发动作 toSign，被已部署的智能合约算法 toSign 处理完毕后，将签名 siganture 和签名时间 signdate 填充回买方 Buyer 的合约订立签名部分，即买方 Buyer 对该合约承诺，从而证实受要约人接受该意思表示。

（2）承诺生效时间

《民法典》第 484 条规定："以通知方式作出的承诺，生效的时间适用本法第 137 条的规定"。在本章的订立流程中，要约生效后将要约过程中的交互数据发布至区块链，受要约人可查看合约内容及交互数据，若同意此要约，则触发动作 toSign 予以签名，此时表示受要约人已接受要约内容，即承诺，因此可将受要约人对其进行签名的时间视为承诺时间。另据《民法典》第 483 条规定："承诺生效时合同成立"，可知在销售合约范本中当买方 Buyer 对其进行承诺后，合约成立。

辨析 3：本章合约订立过程中的合约原件及交互数据保存形式满足现行法律要求。

《电子签名法》第 5 条规定："符合下列条件的数据电文，视为满足法律、法规规定的原件形式要求：能够有效地表现所载内容并可供随时调取查用；能够可靠地保证自最终形成时起，内容保持完整、未被更改"。合约订立是一个交互的过程，区块链负责为交互过程中的数据进行存证。因此，本章合约订立过程需满足以下要求：

（1）随时调取查用

一个合约实例由其对应的范本及交互信息共同生成，为满足合约订立过程中对交互数据存证的需求，在第 5.9 节我们设计了智能合约执行流程中所涉及的三种交易结构，将当事人注册、签名及运行合约的全流程存储于区块链，区块链的公开透明性使得任何时候智能法律合约范本都可从中获取交互数据对要素属性值进行填充，供相关方调取查用。

（2）存储可靠性

智能法律合约存储的可靠性取决于区块链的存储可靠性。区块链本身具有防篡改、难删除和公开透明的特性，合约交易数据一经全网共识即被永久地存于链上[35]。在数量庞大的节点中，必须同时破坏 51% 的节点，才会影响整个系统的运行，篡改区块数据，但这仅仅在理论上是可能的。因此，符合前述《电子签名法》第五条规定。

（3）形式完整性

区块链中数据存储采用 JSON 格式，尽管这种格式与书面化的智能法律合约不同，但这并不影响智能法律合约的内容，且其可随时准确恢复到原书面化形式。根据《电子签名法》第 5 条规定："在数据电文上增加背书以及数据交换、储存和显示过程中发生的形式变化不影响数据电文的完整性"。因此，区块链存证并不影响智能法律合约的形式完整性。

综上，本章在基于区块链的智能合约系统上提出的合约订立方案能够满足现行法律法规对要约、承诺的认定及对合约原件形式保存的要求。

5.10 小　　结

本章为使智能法律合约订立过程符合相关法律所规定的要约–承诺制度，对智能法律合约语言进行了扩充，引入了合约订立相关语法和合约范本概念，提出了基于数字签名的法律要约和承诺过程及相应算法。同时，为了支持上述方案的实现，在区块链平台中设计了三种交易结构，能够使合约订立过程中的交互数据存证满足现行法律存证要求。本章所做工作将有助于为智能法律合约的订立过程提供法律依据，促进我国智能合约的法律化建设。

参 考 文 献

[1] NICK S. Smart contracts in essays on smart contracts[J/OL]. Commercial Controls and Security, 1994. http://www.fon.hum.uva.nl/rob/Courses/InformationInSpeech/CDROM/Literature/LOTwinterschool2006/szabo.best.vwh.net/smart.contracts.html.

[2] NICK S. Smart contracts: Building blocks for digital markets[Z]. 1996.

[3] NAKAMOTO S. Bitcoin: A peer-to-peer electronic cash system[J/OL]. Cryptography Mailing. https://metzdowd.com, 2009. https://bitcoin.org/bitcoin.pdf.

[4] 范吉立, 李晓华, 聂铁铮, 等. 区块链系统中智能合约技术综述 [J]. 计算机科学, 2019(11).

[5] BUTERIN V. A next-generation smart contract and decentralized application platform[J]. 2014.

[6] RAHMAN R, LIU K, KAGAL L. From legal agreements to blockchain smart contracts[C]// IEEE International Conference on Blockchain and Cryptocurrency. IEEE, 2020: 1-5.

[7] GOVERNATORI G, IDELBERGER F, MILOSEVIC Z, et al. On legal contracts, imperative and declarative smart contracts, and blockchain systems[J]. Artif. Intell. Law, 2018, 26(4): 377-409.

[8] KASPRZYK K. The concept of smart contracts from the legal perspective[J]. Review of European and Comparative Law, 2018, 34(3): 101-118.

[9] 郭少飞. 区块链智能合约的合同法分析 [J]. 东方法学, 2019, 69(3): 6-19.

[10] 陈吉栋. 智能合约的法律构造 [J]. 东方法学, 2019, 69(3): 20-31.

[11] FARMER W M, HU Q. A formal language for writing contracts[C]//17th IEEE International Conference on Information Reuse and Integration. IEEE Computer Society, 2016: 134-141.

[12] HE X, QIN B, ZHU Y, et al. Spesc: A specification language for smart contracts[C]//Computer Software and Applications Conference (COMPSAC). IEEE, 2018: 132-137.

[13] REGNATH E, STEINHORST S. Smaconat: Smart contracts in natural language[C]// 2018 Forum on Specification & Design Languages. IEEE, 2018: 5-16.

[14] MAVRIDOU A, LASZKA A. Designing secure ethereum smart contracts: A finite state machine based approach[C]//22nd International Conference on Financial Cryptography and Data Security (FC 2018). 2018.

[15] CHOUDHURY O, RUDOLPH N, SYLLA I, et al. Auto-generation of smart contracts from domain-specific ontologies and semantic rules[C]//IEEE Blockchain. 2018.

[16] ZUPAN N, KASINATHAN P, CUELLAR J, et al. Secure smart contract generation based on petri nets[M/OL]. 2020: 73-98. DOI: 10.1007/978-981-15-1137-0_4.

[17] 朱岩, 秦博涵, 陈娥, 等. 一种高级智能合约转化方法及竞买合约设计与实现 [J]. 计算机学报, 2021, 44: 652-668.

[18] CLACK C D, BAKSHI V A, BRAINE L. Smart contract templates: foundations, design landscape and research directions[J]. CoRR, 2016.

[19] CLACK C D, BAKSHI V A, BRAINE L. Smart contract templates: essential requirements and design options[J]. CoRR, 2016.

[20] CLACK C D. Smart contract templates: Legal semantics and code validation[J]. Journal of Digital Banking, 2018.

[21] 周显志, 李莹. 电子合同订立中的法律问题探析 [J]. 江苏商论, 2003(8): 120-121.

[22] WANG S, YUAN Y, WANG X, et al. An overview of smart contract: Architecture, applications, and future trends[C]//2018 IEEE Intelligent Vehicles Symposium. IEEE, 2018: 108-113.

[23] BARTOLETTI M, POMPIANU L. An empirical analysis of smart contracts: platforms, applications, and design patterns[J]. Springer, Cham, 2017.

[24] WÖHRER M, ZDUN U. From domain-specific language to code: Smart contracts and the application of design patterns[J]. IEEE Softw., 2020, 37(4): 37-42.

[25] 王方方. 智能合约的法律属性及其规制 [D]. 南宁：广西民族大学, 2019.

[26] 朱岩, 王巧石, 秦博涵, 等. 区块链技术及其研究进展 [J]. 工程科学学报, 2019, 41(11): 4-16.

[27] WATANABE H, FUJIMURA S, NAKADAIRA A, et al. Blockchain contract: Securing a blockchain applied to smart contracts[C]//International Conference on Consumer Electronics. IEEE, 2016: 467-468.

[28] ZHENG Z, XIE S, DAI H, et al. An overview of blockchain technology: Architecture, consensus, and future trends[C]//International Congress on Big Data, BigData Congress 2017. IEEE Computer Society, 2017: 557-564.

[29] 区块链智能合约形式化表达: T/CIE 095-2020[Z]. 2020.

[30] 孟博, 刘琴, 王德军, 等. 法律合约与智能合约一致性综述 [J]. 计算机应用研究, 2020: 1-9.

[31] SAVELYEV A. Contract law 2.0: "smart" contracts as the beginning of the end of classic contract law[J]. Information and Communications Technology Law, 2017, 26: 1-19.

[32] HAAPIO H, HAGAN M. Design patterns for contracts[J]. Social Science Electronic Publishing, 2016.

[33] ZHU Y, SONG W, WANG D, et al. TA-SPESC: Toward asset-driven smart contract language supporting ownership transaction and rule-based generation on blockchain[J]. IEEE Transactions on Reliability, 2021, 1-16.

[34] LI J, CHEN Y, SONG H. Research on digital currency supervision model based on blockchain technology[J]. Journal of Physics Conference Series, 2021, 1744(3): 032112.

[35] 王元地, 李粒, 胡谍. 区块链研究综述 [J]. 中国矿业大学学报 (社会科学版), 2018, 20(3): 74-86.

第 6 章　合约化资产与权属交易

> **摘要**
>
> 针对现有智能合约语言对资产表达能力不足的现状，本章通过对现实合同中资产的表达和交易方式进行梳理，向高级智能合约语言（如 SPESC）中增加新的资产模型，派生出一种面向资产的高级智能合约语言（TA-SPESC）。该语言遵循现实合同结构，给出了由参与方、资产、条款、合约属性四个模块构成的一般化资产模型和形式化定义，可支持资产属性定义和五类资产权属关系（所有权及其四种权能）描述，给出了资产注册、存入、取出、转移、注销五种操作可支持现实世界资产和数字货币资产的交易和权属变更。以房屋租赁合同为实例，给出了 TA-SPESC 到 Solidity 执行程序的生成规则及其形式化表示，可实现半自动化程序框架生成，并在以太坊 Remix 平台上对该实例生成的 Solidity 代码运行测试，实验结果验证了上述转化过程的有效性，保证了智能合约中资产处理的通用性、规范化、便捷性。

6.1　引　　言

今天的资产管理行业在不同企业系统中依然具有高度分散的特征（被称为资产管理碎片化），导致围绕不同资产形成孤立数据，增加了资产管理的后台成本，并最终增加了机构和个人的系统性风险。随着去中心化金融（DeFi）的快速创新发展和区块链技术企业级应用的普及，采用智能合约实现资产管理已成为金融系统合乎逻辑的下一代技术。原因在于区块链技术能够通过相互无缝链接、不可篡改的交易记录，有效地降低全球市场的系统性风险，并通过智能合约的自动化执行能力大幅度降低资产价值交换的成本，同时也为各种新的金融资本创新提供坚实的技术基础。

资产是指个人、公司或国家拥有或控制的具有经济价值的资源，并期望它能提供未来收益。在经济学中，资产是任何形式的可持有财富，包括有形资产、无形资产、固定资产以及对债券、普通股或长期票据等证券的投资等。由于资产的种类多样，无疑增加了智能合约处理它们的难度。注意，本章所述资产是任何智能法律合约可处理的资产，而不仅仅是数字资产①。

为了便于区分，我们将这些资产称为实物资产或现实世界资产，而将由区块链及智能合约表示的资产称为孪生资产（twin asset）或虚拟资产（virtual asset）。孪生资产借用了数字孪生（digital twin）的概念，也就是将实物资产及其活动映射到网络空间中相对应的数字实体及其过程，从而反映相对应的实体资产的全生命周期过程。然而，就目前网络数字化资产管理能力而言，实现完全的孪生资产还有相当的技术困难。

> 区块链智能合约参与资产交易的一大优势是区块链（作为加密货币）可以充当价值交换的一般等价物，同时，区块链网络的高内聚交易模式代替了传统不同机构之间的高交互交易模式。

将智能法律合约用于资产的管理，本质就是根据区块链网络上已商议的智能合约规则对资产进行购买、出售或交换。如图 6.1 所示，区块链所具有的加密数字货币特性和高交互交易模式，省去了交易过程中需要银行或金融系统参与的要求，因而减少了交易过程并降低了交易成本。

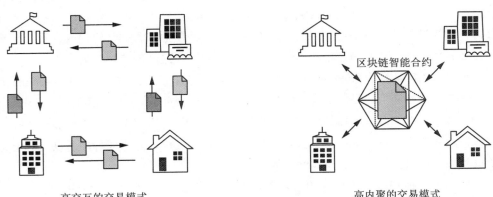

高交互的交易模式　　　　　　　　　　　高内聚的交易模式

图 6.1　现行高交互的交易模式与区块链智能合约交易模式的比较

当智能（法律）合约与资产进行结合时，一个称为"智能资产"（smart assert）的新概念被提出。以 NEM 为例，它使用四个紧密相连的部分构建：地址、图案、命名空间、交易。其中，地址作为区块链上的资产容器，代表必须唯一且可更新的单个对象；图案代表固定资产或一组不变的事物或资产；命名空间是资产或企业的独特位置；交易用于记录资产的实际转移。智能资产这一概念的出现表明区块链智能合约正在进

---

① 数字资产是经过二进制编码的任何被授权使用的文字或媒体资源，包括文字、图片和多媒体等。

一步向金融领域进行融合。

然而，目前的智能资产或智能合约下的资产模型存在一个基本性问题没有解决，就是在法律上资产交易的本质不是资产本身位置转移的问题，而是资产权属关系转移的问题。在现实世界中，资产通常具有较为复杂的权属关系，例如，我国法律规定，房屋的所有权分为占有权、使用权、收益权和处分权四项权能。其中，所有权就等于拥有了在法律允许范围内的一切权利。这样就存在了权属之间的包含或隶属关系。然而，这种包含或隶属关系有时又是可以分离的，例如，房屋的所有权与使用权可以分离，因此产生了租赁关系。鉴于此，商品合同实质是资产权属关系的变更形式和证明。因此，研究智能合约下资产模型的重点就是探索资产各种权属关系交易的实现问题。

6.1.1 研究现状

近年来由于区块链技术以密码学技术为基础并具备去中心化、可追溯、不可篡改、不可伪造等特性，使得区块链的潜在应用价值逐渐被业界认可。世界经济论坛的报告显示，到 2027 年世界 GDP 的 10% 左右将集中在基于区块链技术的各领域上[1]，因此区块链技术在金融、经济、科技甚至政治等各领域将产生深刻影响。

资产在合约中具有极其重要的地位。不论是在现实世界的合同还是区块链上的智能合约中，资产都是一项重要组成部分，而且合约的整个生命周期都是围绕着资产进行。特别是当现实或数字世界中的资产被生成数字摘要后，智能合约便成为资产交易的完美载体，规范了交易过程并提供包含所属权和交易过程的法律依据。

智能合约的实际应用主要依托运行平台和编程语言。在运行平台上，Ethereum 是目前最早支持智能合约且相对成熟的运行平台，它的合约编程语言为 Solidity。Solidity 语法类似 JavaScript，主要是从 IT 角度定义，合约的创建、修改、维护等操作都非常依赖具有较强编程能力的开发人员，非 IT 专业人士根本无法理解，所以，对于跨学科领域用户缺乏易读性、友好性、便捷性。

为了更好地规范智能合约语言，便捷跨领域专家协同设计智能合约，专家学者们发表了许多优秀的研究成果。早在 1951 年，Von Wright[2] 将权利、义务和禁止（obliged, permitted, forbidden）的规范概念与所有、某些和没有（all, some, no）量化词以及必要、可能和不可能（necessary, possible, impossible）模态词三者联系起来，并形成了标准道义逻辑（standard deontic logic，SDL）的基础。1988 年，Lee 等[3] 对道义逻辑进行扩充，提出了一种强调合约时序性、道义性和行为性的逻辑合约模型。该工作被认为是最突出的合同正式化范式之一。

2016 年，Frantz 和 Nowostawski[4] 根据 Crawford 和 Ostrom[5] 的制度语法（ADICO），提出了一种支持将 ADICO 组件映射为相应的 Solidity 结构的建模方法，包括生成合约地址、修饰器名称、函数框架，但是尚未实现函数主体和 Solidity 表达式。

2018 年，Regnath 和 Steinhorst [6] 提出了一种基于自然语言的智能合约语言 SmaCoNat，作者将合约分为合约头部（Heading）、账户（AccountSection）、资产（AssetSection）、协议（AgreementSection）以及事件（EventSection）5 部分，并定义了 3 种资产操作——发布（issue）、转移（transfer）、撤回（revoke），但该语言针对资产的描述相对简单，仅表示了资产的名称、价值和所有者，目前无法转换成可执行的智能合约编程语言。

同年，He 等 [7] 提出一种类似于自然语言的 SPESC 高级智能合约语言，该语言采用与现实合同类似的形式规范智能合约，因此是第一种实用性的智能法律合约语言。在语法结构上，SPESC 合约包括当事人（Party）、合同属性（Property）、条款（Term）和数据类型定义（Type）；在条款的表达上，使用关系副词 when、while、where 来定义条款规则，使用道义逻辑中的 can、must、may 等模态词来表征 SPESC 中的权利、义务条款，并且可以半自动转化为可编程机器语言。

2019 年，王璞巍等 [8] 以承诺（Commitment）作为基本元素来构建面向合同的智能合约形式化语言，承诺为一个五元组表示 $C(x,y,p,r,tc)$，含义是"承诺人 x（promisor）向被承诺人 y（promisee）做出承诺 C，如果前提 p（premise）达成，就产生结果 r（result）"。其他的研究工作还有文献 [9]~ 文献 [17]。

6.1.2 研究目标

从上述相关工作可知，尽管一些学者对智能合约语言的规范化、结构化、法律化进行了有益探索，但一直缺乏对资产的规范化合约语言表述。与其他智能合约语言相比，SPESC 语言在用户可读性、跨领域协作、向可编程机器语言转化方面具有显著的优势，是一种更加高级的智能合约语言形式。因此，本章将以 SPESC 语言为基础展开研究。但在资产交易方面，包括 SPESC 在内的智能合约语言存在以下几个问题：

（1）只支持数字货币资产的表述，缺乏对其他类型资产的表述规范。

（2）在合约条款只支持数字货币资产的存入、转移、取出这三种操作，缺乏对其他类型资产的交易操作。

（3）缺乏对缔约双方和资产的权属关系表示，而交易的本质就是对资产的权属关系的转移，因此不能支持非货币型资产的交易操作。

本章针对现有智能合约语言对资产表达能力不足的问题进行研究，通过对现实合同中资产的表达和交易方式进行梳理，向高级智能合约语言（如 SPESC）中增加新的资产模型，探索其到可执行合约程序的自动化转化方法，从而保证智能合约中资产处理的通用性、规范化、便捷性。具体工作如下：

（1）提出一种面向资产的高级智能合约语言设计，被称为 TA-SPESC，实现了通常意义下的资产及权属关系的定义与分类以及资产交易操作机制。首先，遵循现实合同结构，给出了由参与方、资产、条款、合约属性 4 个模块构成的一般化资产模型和形式化定义；其次，通过在 SPESC 语言中新增 Asset 结构，用以定义资产属性和 5 类资产权属关系，包括所有权、使用权、占有权、收益权、处分权；此外，以合约账户为中介，提出了资产注册、存入、取出、转移、注销 5 种操作，可有效支持资产交易和权属变更。

（2）以房屋租赁合同为实例，给出了从 TA-SPESC 合约转化到可执行 Solidity 合约的语言程序以及该程序部署、运行、测试的全过程。首先，给出了房屋租赁合同实例的 TA-SPESC 合约表述，具有简洁、可读性强的特点；其次，给出了 TA-SPESC 到 Solidity 执行程序的生成规则及其形式化表示，可实现半自动化程序框架生成；进而，在以太坊 Remix 平台上对 TA-SPESC 房屋租赁合同生成的 Solidity 代码运行测试，实验结果验证了上述转化过程的有效性。

本章其余结构如下：首先，给出了面向资产的 SPESC 模型设计和资产模型设计以及相应的语法和语义；其次，以个人房屋租赁合约为实例验证扩展后 SPESC 语言的有效性；再次，对该实例进行部署运行测试；最后，对本章进行总结。

6.2　面向资产的 TA-SPESC 设计

6.2.1　一般结构

智能法律合约是一种支持由高级智能合约语言（如 SPESC [7]）编写的合约并可按照合约参与方约定条件自执行且与纸质合同具有相似合约结构的程序设计与开发技术。传统意义上，合同是以口头或者书面形式表示，但在 SPESC 高级智能合约语言中，按照一定的语法语义设计后的计算机代码代表着合同条款，即用机器代码表达合约条款——代码即合约。计算机语言的优势表现为具有严格定义的语义和语法，不允许二义性，具备精确性。

本章中区块链系统运行的智能法律合约模型如图 6.2 所示。整个模型由三部分组成，分别为智能合约执行环境、区块链网络、在区块链上有着账户地址的合约缔约方。其中，在智能合约执行环境中，由高级智能合约语言编写的合约由数字资产、账号地址、状态变量、内置函数等模块组成。

首先，智能合约运行以区块链网络为媒介，通过合约缔约方商定合约内部执行规则（条款），就特定的资产交易方式达成共识，来设置 IF-THEN 合约触发条件（如达到特定时间、数值等），实现合约自动执行，并在合约执行结束后，通过外部数据源核查，进一步确保满足合约规则的执行结果返回合约缔约方。

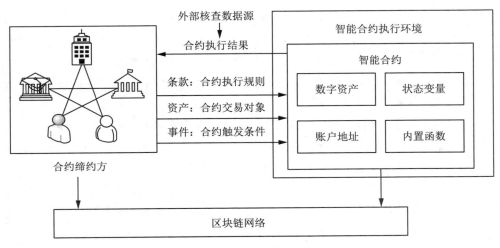

图 6.2　区块链上的智能合约模型

其次，合约缔约方与智能合约代码之间的交互界面包括条款（合约执行规则）、资产（合约交易对象）、事件（合约触发条件）。当数据和资产状况得到满足时，智能合约就会被触发执行内置函数。在函数执行时，合约中的状态变量及数字资产所有权关系根据函数中的逻辑规则而变化。区块链就是记录依据规则产生的资产权属变更的载体，智能合约可以基于其收到的交易信息，发送/接收来自合约缔约方或其他智能合约的数字化资产（权属）。

此外，SPESC 语言[7] 也允许合约缔约方依据商业环境特点以及不同商业场景的业务逻辑规则进行高级智能合约代码编写，为实现多种多样的现实业务场景奠定了技术基础，同时可半自动转化成智能合约平台上运行的机器代码。因此，SPESC 合约[7] 使得在区块链上登记的资产可以获得在现实世界中难以提供的流动性，并能够保证资产交易规则的透明和不可篡改。鉴于此，本章将继续在 SPESC 语言基础上构建面向资产的智能合约模型（简称为 TA-SPESC）。

6.2.2　TA-SPESC 模型及其形式化定义

智能法律合约作为一套部署在区块链上并且获得所有参加者共识的一组可自执行的权利及义务规则，是纸质版合约的计算机化语言表述，具备自验证性、自执行性、准确性和程序性等特征，能够实现控制和管理链上资产等功能。然而，目前的智能合约依然停留在以数字货币为主导的交易形式，无法对现实世界中纷繁复杂的资产进行有效支撑。

为了解决这一问题，本章提出的 TA-SPESC 模型的核心目标主要有以下几点：
（1）在以区块链为底层技术的丰富商业场景中完成资产的数字确权、链上交易、量化跟踪、权属变更等全面资产管理业务；

（2）资产交易能够依照双方达成共识的合约条款自动执行，利用区块链中交易数据的不可篡改及可追溯性[12]，有效防止资产纠纷以及交易抵赖；

（3）统一的资产数字描述语言能够构建现实资产与数字化资产之间的桥梁，便捷资产（跨链）交易与价值交换；

（4）智能合约自执行、自治、低成本、高效地实现资产的全网自动流通；

（5）模型保障资产交易的全生命周期管理，同时接近自然语言的资产描述语言可提高合约代码易读性，便于各领域专家的协同合作。

基于上述目标，同时结合区块链智能合约的工作原理、设计流程以及链上资产在智能合约中的交易过程等，我们给出一种新的 SPESC 高级智能合约语言设计以及目标代码生成方法，其中，TA-SPESC 的对象关系如图 6.3 所示。

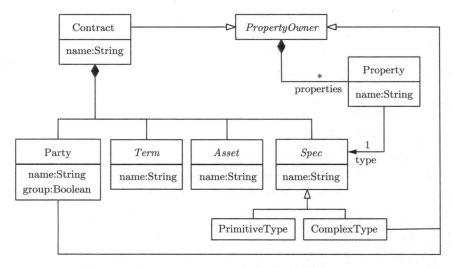

图 6.3　TA-SPESC 模型对象关系

TA-SPESC 模型建立在原始 SPESC 对象关系基础上，增加了表示合同中缔约双方交易资产的 Asset 模块。模型中的智能合约（Contract）由当事人（Party）、条款（Term）、资产（Asset）、数据类型（Spec）4 个模块组成。Spec 表示合约中的数据类型类，包含两个具体子类，即基本数据类型（如 boolean, char, int 等）和复杂数据类型（Complex Type）。Property 为表示数据属性的静态字段，Property 聚合成 PropertyOwner 用于表示多种属性的容器。

基于以上实体间关系与现实合同的本身特点，下面对面向资产的 SPESC 高级智能合约语言的组成元素进行重新整理和补充定义如下：

TA-SPESC 模型由一个四元组 $ASC ::= (P_A, A_A, T_A, S_A)$ 表示，其中，

- P_A 代表合约参与方的有限集合，表示为 $P_A = \{p_1, p_2, ..., p_n\}, p \in \Psi$，并以 Ψ 表示区块链中的有效账户。在现实合约中，一般会记录合约参与方的姓名、地址、联系方式等信息，而在智能合约中可直接使用账户地址来代表参与方的身份信息。

- A_A 代表合约中涉及资产的有限集合，表示为 $A_A = \{a_1, a_2, \cdots, a_n\}$ 且对于任意 $a_i \in \Omega$，其中，Ω 表示链上资产，且资产 a_i 是 TA-SPESC 模型中区块链账户之间的交易对象。

- T_A 代表合约条款的有限集合，是合约参与方就特定的链上资产达成共识的一组合约执行规则，表示为 $T_A = \{t_1, t_2, \cdots, t_n\}$ 且 $t \in \Phi$，用 Φ 来表示合约执行规则，通过条款序列可规范资产的整个交易过程。

- S_A 代表合约属性信息的有限集合，表示为 $S_A = \{s_1, s_2, \cdots, s_n\}, s \in \Pi$。例如，合约当事人规定的合约生效时间和到期时间、租赁合约的租金和租金支付时间等内容，并用 Π 来表示。

6.2.3 TA-SPESC 模型中的资产分类

资产分类对智能合约应用场景具有重要意义。鉴于当前资产的多样化，以及由此带来处理上的巨大差异，为了更好地保证 TA-SPESC 模型对各种资产的支持，本节根据目前主流的可上链资产类别、资产的主要特征及其存在形式对资产种类进行梳理，进而建立物理世界到数字世界资产的映射，从而扩大智能合约中对资产的支持范围。TA-SPESC 模型中资产（Asset）可划分为 4 类：

（1）合约化数字货币资产（contractually digital currency assets，CDCA）：主要是基于区块链而产生的资产，代表性资产为比特币、狗币等数字货币。除此之外，还有基于以太坊网络的 ERC20 币种（比如 Dcup.io 中的球队币）、CryptoKitties（以太猫）等具有特定含义的数字货币资产。

（2）合约化数据资产（contractually data assets，CDA）：主要是基于互联网而产生的拥有数据权属、有价值、可计量、可读取的网络空间资产，较为常见的是软件算法（如机器学习算法等）、公司数据（如线上年度盈亏报表等）、个人数据（如网购记录等），这类资产细分有很多种类，主要特点是存储介质以二进制形式存在，为数据化产物。

（3）合约化实物资产（contractually physical assets，CPA）：以具体物质产品形态存在的资产，比如房子、汽车、收藏的名人字画等，上链的资产将实物资产的权益属性映射到区块链上，并在链上对每种资产以唯一的资产标识号进行标识。其权益属性主要包括资产的所有权（使用权、占有权、收益权、处分权）。同时，该类资产还有相应的权益证明，可以作为交易流通凭证，比如房子的房产证、公司的股权等。

（4）合约化无形资产（contractually intangible assets，CIA）：该类资产不具备实体形态，主要包括专利权、商标权、著作权、土地使用权等。

我们将合约化数据资产、合约化实物资产、合约化无形资产统称为基于物理世界的资产（简称为 RWA），RWA 与合约数字货币资产构成了本章讨论的合约资产（以 Asset 表示）。

如图 6.4 所示，现阶段基于物理世界的资产正经历大规模上链过程，并通过可编程智能合约完成交易。将这些现实资产利用资产上链技术在区块链数字世界中通过智能合约来实现资产确权、资产流通交易、资产交割、资产权属变更等相关操作[12]。举例来说，将房产的权属关系（如使用权、所有权、收益权等）通过区块链技术，经过前期的确权（如同审核相关的法律许可证明、资产登记、房产证、产权证明等），在智能合约上进行交易并以统一的智能合约描述方式来代表其价值，其交易过程中涉及的买卖双方、交易金额、合约条款，特别是购买人购买房产的权益会被记录在区块链的底层账本中，从而实现链上交易后的确权和资产交割。

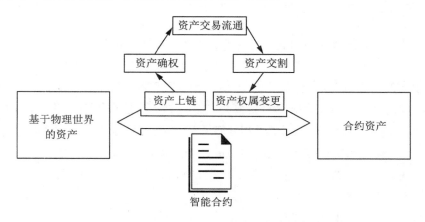

图 6.4　基于物理世界的资产向合约资产的映射

6.2.4　TA-SPESC 模型中的权利分类

一个合约最本质的性质是其法律属性，人们签订传统合同的目的就在于明确各方权利与义务，建立合约关系并依法管理各方行为。资产权属问题即为资产的所有权归属问题，在现实世界中，资产可以通过合同进行资产买卖即进行所有权转让，也可以只对资产进行租赁、抵押，即只对其所有权的部分权能进行有限期转让。所以，由于不同的资产在不同的合约场景中涉及的权利各不相同，本章依照《物权法》规定以及生活常识，对资产权属关系进行总结并给出如下 5 种解释：

（1）所有权（ownership）：资产所有人依法对自己资产所享有的占有、使用、收益和处分的权利。

（2）使用权（useRight）：不改变资产本质而依法加以使用的权利。例如，房屋使用权是对房屋的实际利用的权力。

（3）占有权（possessRight）：是指对资产的事实占有状态。例如，在房屋租赁案例中，承租方在租赁期内对房屋享有有限占有权。

（4）收益权（usufruct）：是指所有权在经济上的实现。例如，在租赁关系中，体现为承租人只使用不收益。

（5）处分权（disposeRight）：包括对资产的转让、消费、出售、封存处理等方面的权力。

上述 5 种权属关系在资产表述中的 Right 模块中以权利名称：账户地址（$rightName : Address$）来表示，比如 $useRight : 0xCA35...a733c$ 就表示了该账户地址拥有该资产的使用权。此外，权属关系的变更在 TA-SPESC 模型的条款（term）中以 $rightName : Address$ 的账户地址变更实现。

6.2.5 TA-SPESC 模型中的资产定义

TA-SPESC 模型中合约资产应具有可量化、可确权、可交易的特点：

- 可量化：是指资产的价值属性、数量属性、权利属性等可以在合约中量化。
- 可确权：是指依照法律、政策规定在合约中确认相关方对资产的权益（所有权、使用权等的权利隶属关系）。
- 可交易：是指合约资产可以在区块链上进行交换、交互和流通。

在 TA-SPESC 中合约资产要实现上述性质，不仅要对资产进行数字化表述，还与合约条款中相关方对资产权属的交易操作相关。

> 资产交易本质在法律上就是资产权属在不同相关方之间的转移关系。

通常，区块链系统是建立在交易模型基础上的，例如，

- 比特币 BitCoin：采用了 UTXO（unspent transaction output）模型，它将所有交易构建了一个网状数据结构，并且构成网状结构的每个节点记录输入和输出货币价格的货币交易。
- 以太坊 Ethereum：则采用了账户（account）模型，它跟现实世界中的银行账户非常相似，在交易网状结构外引入了账户和存储账户数据与状态的数据结构 MPT（Merkle patricia tree，默克尔压缩前缀树）结构。
- 超级账本 hyperledger：则采用了更加复杂的交易系统设计满足更大范围的应用需求，其 Fabric 交易模型包括身份管理、账本、交易、智能合约四方面，身份管理则依赖于公钥密码架构 PKI 下的证书系统，账本和交易包括背书验证、排序服务、账

本存储等功能；智能合约采用 Docker 管理链码 Chaincode，提供安全的沙箱环境和镜像文件仓库。

通过对上述系统的分析和比较，TA-SPESC 模型抛弃了"交易模型"思想，而以"合约化资产模型"为设计核心建立资产交易模型。

> 合约化资产模型采用合约当事人、条款、资产的三要素关系模型来建立资产交易模型，即"当事人"依据何种"条款"授权或有责任处置"资产"。

具体而言，这三者之间有着如图 6.5 所示的关系。

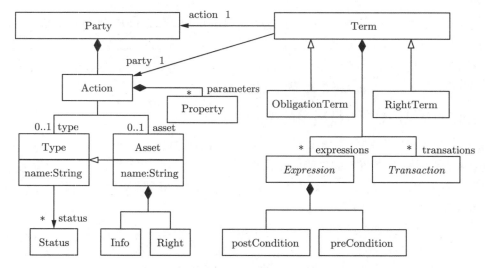

图 6.5　TA-SPESC 模型中的资产关系图

首先，如图 6.5 所示，在 TA-SPESC 模型的资产元模型中合约资产（Asset）由一些资产基本属性（Info）和一组资产的权属关系描述（Right）组成。

其次，资产的交易操作需要在条款（Term）中实现，一个条款（Term）涉及一个参与方（Party）和参与方声明的动作（Action）。该声明的 Action 与合约中已定义 Type 类型和 Asset 类型的结构相关联，其中，Asset 类型是对 Type 类型的泛化。针对资产在合约条款执行过程中的资产权属变更，则需通过修改 Right 中对应的字段实现。

最后，TA-SPESC 中的条款 Term 有两个子类：义务条款（ObligationTerm）和权利条款（RightTerm），分别规定了当事人（Party）在一定条件下必须（must）或可以（can）执行的动作。此外，条款 Term 还包括一个 *preCondition*，它规范了条款必须/可以执行满足的先决条件，以及一个 *preCondition*，它规范了在条款执行后区块链需记录的信息。

综上，本章对合约资产以及条款中的合约资产描述有如下语法定义：

语法 1：合约资产在 SPESC 中的定义如下：

$$\text{Assets} ::= \textbf{asset}\ \text{assetName}\{\text{info}\{\}\ \text{right}\{\}\}, \tag{6.1}$$

合约资产 Asset 由一个资产名称（assetName）、一些资产基本属性（由 info{} 结构表示）和一组资产的权属关系描述（由 right{} 结构表示）。Info 中包含该合约资产的基本属性信息，如房屋面积、房屋位置、房产证号等。Right 中包含所有者与该资产的权属关系描述，即对所有权的前述 4 种权能与所有者账户地址绑定。

下面代码展示了在 TA-SPESC 中房屋资产的一般结构。

```
asset House{
    info{  /* details of House */
        housePrice : Money
        houseArea : integer
    }
    right{  /* details of right */
        Ownership : String
    }
}
```

语法 2：在条款表示上 TA-SPESC 模型依循 SPESC 原有的条款语法[9]。具体定义如下：

```
term name: party (must|can) action
    (when preCondition)?
        (while transaction+)?
            (where postCondition)?
```

基于前面的语法定义，在合约条款中可以直接使用已定义的资产，其中合约条款中的资产表示如下。

语法 3：在涉及资产的条款中，资产的表述分为 3 部分：资产标志符、合约信息名称或资产合约名称、资产属性，具体如下：

$$\text{AssetExp} ::= \$(\text{contractInfo}\,|\,\text{assetName}) :: property \tag{6.2}$$

上述语法中 $ 为资产的显式标志符号，用于辅助 TA-SPESC 中的资产向 Solidity 转化的语义解析，contractInfo 和 assetName 为用户自定义的合约信息和资产合约的名称，property 表示资产属性，:: 用于引用合约信息或资产中与资产相关的属性。举例来说，$House :: useRight$ 表示房屋资产的使用权，该房屋资产为我们采用 TA-SPESC 资产语法表示的基于物理世界的资产（RWA）。$contractInfo :: tenantBail$ 表示合约承租人支付的押金，该押金为合约数字货币资产（CDCA）。

6.2.6 TA-SPESC 模型中的资产交易

资产交易、权属变更是合同条款履行过程中的重要手段，而这两个部分在智能合约中主要由资产转移条款来实现。一个完整的基于智能合约的资产转移必须满足以下条件：

（1）在合约中不仅支持对数字货币资产的描述，还应支持对基于物理世界的资产的数字化描述。

（2）缔约双方与资产的关系以权属关系来体现。

（3）合约当事人有证据证明自己在合约执行完成后获得了该资产的相应权属。

（4）合约双方对用 TA-SPESC 规范语言的预设资产转移的合约规则达成共识。

在资产交易过程中，我们需要使用"账户"概念。区块链中账户概念由来已久，比特币采用钱包（Wallet）来表示当事人所拥有货币资产的集合；以太坊则以账户建立交易模型，其中，账户是指以太坊地址与其私钥的组合。通常，账户可分为两类：合约账户和外部账户，它们的数据结构相同，都是由从该地址发送交易的次数（Nonce）、账户余额（Balance）、合约代码哈希值（codeHash）以及合约的状态的 Merkle 树根哈希值（StorageRoot）。不同的是，合约账户是在将合约部署到区块链时生成，由可执行的智能合约代码来控制。

采用与合约账户相同的思想，TA-SPESC 为保证合约对资产交易的记录和检查功能，所有的资产转移操作都在合约账户中实现。如图 6.6 所示，将 TA-SPESC 中对资产的操作分为 5 类：

（1）注册（register）：参与方在合约中将要交易的各类资产进行注册上链，但数字货币资产无须注册，该资产视为区块链的原生资产。注册过程是对资产的各种属性和权属进行初始化，这些属性是后面权属注销、转移操作的前提条件。

（2）存入（deposit）：用于参与方主动向合约账户存入一定量的资产价值或权属，可以直接指定存入的资产价值或权属的数额，或者根据关系对该数额进行限制。

$$\text{Deposit} ::= \textbf{deposit}\ (\$valueExp\ ROperator)?AssetExp \qquad (6.3)$$

其中，AssetExp 为前述资产在合约条款中的表达式，用于代指转移的资产。ROperator 表示关系操作，包含 >、<、>=、<=、=。valueExp 表示执行资产转移操作的账户中的资产数量，例如，**deposit** $House :: useRight$ 表示缔约方将全部房屋使用

权转移到合约账户；**deposit** $200RMB$ 表示存入 200 元人民币；**deposit** $30\% House :: ownership$ 表示缔约方将房屋 30% 所有权转移到合约账户；**deposit** $value = rental$ 表示存款金额必须等于合同中规定的租金数目。

（3）转移（transfer）：参与方执行条款的过程中会根据条款从合约中向其他参与方转移合约资产，表达式如下：

$$\text{Transfer} ::= \textbf{transfer}\ \text{AssetExp to Target} \tag{6.4}$$

其中，Target 表示资产转移的目标账户。

（4）取出（withdraw）：参与方在执行条款中会根据条款从合约中取出一定的资产，表达式如下：

$$\text{Withdraw} ::= \textbf{withdraw}\ \text{AssetExp} \tag{6.5}$$

（5）注销（revoke）：TA-SPESC 支持对已注册上链资产的注销操作，即在虚拟机内存中回收表示资产的数据结构并在区块链中发布注销信息。

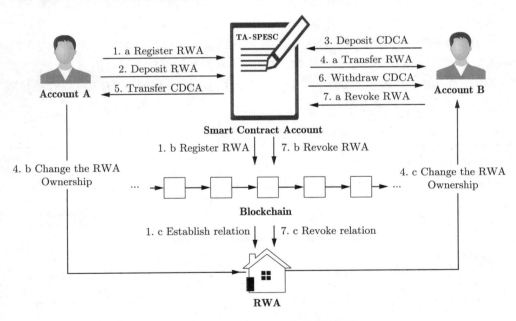

图 6.6　TA-SPESC 中的资产操作

总之，在 TA-SPESC 模型中给出了资产注册、存入、取出、转移、注销 5 种操作以及合约条款中存入、取回、转移 3 种资产操作，可支持现实世界资产和数字货币资产的交易和权属变更。在图 6.6 中，展示了 TA-SPESC 模型中缔约方之间资产操作的具体过程。

首先，假设有两个用户账户，分别为账户 A 和账户 B，其中，账户 A 是 RWA 的所有者，并通过 TA-SPESC 智能合约执行 RWA 注册（步骤 1）。对于注册操作，合同可以通过协商一致的方式在区块链的资产记录和现实世界的资产之间建立映射关系。

其次，账户 A 有权存入注册资产（步骤 2）。此外，账户 B 可以将 CDCA 存入合同账户（步骤 3）。RWA 进入区块链后，账户 A 可以转移 RWA 资产的所有权（步骤 4），即变更并记录 RWA 资产中 5 项权利的权属关系。在这个执行结束时，账户 B 可以将存入的 CDCA 转移到账户 A（步骤 5），并通过 TA-SPESC 合同取出剩余的 CDCA（步骤 6）。

最后，账户 B 作为新的拥有者，有权注销 RWA 资产（步骤 7），即在区块链网络上通过共识发布资产注销信息，从而取消上述映射关系。

为了保证交易安全，TA-SPESC 模型提供了两种类型的账户：客户账户（或钱包）和合约账户，并且如表 6.1 所示，给出了资产转移与权属变更相关语法规范。TA-SPESC 模型规定了只能由当事人的"客户账户"主动向"合约账户"中存入（Deposit）资产权属，例如，**deposit** $value < \$50\%$ Usufruct of House 表示存入不超过房屋 50% 的收益权；并可由该当事人从"合约账户"撤回（Withdraw）指定数目的资产权属到自己的"客户账户"，例如，**withdraw** $\$200 RMB$ 表示撤回 200 元人民币；但允许当事人获得授权后从"合约账户"转移（Transfer）到其他用户当事人的"合约账户"，进而从"合约账户"撤回到其"客户账户"，例如，**transfer** $\$200 RMB$ to Renter 表示转移 200 元人民币到租赁方。

表 6.1　TA-SPESC 模型中资产转移与权属变更相关语法规范

合约模板名称		语法定义
标的		Assets ::= **asset** assetName$\{$info$\{field+\}$ right$\{field+\}\}$
资产表达式		AssetExp ::= $\$$(contractInfo $\mid$ assetName) :: $property$
资产操作	存入	Deposit ::= **deposit** (\$valueExp ROperator)?AssetExp
	转移	Transfer ::= **transfer** AssetExp to Target
	取回	Withdraw ::= **withdraw** AssetExp

6.3　房屋租赁合约

房屋租赁是一种在一定期限内将房屋使用权转移给第三方的行为。该行为的要约方为房屋的资产所有人或者经营者，该行为的承诺方为房屋承租人。该目的达成的条件是承租人需定期支付一定数目租金。个人房屋租赁合约是我们生活中较为常

见的一种合同。在这种合同中,合同当事人包括出租人和承租人,交易对象是房屋资产。在本节中,我们以"个人房屋租赁合约"为例,说明如何建构 TA-SPESC 智能合约。

6.3.1 个人房屋租赁智能合约案例

我们的 TA-SPESC 模型能够支持房屋租赁合约的整个处理过程。我们认为房屋租赁合约整个过程可分为以下 5 个阶段:准备、转化、部署、执行和终止,上述阶段具体解释如下:

（1）合同准备阶段:签订真实合同后,租赁双方共同使用 TA-SPESC 语言,根据真实合同中的每一条条款撰写相应的 TA-SPESC 合约语言,最后形成高级智能合约。

（2）合同转化阶段:TA-SPESC 合约按照 6.3.3 节的转化规则,半自动转化到 Solidity 智能合约机器代码。

（3）合约部署阶段:出租方将 Solidity 智能合约编译后的机器代码部署到以太坊网络上,同时第三方无权更改合约。

（4）合约执行阶段:出租人按照合约要求将房屋使用权转让给承租人,承租人为此支付押金,即将一定数目的以太币存入智能合约账户中,然后,履约过程中,承租人需要按照合同条款规定,周期性地向出租人支付条款中约定的租金。

（5）合同终止阶段:合同期满后,承租人返还房屋使用权。

6.3.2 TA-SPESC 编写个人房屋租赁合约

智能合约以现实合同为编写基础,而根据民法典中合同法相关规定可知,传统纸质合同主要由当事人姓名和住所、标的、数量、质量、价款、履行期限、地点和方式等内容组成。所以,本章提出的 TA-SPESC 高级智能合约语言应能对上述内容予以支持。

接下来,本节通过出租人 Renter 和承租人 Tenant 用 TA-SPESC 编写的个人房屋租赁合约(如图 6.7 所示)来描述 TA-SPESC 高级智能合约的结构。主要分为四部分:

（1）合约当事人（Party）:"Party"结构用来描述合约当事人。个人房屋租赁合约的缔约双方为出租人和承租人。双方定义如下:

出租人（Renter）依法对该房屋资产享有所有权,在个人租赁场景下,出租人在区块链上部署该合约时视为要约,要约是希望与他人缔结合同的意思表示。注册房屋（registerHouse）操作表示将房屋资产上链并支付押金,此外出租人还有收取租金（collectRent）、转移房屋（transferHouse）、检查房屋（checkHouse）、取回押金（collectBail）4 个动作。

承租人（Tenant）在合约中执行确认承租（confirmLease）并支付押金时视为承约，表示接受对方的意思表示。同时承租人还声明了支付租金（payRent）、归还房屋（returnHouse）、取回押金（collectBail）3 个动作。

```
contract HouseLease{
    party Renter{
        registerHouse()
        collectRent()
        collectBail()
        transferHouse()
        checkHouse()
    }
    party Tenant{
        confirmLease(endLeasingDuration:Date,
                     payDuration:Date)
        payRent()
        returnHouse()
        collectBail()
    }
    house : House
    infos : contractInfo

    term term1 : Renter can registerHouse
        while deposit $infos::renterBail.

    term term2 : Tenant can confirmLease
        when after Renter did registerHouse
        while deposit $infos::tenantBail
        where infos::startLeasingTime = now and
              infos::endLeasingTime = endLeasingDuration + now
              and infos::payDate = payDuration + now
              and infos::payDuration = payDuration.

    term term3 : Renter must transferHouse
        when within 7 day after Tenant did confirmLease
        while deposit $house::useRight.

    term term4 : Tenant must payRent
        when before infos::payDate and
             after Renter did transferHouse
        while deposit $infos::rental and
              withdraw $house::useRight
        where infos::payDate = infos::payDate + infos::payDuration
              and infos::totalRental = infos::totalRental + infos::rental.

    term term5 : Renter can collectRent
        while withdraw $infos::totalRental
        where infos::totalRental = 0.

    term term6 : Renter can checkHouse
        when within 15 day after infos::endLeasingTime.

    term term7 : Tenant must returnHouse
        when within 7 day after Renter did checkHouse
        while deposit $house::useRight
              transfer $house::useRight to Renter.

    term term8_1 : Renter can collectBail
        when within 15 day after Renter did checkHouse
        while withdraw $infos::renterBail.

    term term8_2 : Tenant can collectBail
        when within 15 day after Renter did checkHouse
        while withdraw $infos::tenantBail.

    type contractInfo {
        renterBail : Money
        tenantBail : Money
        rental : Money
        totalRental : Money
        penalty : Money
        startLeasingTime : Date
        endLeasingTime : Date
        payDate : Date
        payDuration : Date
    }

    asset House {
        info {
            ownershipNumber : integer
            location : String
            area : integer
            usage : String
            price : Money
        }
        right {
            useRight : Right
            usufruct : Right
            dispositionRight : Right
            possessionRight : Right
        }
    }
}
```

图 6.7　TA-SPESC 智能合约语言编写的个人房屋租赁合约

（2）合约属性（ContractInfo）："Type" 结构用于声明合约运行时的所有必要信息，这些信息应记录在区块链上。在我们的房屋租赁示例中，此结构的一个实例（称为 contractInfo）定义如图 6.8 所示。

在本例中，"renterBail" 和 "tenantBail" 分别指出租人和承租人为"要约"和"承约"支付的保证金。在与承租人达成"总租金"协议后，每月租金由承租人支付。两个时间变量 "startLeasingTime" 和 "stopLeasingTime" 表示租赁合同的合同有效期。最后，"payDate" 是承租人应在一个月内支付租金的截止时间，它是一个变量，可以按照特定频率（称为 "payDuration"）进行更新。

（3）条款（Term）："Term" 条款结构参照我们编写的现实合同条款。本合同共有 9 个条款。

条款 1（registerHouse）：租房人有权在区块链上注册房屋资产，并在合同中存入押金（称为 $infos::renterBail$），并由智能合约冻结，表示为：

```
term term1:Renter can registerHouse
     while deposit $ infos::renterBail.
```

需要注意的是，如果在合同执行过程中没有争议，租房人可以在合同终止后取出该押金。

```
type contractInfo {
    renterBail : Money
    tenantBail : Money
    rental : Money
    totalRental : Money
    startLeasingTime : Date
    endLeasingTime : Date
    payDate : Date
    payDuration : Date
}
```

图 6.8　合约属性一般结构

条款 2（confirmLease）：承租人可以确认合同，但该行为需要在出租人注册房屋之后进行。然后，承租人需要在合同中存入押金，该笔押金也会被区块链平台冻结。此外，承租人执行 $confirmlease()$ 的当前时间被认为是合同的开始生效时间（$infos::startLeasingTime$）。默认租赁合同的最短有效期为 6 个月，所以合约终止时间（$infos::endLeasingTime$）是当前生效时间加上租赁期。此外，支付租金周期（$infos::payDate$）限制为 1 个月。

```
term term2: Tenant can confirmLease
    when after Renter did registerHouse
        while deposit $ infos::tenantBail
            where infos::startLeasingTime = now and infos::
                endLeasingTime = endLeasingDuration+now
                and infos::payDate = payDuration+now and infos
                    ::payDuration = payDuration.
```

条款 3（transferHouse）：承租人执行租赁协议后，承租人有义务在 7 天内存入使用权（表示为 $house::UseRight$）。

```
    term term3: Renter must transferHouse
        when within 7 day after Tenant did confirmLease
            while deposit $ house::useRight.
```

条款 4（payRent）：承租人必须按照约定按月向出租人支付租金（payRent）。付款时间限制在他执行合同后和每月付款时间之前的时间范围内（$infos::payDate$）。累计支付的租金（$infos::totalRental$）将被区块链平台冻结。

```
    term term4: Tenant must payRent
        when before infos :: payDate and after Renter did
            transferHouse
            while deposit $ infos ::rental withdraw $house::
                useRight.
                where infos :: payDate = infos :: payDate + infos
                    :: payDuration and infos:: totalRental = infos
                    :: totalRental + infos :: rental.
```

条款 5（collectRent）：承租人可以随时收取租金并计算剩余租金数。

```
    term term5: Renter can collectRent
        when withdraw $infos::rental
            where infos::rental = 0.
```

条款 6（checkHouse）：承租人有权在合同终止时间（$infos :: endLeasingTime$）后 15 天内检查房屋，出租人通过调用 $checkHouse()$ 动作来表达双方终止合同的意图。

```
    term term6: Renter can checkHouse
        when within 15 day after infos :: endleasingTime.
```

条款 7（returnHouse）：当事人同意解除合同后，承租人有义务在 7 日内返还房屋使用权。

```
    term term7: Tenant must returnHouse
        when within 7 day after Renter did checkHouse
            while deposit $ house :: useRight transfer $ house ::
                useRight to Renter.
```

条款 8.1（collectBail）：当事人约定解除合同后，出租人有权在 15 日内取出押金。

```
term term8.1: Renter can collectBail
    when within 15 day after Renter did checkHouse
        while withdraw $ infos :: renterBail.
```

条款 8.2（collectBail）：当事人同意解除合同后，承租人有权在 15 日内取出押金。

```
term term8.2: Tenant can collectBail
    when within 15 day after Renter did checkHouse
        while withdraw $ infos :: tenantBail.
```

（4）资产（Asset）："Asset"资产描述用于定义交易对象的属性，如数量、质量和位置，以避免真实世界和虚拟世界之间的资产冲突和不一致。更重要的是，与标的物有关的权利应在资产描述中予以声明，以支持其在随后的条款中的转让、取出等一系列操作。因此，我们将资产描述分为两个方面：$info$ 和 $right$，如定义 6.1 所述。$info$ 声明资产的属性，由属性名称和类型表示；$right$ 用来描述资产的所有权。如图 6.9 所示，我们对房屋的描述包括房屋的房产证号、房屋所在地址、楼层面积、交易价格和房屋用途。其中，在资产合约中，$info$ 里包含资产的属性，并以属性名和数据类型表示，$right$ 中即为 4 种所有权权能表示，同时账户地址与权利进行绑定，在资产转移过程中，与权利绑定的账户地址会根据转移条件而改变。

```
asset House{
    info{   /*details of House*/
        ownershipNumber : Integer
        location : Address
        area : Integer
        usage : String
        price : Money
    }
    right{  /*details of right*/
        useRight : String
        usufruct : String
        dispositionRight : String
        possessionRight : String
    }
}
```

图 6.9　合约资产描述

6.3.3 资产模型向 Solidity 的半自动生成

在介绍提出的资产转化规则之前，先给出下文将会使用的符号及其代表含义，具体内容见表 6.2，主要给出了在资产模型转化规则中的符号表示含义。

表 6.2 转化规则中的符号表示含义

符号	含义
$\mathbb{C}\langle * \rangle$	由 * 建立的合约或者关于 * 的合约
\$	合约资产的一个显式符号，用于辅助从 SPESC 到 Solidity 转换的语义分析
::	用于引用合约资产中的信息或资产相关属性
$\$^{(a)}$	获取合同账户的可用余额
	获取 TA-SPESC 条款规定的 CDCA 数值
	获取资产交易中对资产 a 进行操作的数量
#	用于在运行时获取给定动作的实际执行者
$\varepsilon[[]]$	表示用于测试某个假设或谓词是否成立的断言
$\rightarrow$	表示在后者函数中添加前者所表述的断言
$\Rightarrow$	表示前者导致后者的产生
$\in$	属于，表示前者是后者集合中的一部分
	被提及，表示后者中提及前者
$searchChain()$	用于检测资产是否已经在区块链上得以注册，并返回其中资产的地址
$transfer(x;y;z)$	表示将一项资产 y 从合同账户的可用余额 x 转移到给定的 z 方的操作
$\exists$、$\forall$	存在、所有

由高级智能合约语言表示的合约将生成多个 Solidity 源文件，并由主程序链接执行。在本节中，将介绍 TA-SPESC 语言中的模型转化规则，并使编译器自动生成合约框架、部分函数和字段。

Solidity 是一种面向合同的通用编程语言，Solidity 中基本程序单元称为 contract。由 TA-SPESC 翻译到 Solidity 语言，整个程序分为 3 类 Solidity 合约。

规则 1：对于 SPESC 合同 SAC（smart contract），生成包含 3 部分的 Solidity contract（$\mathbb{C}$ 来表示，即主体合约、资产合约和参与方合约。）

$$\mathbb{C} = (\mathbb{C}\langle main \rangle, \mathbb{C}\langle party \rangle, \mathbb{C}\langle asset \rangle) \tag{6.6}$$

这 3 类合约的具体描述如下：

（1）主体合约（表示为 $\mathbb{C}\langle main \rangle$）：包括变量、修饰器、辅助函数的定义，以及由条款生成的方法，主体合约一般由除了资产和参与方合约以外的部分组成。

$$\mathbb{C}\langle main \rangle = \{\forall t \in T_A \rightarrow g\langle t.action \rangle\} \tag{6.7}$$

（2）参与方合约（表示为 $\mathbb{C}\langle party\rangle$），由当事人定义生成的合约，主要负责当事人的人员管理、关键事件记录、历史事件查询功能；参与方合约是一个包含所有参与方子合约的合约集合，形式化表示为

$$\mathbb{C}\langle party\rangle = \{\forall p \in P_A \to \mathbb{C}\langle p\rangle\} \tag{6.8}$$

（3）资产合约（表示为 $\mathbb{C}\langle asset\rangle$），包括资产属性结构，以及资产转移和所有权管理的一些方法。资产合约是一个包含所有资产子合约的合约集合，形式化表示为

$$\mathbb{C}\langle asset\rangle = \{\forall a \in A_A \to \mathbb{C}\langle a\rangle\} \tag{6.9}$$

TA-SPESC 对应生成的 Solidity 合约分为 3 部分，分别为参与方合约、资产合约以及主体合约，它们之间的合约类图对应关系如图 6.10 所示。

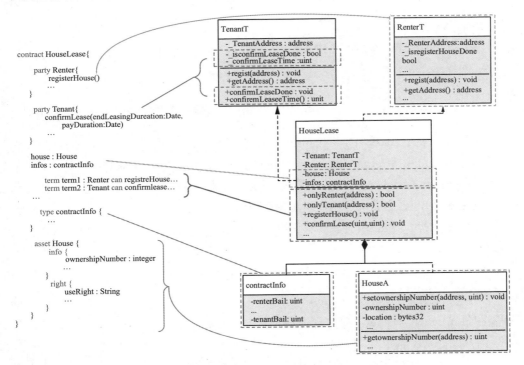

图 6.10　TA-SPESC 对应生成的各合约类图对应关系（见文前彩图）

对于参与方合约，其具体生成过程如图中蓝色线和绿色线所示。对应生成的参与方合约中包含参与方地址、人员的注册和查询方法。对于出租人 Renter 合约，还有对 registerHouse，transferHouse，checkHouse 3 个条款的记录；对于承租人 Tenant 合约，还有对 confirmLease 的条款记录。

对于资产合约，其具体生成过程如图中红色线所示。在 TA-SPESC 中，每个资产都会生成一个对应的资产合约。对应生成的地址合约中主要分为三部分：

- 资产属性的结构体：由 $info$ 和 $right$ 中的字段映射得到，作为其他资产方法操作的基本数据结构。
- 资产管理方法：涉及注册、查询、转移等资产管理方法，可根据缔约需求对这些资产管理方法进行自定义增加。
- 资产权属管理方法：涉及权属的获取和设定方法以及权属转移方法。

规则 2：对于每个在 TA-SPESC 中声明的 Asset，要生成一份 Solidity contract（资产合约）。同时，在 $\mathbb{C}\langle a\rangle$ 中生成一个结构体（用 $T\langle a\rangle$）、权属转移函数（用 $F\langle a\rangle$ 表示）和一些辅助函数（表示为 $A\langle a\rangle$）。

$$\mathbb{C}\langle a\rangle = \{T\langle a\rangle, F\langle a\rangle, A\langle a\rangle\} \tag{6.10}$$

它们的详细信息如下：

（1）$T\langle a\rangle$ 中包含表示合约资产的基本属性 $I\langle a.info\rangle$ 和权属信息 $R\langle a.right\rangle$ 的字段。表示 $asset\ a$ 的基本属性 $info$ 和所有权 $right$. 表示为

$$T\langle a\rangle = \{\forall info \in a, I\langle a.info\rangle, \forall right \in a, R\langle a.right\rangle\} \tag{6.11}$$

对于每一个在 Asset 中声明的 $a.info$，将会在 $T\langle a\rangle$ 中生成一个 $I\langle a.info\rangle$，例如，房屋的基本信息包括 $house.location$，$house.name$，$house.area$ 等信息。同时，对于每一个在 Asset 中声明的 $a.right$ 信息，除了生成相应的 $R\langle a.right\rangle$ 字段外（如使用权、收益权等），还生成一些对权属转移操作的接口函数。

（2）集合 $F\langle a\rangle$ 包含所有权转移函数 $F\langle a.right\rangle$，对应于 $asset\ a$ 的每个权属。表示如下：

$$F\langle a\rangle = \{\forall right \in a, f\langle a.right\rangle\} \tag{6.12}$$

（3）集合 $A\langle a\rangle$ 包含一些辅助函数 $f\langle a.aux\rangle$，用于查询资产，返回资产属性信息列表和权属信息，检查资产是否已添加到资产列表等操作。

$$A\langle a\rangle = \{\forall axu \in a, f\langle a.aux\rangle\} \tag{6.13}$$

规则 3：在 TA-SPESC 中，对于条款集合 $T\langle a\rangle$ 中的任意条款 t，都存在 $party\ p$ 声明的一个 $action$ 与之对应，用以操作 $t.transation$ 中的资产 a，因此将会在 $\mathbb{C}\langle a\rangle$ 中生成一个 $f\langle p.action\rangle$ 的函数。

$$\forall t \in T\langle a\rangle, \exists (p.action, a) \in t.transaction \Rightarrow f\langle p.action\rangle \to \mathbb{C}\langle a\rangle \tag{6.14}$$

例如，如图 6.7 中的条款 4（payRent）所示，承租人执行 *payRent* 动作中的 *withdraw* 资产转移操作来获取 *house* :: *useRight*。根据规则 3，相应的 *payRent_withdraw* 方法将会在资产合约 $\mathbb{C}\langle a \rangle$ 中生成。

规则 4：对于面向资产的 TA-SPESC 条款 *t*，有下面 5 条子规则。

规则 4.1：对于条款集合 $T\langle a \rangle$ 任意条款 *t*，都存在 *party p* 声明的一个 *action* 用以操作 *t.transation* 中的资产 *a*，这样，将会在函数 $f\langle p.action \rangle$ 中生成一个断言 $\epsilon \langle \#p.action = a.right \rangle$，用以确认操作的执行者 $\#p.action$ 是否拥有操作资产 *a* 的权限。

$$\forall t \in T\langle a \rangle, \exists (p.action, a) \in t.preCondition \\ \Rightarrow \epsilon[[\#p.action = a.right]] \to f\langle p.action \rangle \tag{6.15}$$

其中，符号"#"用来获取合约运行时的实际执行者，符号"ϵ"表示断言用以检测特定假设是否正确。

规则 4.2：对于条款集合 $T\langle a \rangle$ 任意条款 *t*，存在一个在 *t.preCondition* 中声明的 CDCA 类型的资产 *a*，将在 $\mathbb{C}\langle main \rangle$ 的 *t.action* 中生成断言，用以检测以下两个条件：①从 *t.transaction* 的调用者账户中交易的资产是否能够满足条款 *t* 的 *Deposit* 要求值；②$\mathbb{C}\langle main \rangle$ 中的账户余额是否大于等于条款 *t* 中 *Withdraw* 和 *Transfer* 要求值。

$$\forall t \in T\langle a \rangle, \exists a \in t.preCondition \wedge a \in CDCA \\ \Rightarrow \epsilon \left[\left[\begin{array}{l} \$^{(a)}t.transaction = \$^{(a)}t.Deposit \wedge \\ \$^{(a)}\mathbb{C}\langle main \rangle \geqslant \$^{(a)}t.Withdraw + \$^{(a)}t.Transfer \end{array}\right]\right] \\ \to g\langle t.action \rangle \tag{6.16}$$

规则 4.3：对于条款集合 $T\langle a \rangle$ 任意条款 *t*，存在一个在 *t.preCondition* 中声明的 RWA 类型的资产 *a*，将在 $\mathbb{C}\langle main \rangle$ 的 *t.action* 中生成断言，用以检测以下两个条件：①通过调用 *searchChain()* 来对资产地址进行检测，以确定资产是否已注册上链；②交易的执行者 $\#t.transaction$ 是否拥有操作资产 *a* 的权限。

$$\forall t \in T\langle a \rangle, \exists a \in t.preCondition \wedge a \in RWA \\ \Rightarrow \epsilon[[searchChain(a.address) = true \wedge \\ \#t.transaction = a.right]] \to g\langle t.action \rangle \tag{6.17}$$

规则 4.4：对于条款集合 $T\langle a \rangle$ 任意条款 *t*，存在一个在 *t.Withdraw* 中声明的资产 *a*，以及由交易 *t.transaction* 确定的参与者 *p*，将在 $g\langle t.action \rangle$ 中生成一个

$transfer(\$^{(a)}\mathbb{C}\langle main\rangle, \$^{(a)}t.Withdraw, \$^{(a)}\mathbb{C}\langle p\rangle)$ 函数，用来将合约账户中的 $\$^{(a)}t.Withdraw$ 的资金取出到执行者账户。

$$\forall t \in T\langle a\rangle, \exists (a,s) \in t.Withdraw \wedge p \in t.transaction$$
$$\Rightarrow transfer\begin{pmatrix}\$^{(a)}\mathbb{C}\langle main\rangle, \\ \$^{(a)}t.Withdraw, \\ \$^{(a)}\mathbb{C}\langle p\rangle\end{pmatrix} \rightarrow g\langle t.action\rangle \tag{6.18}$$

其中，函数 $transfer\langle x,y,z\rangle$ 表示将资产 y 从合约账户的可用余额 x 转移到指定账户 z 的操作。

规则 4.5：对于条款集合 $T\langle a\rangle$ 任意条款 t，存在一个在 $t.Transfer$ 中声明的资产 a 和一个目标地址 s，以及一个由交易 $t.transaction$ 确定的参与者 p，将在 $g\langle t.action\rangle$ 中生成一个 $transfer(\$^{(a)}\mathbb{C}\langle p\rangle, \$^{(a)}t.Transfer, \$^{(a)}\mathbb{C}\langle s\rangle)$ 函数，用来将合约账户中的 $\$^{(a)}t.Transfer$ 的资金转移到目标账户。

$$\forall t \in T\langle a\rangle, \exists (a,s) \in t.Transfer \wedge p \in t.transaction$$
$$\Rightarrow transfer\begin{pmatrix}\$^{(a)}\mathbb{C}\langle p\rangle, \\ \$^{(a)}t.Transfer, \\ \$^{(a)}\mathbb{C}\langle s\rangle\end{pmatrix} \rightarrow g\langle t.action\rangle \tag{6.19}$$

为了验证上述 TA-SPESC 模型中资产转移与权属变更语法规范的完整性与完备性，如表 6.3 所示，给出了资产表示、资产转移与权属变更的形式化表示，并可由上述形式化表示将 TA-SPESC 模型转化为目标智能合约平台的可执行代码。在表 6.3 中给出了形式化表示的 13 种符号及其说明，以及 4 类形式化规则和规则分解的 13 条子规则，并以此为基础对 TA-SPESC 模型予以形式化分析。

6.3.4 代码生成示例

本节以房屋租赁合约中的条款 4 为例，详细介绍上面规则的实施过程。如图 6.11 所示，图 6.11（a）为 TA-SPESC 语言表述的条款，图 6.11（b）为该条款生成的 Solidity 目标语言代码。下面将对图 6.11 中的具体生成过程进行介绍。

根据图 6.11（a）中第一行承租人 Tenant 所声明的动作名 payRent() 在图 6.11（b）中生成相同方法名，同时，根据图 6.11（a）中含有的资产转移语句（涉及 $deposit$, $withdraw$, $transfer$ 3 种资产转移操作的 while 语句），为前述生成的方法添加 payable 关键词，表明该方法可以存入、取回或转移资产。

根据图 6.11（a）中第一行对承租人 Tenant 的限定，生成当事人检测语句 $require$（$Tenant.contains(msg.sender)$）。

表 6.3　TA-SPESC 模型中资产转移与权属变更形式化表示

	子项	规则表示/符号说明
规则 1	rule 1	$\mathbb{C}=(\mathbb{C}\langle main\rangle, \mathbb{C}\langle party\rangle, \mathbb{C}\langle asset\rangle)$
	rule 1.1	$\mathbb{C}\langle main\rangle=\{\forall t\in T_A \to g\langle t.action\rangle\}$
	rule 1.2	$\mathbb{C}\langle party\rangle=\{\forall p\in P_A \to \mathbb{C}\langle p\rangle\}$
	rule 1.3	$\mathbb{C}\langle asset\rangle=\{\forall a\in A_A \to \mathbb{C}\langle a\rangle\}$
规则 2	rule 2	$\mathbb{C}\langle a\rangle=\{T\langle a\rangle, F\langle a\rangle, A\langle a\rangle\}$
	rule 2.1	$T\langle a\rangle=\{\forall info\in a, I\langle a.info\rangle, \forall right\in a, R\langle a.right\rangle\}$
	rule 2.2	$F\langle a\rangle=\{\forall right\in a, f\langle a.right\rangle\}$
	rule 2.3	$A\langle a\rangle=\{\forall aux\in a, f\langle a.aux\rangle\}$
规则 3	rule 3	$\forall t\in T\langle a\rangle, \exists (p.action, a)\in t.transaction$ $\Rightarrow f\langle p.action\rangle \to \mathbb{C}\langle a\rangle$
规则 4	rule 4.1	$\forall t\in T\langle a\rangle, \exists (p.action, a)\in t.preCondition$ $\Rightarrow \varepsilon[[\# p.action = a.right]] \to f\langle p.action\rangle$
	rule 4.2	$\forall t\in T\langle a\rangle, \exists a\in t.preCondition \wedge a\in CDCA$ $\Rightarrow \varepsilon\left[\begin{array}{l} \$^{(a)}t.transaction = \$^{(a)}t.Deposit \wedge \\ \$^{(a)}\mathbb{C}\langle main\rangle \geq \$^{(a)}t.Withdraw + \$^{(a)}t.Transfer \end{array}\right] \to g\langle t.action\rangle$
	rule 4.3	$\forall t\in T\langle a\rangle, \exists a\in t.preCondition \wedge a\in RWA$ $\Rightarrow \varepsilon\left[\begin{array}{l} searchChain(a.address) = true \wedge \\ \#t.transaction = a.right \end{array}\right] \to g\langle t.action\rangle$
	rule 4.4	$\forall t\in T\langle a\rangle, \exists a\in t.Withdraw \wedge p\in t.transaction$ $\Rightarrow transafer\left(\$^{(a)}\mathbb{C}\langle main\rangle, \$^{(a)}t.Withdraw, \$^{(a)}\mathbb{C}\langle p\rangle\right) \to g\langle t.action\rangle$
	rule 4.5	$\forall t\in T\langle a\rangle, \exists (a,s)\in t.Transfer \wedge p\in t.transaction$ $\Rightarrow transafer\left(\$^{(a)}\mathbb{C}\langle p\rangle, \$^{(a)}t.Transfer, \$^{(a)}\mathbb{C}\langle s\rangle\right) \to g\langle t.action\rangle$

根据图 6.11（a）中的 when 前置条件语句所包含的承租人执行支付租金 *payRent*() 动作的时间条件，以及 while 伴随条件语句所包含的 *deposit* 语句，生成两条 *require* 执行要求，用以验证用户的输入和状态条件是否满足要求。

根据图 6.11（a）中的 where 后置条件语句（支付时间需为当前支付时间加上支付周期以及租金总额需为每次租金的累加和），生成两条执行语句记录支付时间及租金总额，并生成对前述两个变量值进行检测的 assert 断言。

根据 while 资产转移中的 withdraw 语句，生成 *house.setuseRight*（*msg.sender,Renter.getAddress*()）执行语句，其中包含实现房屋使用权利转移的 *setuseRight*() 方法。

值得注意的是，除了资产的注册、注销操作是在租赁房屋主体合约中自动生成外，其他对资产操作的方法，如前述 *setuseRight*() 方法均是在资产合约中自动生成。此外，如图 6.11 所示，针对资产的注册、注销操作，系统根据定义在资产结构中的权利，生成相应的 Solidity 修饰器 modifier，约束资产注册、注销方法的调用者，同时在资产注册、注销函数内检查每个权利，如出租人只有通过权属检查才能执行注册房屋资产的方法。

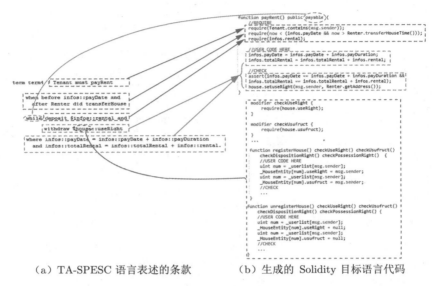

(a) TA-SPESC 语言表述的条款　　(b) 生成的 Solidity 目标语言代码

图 6.11　个人租赁房屋合约条款 4 对应关系

6.4　个人房屋租赁合约的部署运行

本实验中区块链采用以太坊平台，虚拟机采用 Windows7 系统，以太坊 Geth 客户端版本为 1.7.0-stable。在实验中共部署两个节点，分别是出租人节点 R 和承租人节点 T，并分别拥有 100eth。

6.4.1　编译环境

经过 SPESC 语言生成的 Solidity 智能合约通过以太坊的 Remix 编译器进行实验测试。Remix 是一个开源的 Solidity 智能合约开发环境，提供基本的编译、部署至本地或测试网络、执行合约等功能。

6.4.2　合约测试

合约测试流程如下：

- 步骤 1：节点 R 部署合约，并输入账户地址、姓名、押金 5eth、租赁房屋每月租金 2eth、出租时间。此时，合约中的出租人由 R 注册，同时合约对 R 进行身份验证。
- 步骤 2：节点 R 通过调用 registerHouse() 对要进行租赁的房屋资产进行注册。由出租人 R 手动输入该房屋实物资产的属性，比如，房屋位置、每月租金、房屋面积等房屋信息，同时 R 向合约押金池中存入 5eth 押金。
- 步骤 3：合约中的承租人由节点 T 调用 confirmLease() 确认租赁并通过向合约中输入承租者账户地址、姓名等信息进行注册，并且向合约押金池中存入 5eth 押金。为了便于测试，原合约有效期应为当前时间加 6 个月，但测试中合约有效期设置为 600 秒，同时合约对 T 进行身份验证。注意，此时押金池中有分别来自出租人 R 和承租人 T 的 10eth 押金。
- 步骤 4：节点 R 调用 transferHouse() 转移房屋,该房屋资产中的使用权 (useRight) 的用户地址由节点 R 的账户地址变为节点 T 的账户地址，同时资产状态中的 isRented(是否已出租) 由 false 变为 true，表明该房屋不可进行转租操作。
- 步骤 5：节点 T 调用 payRent() 支付租金,将节点 T 账户中的 2eth 租金/月存入合约中，并被合约锁定，多于或少于该月租金合约都将报错。资产状态中的 isPayed(是否已支付) 由 false 变为 true。
- 步骤 6：节点 R 调用 collectRent() 收取房租，账户资金变为 97eth。
- 步骤 7：合约到期后，节点 T 执行 returnHouse() 将房屋资产归还给资产所有者节点 R，即房屋资产中 useRight 的用户地址由节点 R 的账户地址变为节点 H 的账户地址。
- 步骤 8：节点 R 收回房屋后，调用 checkHouse() 对房屋进行检查。如果检查通过，则资产状态中的 ischecked(是否已检查) 由 false 变为 true，此时，押金池解冻，节点 R、节点 T 可以收回押金。
- 步骤 9：节点 R 调用 collectBail() 取回押金。
- 步骤 10：节点 T 调用 collectBail() 取回押金，此时押金池资金为 0，节点 R 账户资金为 102eth，节点 T 账户资金为 98eth。资产状态参数 isPayed，isRented，ischecked 恢复默认值 false，且资产的使用权 useRight 绑定的地址恢复为节点 R 的账户地址。

6.4.3　实验结果与分析

实际执行情况见表 6.4。参与方为合约测试的两个区块链节点，操作为 6.4.2 节中的每个步骤，参数表示在执行该操作时缔约方设置的以太币和执行时间，资产指向地址一列表示每次执行该操作后房屋资产的使用权指向的地址。资产状态中，针对房屋租赁的交易过程，设置了 3 个状态变量 isPayed，isRented，isChecked 表示资产状

表 6.4 合约测试运行情况

参与方	操作	参数	资产指向地址	资产状态			账户余额（eth）	交易消耗 gas
				isPayed	isRented	isChecked		
出租人 R	部署（初始化）	押金:5eth 时间:600s 租金:2eth	0x147⋯C160C	flase	false	false	99.9⋯8341632	1658368
出租人 R	房屋注册	存入: 5eth	0x147⋯C160C	false	false	false	94.9⋯8249626	92006
承租人 T	确认租赁	存入: 5eth	0x147⋯C160C	true	true	false	94.9⋯993127	68730
出租人 R	房屋转移	—	0x4B0⋯4D2dB	true	true	false	94.9⋯8218779	30847
承租人 T	支付租金	存入: 2eth	0x4B0⋯4D2dB	true	true	false	92.9⋯9882196	49074
出租人 R	收取房租	收取: 2eth	0x4B0⋯4D2dB	true	true	false	96.9⋯8187312	31467
承租人 T	房屋归还	—	0x147⋯C160C	true	false	true	92.9⋯9851393	30803
出租人 R	房屋检查	—	0x147⋯C160C	true	false	false	96.9⋯8159031	28281
出租人 R	收取押金	收取: 5eth	0x147⋯C160C	false	false	false	101.9⋯8127516	31515
承租人 T	收取押金	收取: 5eth	0x147⋯C160C	false	false	false	97.9⋯9819898	31495

态的布尔量，账户余额表示每次操作后节点账户的剩余以太币（因为数字较长，用省略号来代表 10 个数字 9），交易消耗 gas 即为执行该操作消耗的 gas 记录。

经过实际运行测试，测试结果与上述流程中预测的函数执行情况、合约状态相符，验证了本章所提方案的有效性。实现了实时跟踪资产在合约执行过程中的权属关系变更并进行资产状态记录，同时保证面向资产的 TA-SPESC 高级智能合约语言在资产表述层面和法律层面的适用性、实用性和可表达性。整个资产交易过程公开、公正、透明，且其资产权益可追溯。

6.5 小　　结

本章在 SPESC 的研究工作上，提出了一种面向资产的智能合约语言表述方案，在保证 SPESC 易于学习和理解、便于跨学科合作的基础上，扩大了智能合约应用场景。但在合约语言中的权属关系细粒度划分、条款的违约处理等方面还有待完善。

参 考 文 献

[1] SZABO N. Smart contracts in essays on smart contracts, commercial controls and security[J]. URL: http://www. fon. hum. uva. nl/rob/Courses/InformationIn-Speech/CDROM/ Literature/LOTwinterschool2006/szabo. best. vwh. net/smart. contracts. html, 2019.

[2] VON WRIGHT G H. Deontic logic[J]. Mind, 1951, 60(237): 1-15.

[3] LEE R M. A logic model for electronic contracting[J]. Decision Support Systems, 1988, 4(1): 27-44.

[4] FRANTZ C K, NOWOSTAWSKI M. From institutions to code: Towards automated generation of smart contracts[C]//2016 IEEE 1st International Workshops on Foundations and Applications of Self* Systems (FAS* W). IEEE, 2016: 210-215.

[5] CRAWFORD S E, OSTROM E. A grammar of institutions[J]. American Political Science Review, 1995: 582-600.

[6] REGNATH E, STEINHORST S. Smaconat: Smart contracts in natural language[C]//2018 Forum on Specification & Design Languages (FDL). IEEE, 2018: 5-16.

[7] HE X, QIN B, ZHU Y, et al. Spesc: A specification language for smart contracts[C]//2018 IEEE 42nd Annual computer software and applications conference (COMPSAC). IEEE, 2018: 132-137.

[8] 王璞巍, 杨航天, 孟佶, 等. 面向合同的智能合约的形式化定义及参考实现 [J]. 软件学报, 2019, 30(9): 44-55.

[9] GOODCHILD A, HERRING C, MILOSEVIC Z. Business contracts for b2b.[J]. ISDO, 2000, 30.

[10] GROSOF B N, LABROU Y, CHAN H Y. A declarative approach to business rules in contracts: courteous logic programs in xml[C]//Proceedings of the 1st ACM Conference on Electronic Commerce. 1999: 68-77.

[11] GOVERNATORI G. Representing business contracts in ruleml[J]. International Journal of Cooperative Information Systems, 2005, 14(02n03): 181-216.

[12] PRISACARIU C, SCHNEIDER G. A formal language for electronic contracts[C]// International Conference on Formal Methods for Open Object-Based Distributed Systems. Springer, 2007: 174-189.

[13] FARMER W M, HU Q. A formal language for writing contracts[C]//2016 IEEE 17th International Conference on Information Reuse and Integration (IRI). IEEE, 2016: 134-141.

[14] KOSBA A, MILLER A, SHI E, et al. Hawk: The blockchain model of cryptography and privacy-preserving smart contracts[C]//2016 IEEE Symposium on Security and Privacy (SP). IEEE, 2016: 839-858.

[15] SCHRANS F, EISENBACH S, DROSSOPOULOU S. Writing safe smart contracts in flint[C]// Conference Companion of the 2nd International Conference on Art, Science, and Engineering of Programming. 2018: 218-219.

[16] KASAMPALIS T, GUTH D, MOORE B, et al. Iele: An intermediate-level blockchain language designed and implemented using formal semantics[R]. 2018.

[17] SERGEY I, KUMAR A, HOBOR A. Scilla: A smart contract intermediate-level language[J]. arXiv preprint arXiv:1801.00687, 2018.

第 7 章 现用现付的智能服务合约

> **摘要**
>
> 随着商业化需求的日益增长，作为软件交付主流技术的软件即服务（SaaS）也面临着软件服务法律化与金融化的挑战，特别是在软件服务交易过程中服务提供方、消费方、交易平台之间难以通过法律形式规范三方权利义务关系，也无法通过金融手段实现按劳分配的交易支付模式。因此，本章将智能法律合约引入服务计算环境中，提出服务即合约（SaaSC）架构。在法律化方面，使用智能法律合约语言实现合同意思表示，通过智能法律合约条款约束各方当事人在服务注册、发现与消费三阶段的交互行为；在金融化方面，将服务接口声明添加到智能法律合约中，借助智能合约自动执行条款检查，实现细化到服务接口调用级别的精准计费模式。最后，以天气预报服务作为实验案例，验证了 SaaS+SaaSC 架构的可行性，实现了基于智能法律合约的在线软件服务获取与交付及合约化支付，为基于智能法律合约的软件服务法律化和金融化提供一种新技术路线。

7.1 引　言

软件即服务（software as a service, SaaS）是一种通过互联网提供软件功能以满足客户"按需即用"需求的新型软件交付和支付模式。传统的软件服务交易大多采用基于法律合同的一次性支付方式，但 SaaS 作为整体进行交付，收价与实际的服务数量与质量无关，服务过程中当事人履行各自权利与义务的行为需要人为进行判定，无法与合同条款绑定，产生的违约后果由律师来判定，导致合同纠纷消耗大量人工成本[1]。这种需要人工参与和一次性支付模式难以适应现代服务业自动化执行与监管的要求。

7.1.1 研究动机

软件即服务作为新一代云计算服务架构，旨在帮助企业通过互联网交付应用程序并交由第三方云供应商进行管理，已成为软件服务领域当前热点之一[2]。随着云计算和 SaaS 架构的不断发展和普及，软件服务的交易模式也发展出了更加细化的付费方式：SaaS 按照租期和服务能力（如云虚拟机数目、计算性能、网络带宽）进行定期支付。然而，这种交易方式不存在可信第三方对服务过程进行记录或存证，服务记录缺乏法律效力；用户对服务争议的取证困难；违约后果依然由律师来判定。这些不足无疑限制了 SaaS 架构的进一步商业应用。

借鉴现代服务业管理模式，着眼于软件服务的商业运营，软件服务商业化需要以下两方面的支持：

（1）软件服务法律化：通过法律合同等手段保证软件服务交易合法合规，公平合理地保障各方权益。

（2）软件服务金融化：软件服务作为一种有价值的商品或资产，在市场经济下应通过金融手段实现按劳分配的交易支付模式。

为了推进软件服务化持续健康发展，在技术上推动法律化和金融化的软件服务势在必行。技术上以服务数量与质量为基础，以按劳分配、多劳多得、公平公正为交易原则，建立服务存证和监管机制，依法平等保护软件服务消费者合法权益。鉴于此，本章将重点解决软件服务交易以下两方面问题：

（1）基于智能合约的服务注册与发现问题：现有云服务架构下，软件服务提供方向平台注册的过程虽然提供了服务接口声明，但该接口声明不体现当事人法律义务或责任（在某种条件下有责任执行某动作，如在当事人请求下获取天气预报，或在恶劣天气到来前提供预警），并且服务发现的过程也需按照消费方的要求对已注册软件服务进行推荐。

（2）软件服务的合约化交易问题：在目前的互联网环境下，消费方按次或按量付费使用软件服务的需求应得到满足，同时软件服务按照合约条款规定进行服务交易应提供可信存证的支持。

7.1.2 研究路线

针对上述问题，本章提出一种新型软件服务架构，即现用现付的智能服务合约（service as a smart contract, SaaSC），它是 SaaS 的一种商业化扩展，即以智能合约代码和平台为基础，通过互联网交易合约形式交付和支付软件服务。这里，智能合约是个宽泛的计算机技术，它既包括部署在区块链上、在满足预定条件时可自动执行并存证的计算机程序，也包括支持智能合约可执行程序开发、生成、部署、运行、验证的信息网络系统。交易合约则是法律上的概念，是指两方或多方当事人为完成某件事而共同遵循的约定，从而建立某种对当事人具有约束力的权利义务关系。例如，约定未来某个时间以一定金额支付某种软件服务的费用。这种交易合约形式为软件服务提供了金融化基础[3]和法律化保障[4]，进而智能合约系统能够为计算机实施交易合约提供技术保障。

基于区块链的智能法律合约是当前 SaaSC 的主要候选技术之一，也是设计并开发具有法律效力智能合约的核心技术。智能法律合约是一种含有合同构成要素、涵盖合同缔约方依据要约和承诺达成履行约定的计算机程序[5]，它为法律合同文本和智能合约代码建立了转化的桥梁，进而保证开放网络环境下服务合同的公平协商与服务交易的证据记录。

本章将智能法律合约与当前服务计算领域流行的微服务架构[6]结合，基于 ANTLR 与 Java ASM 框架实现智能法律合约的语言编译和运行时合约条款检查功能。同时利用微服务架构在开发效率和维护成本方面的便利性[7]，使用 Spring Cloud 框架下的 Spring Boot 微服务模拟软件服务提供方。由于微服务相互之间可以通过统一化的 RESTful 接口传递服务数据，本章将服务接口对所提供功能的统一声明作为服务承诺添加到合约中。智能法律合约通过条款规范控制服务调用行为和自动计费存证，从而降低业务违规风险。另外，由于微服务实例通过注册接口汇聚信息到服务交易平台供消费方发现与选择，本章采用 Spring Cloud 框架中的 Eureka 注册中心模拟服务交易平台的功能。

首先，针对目前 SaaS 架构难以依据现有法律合同规范当事人权利义务关系的问题，本章首先提出了 SaaSC 的系统架构，将智能合约技术引入服务注册、服务发现、服务消费三阶段中，实现了软件服务过程的法律化。

其次，实现了在服务注册与发布过程中的服务接口合约化，通过分析服务注册过程的动作交互与状态转移，建立了服务通用接口到合约条款描述的映射关系，为服务注册交互行为的合约化提供了规范化方法。

再次，实现了在服务发现与消费过程中的消费需求合约化与计费合约化，通过分析服务发现三级缓存机制和服务匹配方法，在智能法律合约中设计了发现条款以对服务发现的请求和响应进行约定，服务交易行为通过智能合约记录到区块链系统，从法律上为消费方合法获取软件服务权益提供了保障。

最后，通过实验对上述技术进行了验证，结果表明 SaaSC 架构实现软件服务注册、发现、消费全流程的合理性，同时不会引起系统性能产生数量级上的负担，从而为软件服务的法律化和金融化提供了可行的技术路线。

7.2 相关工作

近些年不断有学者探索智能合约与服务计算研究的结合点。例如，Nayak 等[8]将智能合约应用于云计算数据中心的租户管理，基于联盟链构建智能合约应用，提供身份管理、认证、授权与充值功能。

Molina-Jimenez 等[9]尝试将智能合约作为结合分布式区块链应用和中心化服务应用的解决方案,通过结合链上链下的混合模型实现基于智能合约的服务与服务质量评价。文中还提出了一种公理化验证的解决方案,并结合使用以太坊区块链网络和链下合约检查工具,以证实解决方案的有效性。

针对链上链下相结合的混合架构,Ellul 等[10]也提出了一种结合去中心化区块链智能合约和中心化本地组件的分布式应用系统框架,从一套代码发生器中产生链上和链下代码。有利于平衡链下服务的效率与链上合约的稳定性。

Tonelli[11]将微服务的概念迁移到智能合约程序中,使用 Solidity 语言编写患者看病挂号与医生诊断需求案例。论文中为每一个微服务都以库文件形式撰写一个智能合约,然后通过一个 RESTful 风格接口的智能合约调用库文件中的内容。论文借鉴微服务的思想编写 RESTful 风格接口的 Solidity 合约,区块链看作网关,证实了在智能合约系统中实施基于微服务的框架并提供相同功能与结果的可行性。

总之,微服务与智能合约虽然同样采用了分布式应用架构,但微服务更倾向于使用企业内部的技术架构模式,区块链智能合约则更多地体现在跨企业间合作革新的架构模式。智能合约结合服务计算的研究目前仍处于理论阶段,大部分停留于案例层面,尚缺乏获得广泛认同的架构模型和工业规模化的产业应用。

7.3 系统框架

7.3.1 系统目标

本章的目标是设计面向软件服务的 SaaSC 架构,将智能法律合约应用于服务计算环境。该架构设计针对 7.1.1 节中两个主要问题所提出的解决方案包括:

(1)基于智能合约的服务注册与发现:使用智能法律合约对服务注册与发现过程进行合同意义上的封装。服务提供方提交接口注册信息的同时将服务接口承诺写入智能法律合约,继而采用合约条款对服务接口宣称进行约定与检查。消费方可根据实际需求检索服务承诺,通过平台签署智能法律合约以获取所需的软件服务。

(2)软件服务的合约化交易:在 SaaSC 架构下依据智能法律合约的判定结果提供服务和支付服务费。服务提供方依据合约条款的规定提供服务,服务消费方依据合约条款获取服务进而消费服务,触发智能合约完成转账功能。

SaaSC 框架借助区块链智能法律合约在法律化和自动化交易方面的独特优势,将合同映射为智能法律合约,旨在解决上述系统目标中的关键挑战问题,从而形成一种基于 SaaSC 的新型服务计算架构模型。

7.3.2 系统架构

如图 7.1 所示，SaaSC 系统的 4 个实体描述如下：

- 服务消费方（Consumer）：指为实现自身需求、以有偿方式使用在线软件服务的一方，在合同范本中简称甲方。
- 服务提供方（Provider）：指为满足消费方需求，通过平台提供在线软件服务的一方，在合同范本中简称乙方。
- 服务交易平台（Platform）：指能支持服务提供方和消费方进行合约化服务交易的在线共享区域，在合同范本中简称丙方。
- 区块链平台（Blockchain）：指采用密码手段保障、只可追加、链式结构组织的分布式账本系统，用以实现去中心化服务交易的完整性、不可否认性、可追溯性[12]等安全目标。

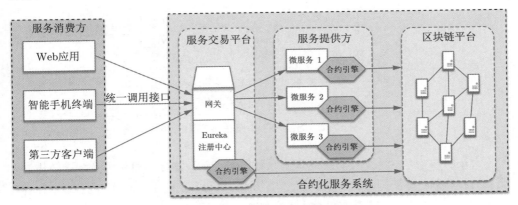

图 7.1　SaaSC 系统架构示意图

在图 7.1 中，服务提供方与服务消费方通过合约平台签订智能法律合约，进而产生服务消费活动。消费活动的发起方载体表现多样，可以通过 Web 应用、智能手机终端、第三方客户端等多种方式访问平台提供的统一网关接口。合约引擎负责执行符合法律要求的智能合约程序，将合约代码和中间状态以区块链交易的格式（见表 7.1）与区块链进行交互。

7.3.3 系统实体关系

基于上述对系统实体的描述，本章将主要研究基于智能合约的服务注册与发布、服务发现与推荐、服务请求与绑定 3 个阶段。为了清晰地展示这 3 个阶段，图 7.2 所示为主要实体间的交互关系：

（1）服务注册与发布：服务将自身模块信息向交易平台宣称，平台根据约定推广服务的过程，称为服务注册与发布。具体方法描述见 7.4 节。

（2）服务发现与推荐：消费方通过平台获取提供方可用服务列表的过程，称为服务发现，平台是联系服务提供方与消费方的桥梁。具体方法描述见 7.5 节。服务推荐是将多家服务整合，根据评价指标给出评估结果排名，作为消费者的选择依据。服务推荐使用现有推荐算法[13]，故在本章中不作为重点内容。

（3）服务请求与绑定：消费方请求所选择服务授权，获得服务资源的交互过程，称为服务请求与绑定，具体方法描述在 7.5 节。

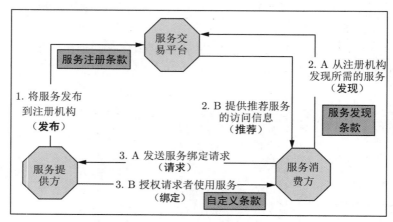

图 7.2 SaaSC 系统主要实体关系

上述阶段中，智能法律合约将作为设计开发工具，由合约引擎负责翻译转化为智能合约程序后，部署到区块链系统执行与存证。面向"服务订阅合同"的智能法律合约将采用 3 个条款分别规范服务消费方、提供方、交易平台三方之间的交互行为与结果：

（1）服务注册条款：条款规定服务提供方作为委托方，向服务交易平台发送服务注册请求，服务交易平台有义务发布服务提供方提交注册的服务。

（2）服务发现条款：条款规定服务消费方可向服务交易平台提交发现请求，服务交易平台有义务向消费方提供服务列表。

（3）自定义条款：服务提供方和服务消费方可依据协商一致的原则自行定义各方的权利义务。

7.4 服务注册与发布

本节将对合约化的服务注册与发布过程进行描述。上述过程采用智能法律合约 SPESC 语言作为服务合约化工具，该语言规范的语法描述见表 3.1，其构成要素包括合约名称、当事人描述、标的、合约条款、附加信息、合约订立等，其中，合约条款包括一般条款、违约条款、仲裁条款等。同时，智能法律合约编写过程中涉及权利和义务、资产操作、表达式、时间表示等语法规范[14]。下文将采用该语法模型对服务进行合约化描述。

7.4.1 合约当事人声明

在合同中首先会记录提供服务的负责人信息，服务实体作为合同当事人，对应智能法律合约的合约参与者（party）。在 SPESC 语言描述的智能法律合约中，合约当事人的属性采用键值对描述。

如图 7.3 所示例子，每个当事人拥有账户和身份证明两个属性。其中服务提供方提供合同模板，已在其中添加属性值；其余当事人在合同协商过程中动态填入属性值。当事人还可以拥有其他属性，如可操作的动作等，在下文中将通过合约条款的方式进行声明。

```
party Consumer{
    account : _____
    certificate ID: _____
party Provider{
    account : 0x1uWDvekrPw……A16pfAnBLY9U
    certificate ID: 915780435……65079254}
party Platform{
    account : _____
    certificate ID: _____
```

图 7.3　合约当事人描述

微服务（Service App）、当事人（Party）与智能合约（Smart Contract）的 UML 关联关系如图 7.4 所示。其中，实体类（InstanceInfo）表示运行该微服务的实例信息，微服务与其实例信息为组合关系；Party 表示合约当事人，继承自区块链账户实体类（Blockchain Account）；智能合约（Smart Contract）的具体类继承自合约范本抽象类（Contract Pattern）。

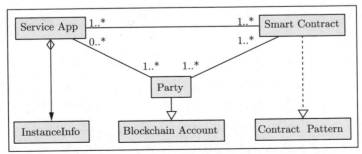

图 7.4　微服务、当事人与智能合约的 UML 关联关系

微服务与智能合约、当事人与智能合约之间均为多对多关系。当事人可作为提供方负责零或多个微服务，故当事人对应微服务为零到多关系；一个微服务拥有至少一个当事人作为提供方，故微服务对应当事人为一到多关系。与区块链中匿名的矿工账户不同，合约当事人对应的区块链账户属于实名账户范畴[15]，并由该账户所属管理节点保障账户隐私数据安全。

7.4.2 服务注册交互与状态转移

服务注册是服务提供方与平台的交互过程，服务提供方将所提供的服务信息作为请求发送给服务交易平台的服务注册接口，服务交易平台经审核后发布服务。服务注册过程隐含的权利义务关系是指服务提供方将服务授权给服务平台，委托其进行推广销售。

注册中心的任务是通过交互动作维护微服务实例的注册信息，动作按发起方的不同可分为"微服务主动发起"和"注册中心自行发起"两大类。微服务可以主动发起四种动作，如图 7.5 所示，分别是注册（Register）、心跳连接（Renew）、状态更新（StatusUpdate）、取消（Cancel），这 4 种交互动作以 HTTP 报文格式进行封装。

注册中心可以自行发起两种动作，分别是心跳续约超时（Expire）和定期清理（Evict）。在原有的 Eureka 模块中，注册中心还记录着微服务的四种状态，包括服务启动（Starting）、服务上线（Up）、异常掉线（Out-Of-Service）、服务下线（Down）。如图 7.6 (a) 所示，结合 6 种交互动作和 4 种微服务状态，对服务状态转移流程描述如下：

（1）当注册中心第一次收到微服务注册请求时，将状态置为服务启动。如果通过审核成功，则将服务信息加入服务列表中，状态更新为服务上线状态。

（2）上线状态的微服务到达下一状态有 3 种可能，分别为维持上线状态、进入异常掉线状态和进入服务下线状态。为了维持上线状态，微服务需要定期向平台发送心跳连接以证实自身状态，未及时发送心跳连接的微服务将触发平台执行续约超时动作，被标记为异常掉线状态。微服务也可以主动结束生命周期，通过发送取消动作请求进入下线状态。

（3）平台按固定周期（默认 60s）定期清理心跳超时的服务。清理周期设置一个较大的值以防止出现因注册中心网络中断而导致微服务误下线的情况，这属于注册中心的自我保护机制。被清理后的微服务进入下线状态，被动结束服务生命周期。

图 7.6 (b) 描述了合约化后新的服务状态转移关系。相比图 7.6 (a) 原状态机，服务启动过程需要提供相应的服务注册合约条款信息，服务心跳超时会触发异常处理而

第 7 章 现用现付的智能服务合约

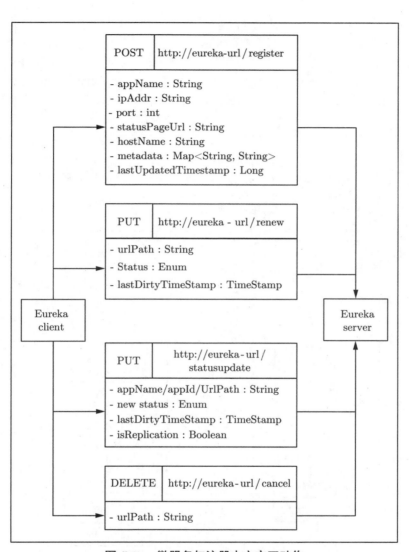

图 7.5 微服务与注册中心交互动作

不是直接进入服务异常状态。合约签署确认成功生成合约实例后，将进入合约化服务状态。合约的业务逻辑是对 SPESC 合约条款中条件的具体表示，合约函数执行过程包括检查前置条件、执行伴随动作和检查后置条件。根据合约交易的原子性（all or nothing）原则，只有当前置条件、动作执行和后置条件都满足后，合约状态才会产生更新。

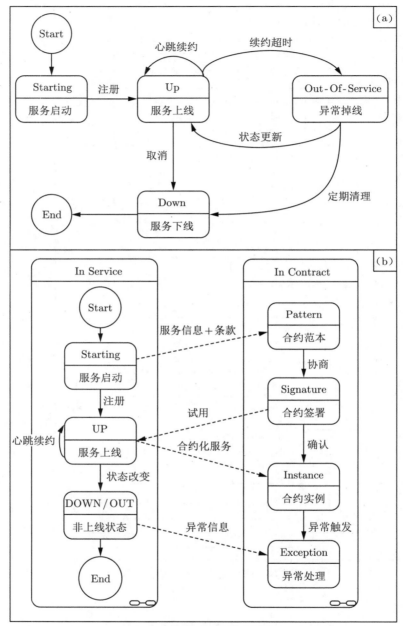

图 7.6 微服务注册状态转移图

(a) 原有 Eureka 注册中心状态转移; (b) 合约化注册状态转移

7.4.3 服务接口合约化

亨德里克森在《会计理论》[16] 一书中认为，用于购买服务的支出形成无形资产。基于将 SPESC 合约中的软件服务承诺看作无形资产的前提假设，SPESC 定义中的服务描述结构体继承于合约资产关键字（Asset）。服务接口与智能法律合约中的服务声明对应如图 7.7 所示，服务接口采用当前主流编程语言 Java 编写，智能法律合约中的服务接口声明可由文档生成工具提取转化必要属性，如提供服务的实例地址与服务名（Instances）、服务所接收的路径（Paths）、各个路径下接口所需的参数名（Parameters）、动作类型（Methods）、返回状态码（Responses）、补充描述（Description）等。接口的声明形式参照 OpenAPI 3.0 标准[17] 实施。

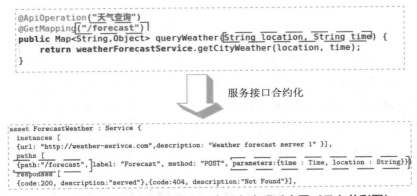

图 7.7　服务接口与智能法律合约中服务声明对应图（见文前彩图）

合约当事人依据对服务接口的实际要求，可以自行协商添加原本服务接口描述中所没有的权属（Rights）和必要的计费字段（Price）等，生成的服务接口完整描述样例如图 7.7 所示，对注册服务接口和天气预报服务接口进行了合约化描述。服务请求中添加接口描述的合约模板后一并发送给注册中心，进而推广给服务消费方。

7.4.4 服务注册发布合约条款

甲方服务提供方的注册过程在合同层面应该作为向丙方平台发起委托请求的过程。甲方与丙方之间服务注册发布过程的权利与义务关系使用如图 7.8 所示的条款规定，分为两个子条款予以实施。子条款 no1_1 规定了服务注册请求由甲方提交，其中所含的服务注册信息如图 7.5 中 POST 报文所示，包括服务名、服务地址端口、状态检查地址以及被添加在自定义信息（metadata）字段中的合约模板。子条款 no1_2 规定丙方实施注册动作的义务，包括：

- when 语句：指示前置条件，用于检查甲方服务信息是否已经提交。

- while 语句：指示伴随动作，用于为丙方添加服务的使用权，以保证平台对服务功能进行测试的权利。
- where 语句：指示后置条件，用于检查注册后的服务状态。

```
@@条款 1: 甲方作为委托方，向丙方发送服务注册请求，
丙方有义务为甲方发布提交注册的服务。
term no1_1: Provider can Commit(Service).
term no1_2: Platform must Register(Service)
  when Provider did Commit(Service)
  while grant Service::useRight to Platform
  where response::code is 204.
```

图 7.8　服务注册发布条款

在 when 语句中，防止重复注册的原理是键值表中的同一键只能有一个对应值，不允许重复。服务提供方提交服务的操作过程中如果产生失败，合约引擎会产生回滚操作，以保证下次条款前置条件检查依旧会判定动作未执行。在 where 语句中，由丙方调用状态检查（HealthCheck）函数访问甲方提供的地址，如果注册成功则返回成功状态码（图 7.7 中定义的 code: 204）。若服务通过条款 no1 的全部检查过程，则丙方将发布服务，完成服务注册与发布阶段。服务交互流程将进入服务发现与消费阶段。

7.5　服务发现与消费

7.5.1　服务发现

服务发现是指服务消费方向平台发送检索请求来获取所需的服务。微服务架构中的消费方无须知晓服务的 IP 地址，而是交由服务发现客户端代理（Eureka Client）来访问注册中心。注册中心维护已注册服务列表，该列表的数据结构为键值对映射表。如图 7.9 所示，客户端代理通过从注册中心获取缓存数据表，检索服务 ID 来获得服务实际访问地址。客户端缓存的获取分为增量更新和全量更新两种模式。

- 全量更新：客户端可请求单个或者全部应用的服务注册信息。如果注册中心的当前缓存中没有该信息，则向上一级注册表请求得到服务注册信息，并且在当前一级添加缓存。当同步过程检查出列表中各个状态对应的服务数量不一致时，也会触发全量更新。
- 增量更新：若客户端已有缓存，则直接调用缓存数据，缓存定期更新的过程由后台线程的驻留任务定期更新（默认周期值为⑥）。

第 7 章 现用现付的智能服务合约

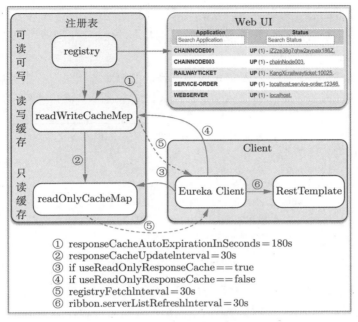

图 7.9 三级缓存同步机制

注册中心提供三级缓存机制用于同步服务列表，分别为可读可写表（registry）、读写缓存（readWriteCacheMap）、只读缓存（readOnlyCacheMap）。通过设置参数，做到每隔一定时间进行同步。可读可写表储存即时的全部服务列表数据；读写缓存保存最近被读取或写入的服务列表（默认保存时间为①），服务发现客户端每读或写一条数据，可读可写表将这条数据即时更新到读写缓存中；只读缓存非即时更新，而是按周期从可读可写缓存中更新（默认周期值为②）。针对服务发现场景对于及时性和吞吐量的不同需求，客户端可选择从读写缓存（默认配置③）或只读缓存（配置④）同步数据。

7.5.2 服务发现合约条款

如图 7.10 所示，服务发现条款规定了服务消费方（乙方）可调用的丙方平台中服务发现接口，丙方有义务返回匹配的服务列表。其技术原理是服务注册中心提供服务发现接口调用地址（图 7.10 中 Discover 接口），消费方通过服务发现客户端发送 HTTP GET 请求，此过程触发合约引擎记录子条款 no2_1 中请求（Request）动作。服务发现（Discover）过程可以指定服务 ID 进行精准匹配，或者根据检索信息进行模糊匹配，包括：

- 服务功能匹配：例如，订购服务数量、时间长短、关键字匹配过程等，即请求中携带用户检索的服务关键字,丙方根据关键字信息返回匹配后的相关列表。若服务提供方拥有多个地区的运营服务器,服务发现客户端可根据服务器所属地区提供对应服务实例的匹配。

- 服务质量匹配:服务质量将按照由高到低的顺序依次显示。服务质量的评价指标根据平台统计数据收集,包括该服务以往使用人数、是否产生违约、用户评分等。

```
@@条款 2:乙方向丙方提交服务发现请求,丙方有义务向
乙方提供服务列表。
term no2_1: Customer can Request(Discover).
term no2_2: Platform must Discover
    when Customer did Request(Discover)
    while grant Service::useRight to Customer
    where response::code is 204.
```

图 7.10 服务发现条款

合约引擎通过子条款 no2_2 监听注册中心的服务发现动作。该子条款由客户端 GET 请求触发,伴随动作将合约中记录的服务使用权授权给消费方。在动作执行结果产生返回值时检查是否返回成功状态码(前述定义的 code: 204),以保证客户端请求结果被成功响应。

7.5.3 服务消费的请求绑定

服务消费过程由消费方发送服务授权请求,授权结果由服务提供方发布到区块链上进行存证。服务提供方和服务消费方通过区块链完成请求绑定后,服务消费方在合约规定的范围内有权利向服务提供方发起服务请求,服务提供方有义务履行双方规定的服务要求。

通常情况下,一次服务使用过程由消费方发起请求,提供方实现响应。目前,服务使用方式有 RESTful、RPC、消息中间件 3 种。RPC 传输数据格式通常为二进制格式,而 RESTful 请求可采用封装了 JSON 格式的 HTTP 报文,可读性与可分析性更强。消息中间件虽然对异步传输支持较好,但需要单独部署服务端口,复杂度较高。综合考虑,本章将采取 RESTful 风格接口传输 HTTP 数据报文。

7.5.4 服务消费自定义合约条款

在服务请求绑定过程中,消费方发起的合约签订请求可以看作要约[18]。请求授权的过程可以是多次协商获得的结果,提供方和消费方可以协商合约自定义条款中的具体服务参数,如服务期限、服务费用、付款时间、服务强度等。通信协商的过程可借助区块链实现存证。服务的执行作为事件消息,发送给合约引擎来驱动合约状态改变。

各方对智能法律合约中的自定义条款协商达成一致,示例条款如图 7.11 所示,根据子条款 no3_1,消费方在发送服务消费的同时向合约存入押金。消费服务过程中也可以继续向合约缴纳服务费以保证足够的合约余额。根据子条款 no3_2,服务提供方在提供服务的同时从合约中取出一定数量的金额。若服务调用结束返回成功状态码(前述定义的 code: 200),则调用付款接口,立即转账到服务提供方地址;若未返回成功状态码,则将按照合同约定返还给服务消费方地址。智能合约将保证储存在合约中的余额非负。以上条款实现了对服务接口进行按次、按量精准计费。

```
@@条款 3: 甲方按次向乙方请求天气预报的结果并支付服
务费。乙方成功返回服务结果后即取走费用。
term no3_1: Customer can Request(Forecast)
    when WeatherForecast::UseRight belongsTo Customer
    while deposit price
    where balance >= price.
term no3_2: Provider must Forecast(time, location)
    when Customer can Request(Forecast)
    while withdraw price
    where balance >= 0 and reponse::code is 200.
```

图 7.11　服务消费条款

本章中设计的用于合约协商与交易过程的区块链交易结构见表 7.1。交易存储结构中合约相关的字段主要包括 Contract input 和 Contract output 两部分,其中,Contract input 部分记录一次操作收到的输入参数;Contract output 部分记录操作对结果的状态更新。将 Input 和 Output 存储在一个交易中以保证操作原子性[19]。假设本次交易表示为 T_i,前一次合约协商或执行表示为 T_{i-1},则 T_i 的 lastTxID 字段为前一次合约动作产生的交易号,即与交易 T_{i-1} 的 TxID 相等。partySig 动作执行方签名与 partyPubList 中的公钥匹配,以对操作的当事人身份进行验证。

表 7.1　合约交易存储结构

字段		描述
Contract input	lastTxID	前一次交易号
	partySig	本次操作当事人签名
	actionType	操作类型
	content	操作内容
Contract output	TxID	本次交易号
	contractData	合约文本最新状态
	partyPubList	当事人公钥列表

7.5.5 合约化服务的法律角度思考

SaaSC 架构下的智能法律合约模式旨在替代以往粗粒度的服务交易过程，能自动与智能法律合约中的条款履行情况相绑定，更加方便自动化交易与监督监管。但交易的自动执行不应违背当事人的意愿和现有通行法律。应用于服务计算的智能法律合约由合约范本和合约实例组成。从法律角度看，合约范本具有合同属性，合约实例具有程序属性。

表 7.2 民法典规定合同要素与智能法律合约要素对应表

民法典规定合同要素	智能法律合约要素
当事人的姓名或者名称和住所	party
标的；数量；质量	asset type service
价款或报酬	price
履行期限、地点和方式	term
违约责任	break term
解决争议的方法	arbitrary term

- 合同属性：本章所用智能法律合约依照《中华人民共和国民法典》进行设计。如表 7.2 所示，当事人共同协商确立的智能法律合约应包括《民法典》第三编第二章合同的订立中规定的各个合同要素。智能法律合约对服务进行法律化形式封装，增强服务计算的法律属性。

在合法、公开、公平、协商一致的原则下，合同当事人可以签署并同意智能合约程序及对其进行实例化后的程序执行结果。

- 程序属性：智能法律合约通过指定转化规则的翻译器产生可执行智能合约程序，有效避免了使用自然语言带来的二义性[20]。借助可执行智能合约进行链上数字化资产转移，SPESC 智能法律合约支持自动执行服务交易。与基于普通程序的交易所不同的是，基于智能法律合约的服务交易与合同条款的意思表示相绑定，映射真实社会的劳动价值交换原则。

7.6 基于智能合约的天气服务案例研究

7.6.1 合约描述

本章系统选取现代服务业中应用广泛的天气预报服务场景作为应用案例研究。如图 7.12 所示，案例中使用 SPESC 语言描述的智能法律合约实现合同意思表示。服务提供方、服务消费方与平台在服务注册、服务发现、服务消费三阶段的权利与义务，经三方共同协商、完善并达成一致。

```
contract ServiceCommission{                    term no1_2: Platform must Register(ForecastWeather)
  party Consumer{                                when Provider did commit(ForecastWeather)
    account : 0xCA35b7d9Ee6068dFe2F4E8fa3c,      while grant ForecastWeather::useRight to Platform
    certificate: ID. 9897905715458518341}        where response::code is 204.
  party Provider{                              term no2_1: Customer can Request(Discover).
    account : 0x1uWDvekrPwA16pfAnBLY9U,         term no2_2: Platform must Discover
    certificate ID: 91578043565079254}           when Customer did request(Discover)
  party Platform{                                while grant ForecastWeather::useRight to Customer
    account : 0x4B0897b0f7E9C4e5364D2dB,         where response::code is 204.
    certificate ID: 0141609277513359}          term no3_1: Customer can Request(Forecast)
  asset Eureka : Service {                       when WeatherForecast::UseRight belongsTo Customer
    instances[                                   while deposit value=price
      {url: "http://eureka-service.com",         where balance >= price
      description: "Registration server 1"}]   term no3_2: Provider must Forecast(time, location)
    paths[                                       when Customer did request(Forecast)
      {path: "/register", label: "Register" ,    while withdraw value=price
        parameters:[Service], method: "POST"},   where balance>=0 and reponse::code is 200.
      {path: "/getInstances", label: "Discover", Arbitration term: any controversy or claim arising out
        parameters[], method:"GET" }]              of or relating to this contract, or the breach
    responses[                                    thereof, shall be administered by institution:
      {code: 204, description: "success"},        BeijingInternetCourt.
      {code: 404, description: "failed"}]      Contract conclusions:
    rights[                                      conclusion no1: This contract may not be modified in
      {ownership: Platform}]                       any manner unless in writing and signed by both
  }                                                parties.
  asset ForecastWeather : Service {              conclusion no2: Each of parties agrees with
    instances[                                     conversion from this contract to computer programs
      {url: "http://weather-serivce.com",          on smart contract platform, and approve that the
      description: "Weather forecast server 1" }]  programs' implementation has the same legal effect.
    paths[                                     Signature of party Consumer {
      {path:"/forecast", label: "Forecast", method: "POST",    printedName: Service consumer,
      parameters:{time : Time, location : String}}]  signature: 0x583031D1x1Ty13aD41,
    responses[                                   date: 2021/Apr/23rd}
      {code:200, description:"served"},        Signature of party Provider {
      {code:404, description:"Not Found"}]       printedName: Service provider company,
    rights[                                      signature: 0x98e2a14F02302140225u6k,
      {ownership: Provider},                     date: 2021/Apr/23rd}
      {usufrust: Provider}]                    Signature of party Platform {
    price : Money                                printedName: Service trading platform,
  }                                              signature: 0x87k2s8576BD6afaBfb7q5z,
  balance: Money                                 date: 2021/Apr/23rd}}
  term no1_1: Provider can Commit(ForecastWeather).
```

图 7.12　SPESC 智能法律合约天气预报服务案例

智能法律合约案例中将服务表达为一种资产类型，服务提供方拥有服务收益权，服务消费方拥有服务使用权。在合约中使用三个条款描述三方准许或必须的动作等。条款 no1~no3 分别规定了服务提供方与服务平台、服务消费方与服务平台、提供方与消费方之间的服务注册、服务发现、服务消费交互过程。

7.6.2　合约化天气预报服务流程

在流程开始之前，服务提供方和服务消费方应已拥有平台的账户。服务提供方通过其账户发起服务注册，注册请求中附带合同范本。消费方在签署合同之前，有权享有服务的选择权和试用权。消费者可在试用期满意后选择服务，进入对应合约签署确认。当合同所有参与方都签署完毕后，最终合同书生成，发布到区块链上存证，保证可随时查取。

根据文献 [21] 中描述的方法，代码翻译器将 SPESC 合同转化为可执行智能合约程序。程序成功由智能合约平台发布上链之后，提供给客户端程序合约调用地址和接口，进而在微服务中使用合约接口函数与基于区块链的智能合约程序交互。同时也会存储智能合约程序的地址索引和运行中的合约状态变化事件。服务过程结束后，合约完成自动计费转账。后续服务消费方可以向平台提供用户评分等反馈，以便于平台进行服务质量评估。

7.7 实　　验

7.7.1 实验方案

依据前述方法和案例，采用 ANTLR 和 Java ASM 框架实现 SPESC 语言在 JVM 运行的字节码编译器；基于 Spring Cloud Eureka 实现服务交易平台；使用 Spring Boot 微服务应用框架编写天气预报服务，提供 RESTful API 调用接口；基于多链区块链系统实现合约交易通信与存证。实验环境包含 3 台机器，其中 1 台为本地主机（Arch Linux，8 核 Intel CPU@1.60GHz，内存为 8G），用于编译 SEPSC 智能法律合约和作为消费方发起调用；另两台为阿里云服务器（Ubuntu16.04 Linux，双核 Intel CPU@2.50GHz，内存为 1G），分别部署带有合约引擎依赖的 Eureka 平台与天气预报服务。

为统一性能测试使用的参数，如表 7.3 所示，实验控制 Java 版本为 JDK 1.8，在 JVM 的主要启动参数设置中，-Xms 和-Xmx 分别表示分配堆内存空间的初始值和最大值，-Xss 表示 Java 线程栈空间最大值，-XX 表示 JVM 采用的垃圾回收器类型。

表 7.3　JVM 启动参数设置

堆空间		线程栈空间	垃圾回收器
-Xms	-Xmx	-Xss	-XX
64M	2G	2M	ParallelGC

表 7.4 旨在模拟一轮完整的基于智能法律合约的服务注册、发现、消费流程。表 7.4 中每一行记录了参与方的动作任务请求、触发的合约条款序列以及引发的响应动作。表 7.4 各列中，参与方动作请求列自上而下顺序记录了参与方的动作请求调用列表。智能合约参与方发起的动作请求按照合约规定触发条款条件检查后才能执行，通过合约生成的伴随交易可开展链上资产转账操作。

表 7.4　参与方动作任务请求列表

任务请求	触发条款	响应动作
Provider commit(Register)	no1_1, no1_2	Platform Register(party, service)
Customer request(Discover)	no2_1, no2_2	Platform Discover()
Customer request(Forecast)	no3_1, no3_2	Provider Forecast(time, location)

7.7.2 实验验证

本轮实验分析验证了 SPESC 语言编译器执行效率与合约程序在微服务系统中的运行耗时。本地主机运行编译器如图 7.13 所示的智能法律合约程序进行编译，编译实验结果见表 7.5。编译输入的文本采用 ANTRL 解析生成语法树，接着通过 Java ASM 框架编写的字节码生成器生成可执行合约文件。

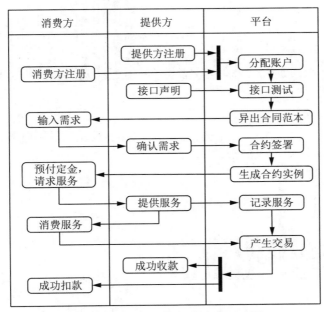

图 7.13　天气预报服务流程活动图

表 7.5　智能法律合约编译实验

输入		编译过程		输出
字符数	行数	标记数	平均编译用时/ms	字节数
994	118	184	570	1375

可执行智能合约文件打包为 jar 文件，通过客户端微服务发送请求模拟合约调用过程，按照表顺序依次发送动作请求对接口测试，其中每个接口分别进行 20 次调用测试并统计用时，结果分别如图 7.14（a）～（c）所示。

总用时包括服务接口和条款检查用时两部分。接口测试用时结果见表 7.6。表格左侧和右侧分别表示加入合约条款检查前后的服务接口调用时间。将表 7.6 数据结果绘制如图 7.14(d) 所示，条款检查的运行时间对原有服务增加的比例分别为 40%、14% 和 17%。相比于未引入合约之前的情况，服务过程的时间消耗差距为常数级，且随着原本服务耗时的增加，合约条款检查对时间效率影响有减小的趋势。这说明引入 SPESC 合约不会引起时间消耗产生数量级上的负担。

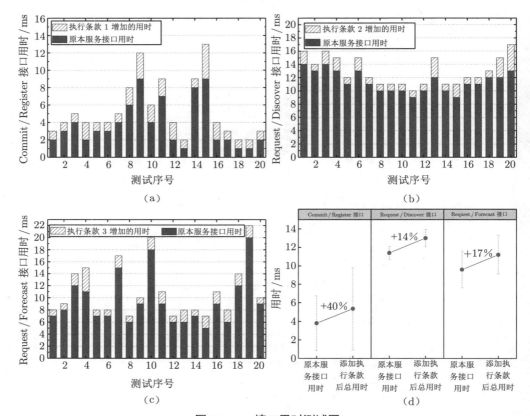

图 7.14　接口用时测试图

表 7.6　接口用时测试记录表

条款序号	接口名	加入条款检查前		加入条款检查后	
		用时/ms	置信区间	用时/ms	置信区间
1	Commit/Register	3.80	[0.87, 6.73]	5.35	[0.91, 9.79]
2	Request/Discover	11.40	[10.71, 12.09]	13.00	[12.06, 13.94]
3	Request/Forecast	9.60	[7.6, 11.6]	11.20	[9.12, 13.28]

7.8　小　　结

本章提出一种现用现付的智能服务合约架构，用以满足服务各方生成合同用于履行服务的需求。借助区块链去中心化、不可伪造、防篡改的特点，区块链智能合约构建了 SaaSC 模式下微服务的新型软件交付和付费模式,也为智能法律合约提供了一种应用于现代软件服务业的解决方案。

参 考 文 献

[1] 柴振国. 区块链下智能合约的合同法思考 [J]. 广东社会科学, 2019(4): 236-246.

[2] VARGHESE B, BUYYA R. Next generation cloud computing: New trends and research directions[J]. Future Generation Computer Systems, 2018, 79: 849-861.

[3] 李瑞雪. 智能合约在金融领域的应用及其治理研究 [J]. 兰州学刊, 2020(6): 85-94.

[4] RASKIN M. The law and legality of smart contracts[J]. Georgetown Law Technology Review, 2016, 1(2): 305-341.

[5] 朱岩, 王迪, 陈娥, 等. 智能法律合约及其研究进展 [J]. 工程科学学报, 2021.

[6] THöNES J. Microservices[J]. IEEE Software, 2015, 32(1): 116-116.

[7] JAMSHIDI P, PAHL C, MENDONçA N C, et al. Microservices: The journey so far and challenges ahead[J]. IEEE Software, 2018, 35(3): 24-35.

[8] NAYAK S, NARENDRA N C, SHUKLA A, et al. Saranyu: Using smart contracts and blockchain for cloud tenant management[C]//2018 IEEE 11th International Conference on Cloud Computing (CLOUD). 2018: 857-861.

[9] MOLINA-JIMENEZ C, SFYRAKIS I, SOLAIMAN E, et al. Implementation of smart contracts using hybrid architectures with on and off-blockchain components[C]//2018 IEEE 8th International Symposium on Cloud and Service Computing (SC2). 2018: 83-90.

[10] ELLUL J, PACE G. Towards a unified programming model for blockchain smart contract dapp systems[C]//2019 38th International Symposium on Reliable Distributed Systems Workshops (SRDSW). 2019: 55-56.

[11] TONELLI R, LUNESU M I, PINNA A, et al. Implementing a microservices system with blockchain smart contracts[C]//2019 IEEE International Workshop on Blockchain Oriented Software Engineering (IWBOSE). 2019: 22-31.

[12] 卿斯汉. 电子商务协议中的可信第三方角色 [J]. 软件学报, 2003, 14(11): 1936-1943.

[13] DAS D, SAHOO L, DATTA S. A survey on recommendation system[J]. International Journal of Computer Applications, 2017, 160(7): 6-10.

[14] 中国电子学会. 区块链智能合约形式化表达: T/CIE 159-2020[M]. 北京: 中国标准出版社, 2021.

[15] 张可, 胡悦. 浅议《合同法》框架下的智能合约适用问题 [J]. 行政与法, 2020(3): 108-116.

[16] HENDRIKSEN E. Accounting theory[M]. R. D. Irwin, 1970.

[17] CAO H, FALLERI J R, BLANC X. Automated generation of rest api specification from plain html documentation[C]//International Conference on Service-Oriented Computing. Springer: 453-461.

[18] 陈吉栋. 智能合约的法律构造 [J]. 东方法学, 2019(3): 18-29.

[19] 朱岩, 王巧石, 秦博涵, 等. 区块链技术及其研究进展 [J]. 工程科学学报, 2019, 41(11): 1361-1373.

[20] 刘琴, 王德军, 王潇潇. 法律合约与智能合约一致性综述 [J]. 计算机应用研究, 2021, 38(1): 1-8.

[21] 朱岩, 秦博涵, 陈娥, 等. 一种高级智能合约转化方法及竞买合约设计与实现 [J]. 计算机学报, 2021, 44(3): 652-668.

第8章 智能法律合约语言

> **摘要**
> 本章摘录于中国电子学会《区块链智能合约形式化表达》(T/CIE 095-2020) 团体标准,该标准于 2021 年 1 月 1 日实施,涉及一项中国专利《一种法律合约的智能可执行合约构造与执行方法和系统》(202010381549.5),具备自主知识产权。

8.1 引　　言

　　区块链是采用密码手段保障、只可追加、链式结构组织的分布式账本系统。智能合约允许开发者利用编程语言在区块链上编写自动执行程序,实现价值交换等应用并存证。随着数字经济的发展,区块链智能合约的规范化需求日益强烈,然而现有智能合约面临专业性强、可读性差、生产效率低等实际问题,现实法律合同到可执行程序代码之间的高效转化难以实现。这既影响了行业应用与计算机及法律界人士的跨领域合作,也阻碍了智能合约的法律化进程。

　　中国电子学会颁布的《区块链智能合约形式化表达》团体标准[1]通过提供一种适用法律合同的智能合约框架及语法规则,使所开发的智能法律合约成为一种介于现实法律合同与智能合约之间的过渡性法律文档。如图 8.1 所示,现实法律合同以自然语言为载体,可翻译成由智能法律合约语言撰写的智能法律合约,进而转化为由智能合约语言编写的智能合约,上述过程已申请中国及国际专利,具有自主知识产权[2]。

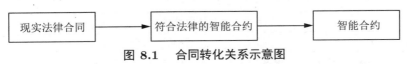

图 8.1　合同转化关系示意图

　　智能法律合约以程序代码表达合同条款,将现实法律合同与网络空间的程序代码相衔接,保证智能法律合约既有现实合同的法律特征和易理解性,又有计算机程序代码的规范性,促进计算机、法律等专业人员的跨领域协作。在区块链可确权基础上,智能法律合约将物理世界资产,如房子、健康数据和版权等表达为数字资产,并与可编程数字法币相结合,使其在区块链网络上自由使用和流通,推动数字经济快速健康发展。

8.2 符号和关键词

8.2.1 符号

所用符号如下：

@@	中文意思表示的前缀
::=	表示定义，即"被定义为"
?	前置关键词任选
|	同级元素的"或"关系
{ } ( )	可供选择的语句集合
.	语句结束符
+	零条或多条语句
//	注释符
' ' , " "	字符串类型
0x	十六进制数的前缀
，空格	同级元素的并列与分割

8.2.2 关键词

所用关键词及其对应的含义见表 8.1。

表 8.1 关键词及其含义

关键词	含义
he, she, his, her, himself, herself, this, the	当前的，相当于程序语言中 this
=, is	相等
:	分隔符
::	属性信息引用
!=, <>, isn't	不相等
all, for all, some, exist	全称量词和存在量词
can, must, cannot	权利限制，应当限制，禁止限制
origin	动作执行前账户的值
after, before, within	在……之后（前、内）
did	常与 after 连用，表示某当事人做过某事
true, false	布尔值

续表

关键词	含义
value	当事人所转移的资产数目
and, or, not, implies	逻辑符号
>、>=、<、<=、belongsTo	关系符号
Cname, Pname, Aname, Tname, Bname, Dname	名称表示的合约、当事人、资产、一般条款、违约条款、附加信息等实体,统称为 Entity
year, month, date, hour, minute, second, now	时间符号
String, Money, Date, Integer, Float, Boolean, Right, Time	变量类型的符号
when, while, where	条款中的条件标识保留字
transfer, withdraw, deposit	资产操作保留字
contract, info, right, party, group, asset, term, breach term, arbitration term, contract conclusions, signature of party, additions, serial number, of, to, institution	其他保留字

8.3 表示形式

(1) 智能法律合约属于数据电文。当事人订立智能法律合约,采取要约、承诺方式。

(2) 智能法律合约遵循《中华人民共和国民法典》《中华人民共和国电子签名法》及有关法律法规相关条文,具有与现实法律合同相同的法律效力,智能法律合约和现实法律合同使用的词句推定具有相同含义,两者使用的词句不一致时,应根据合同的相关条款、性质、目的以及诚信原则等予以解释。

(3) 智能法律合约可转化为数据电文表示的可执行程序,经智能法律合约签订后,在智能合约平台自动执行并存证。

(4) 智能法律合约可根据应用场景采用中文、英文或中英文混合形式编写。

(5) 智能法律合约生命周期包括如下 3 个阶段,如图 8.2 所示。

a) 生成阶段:当事人达成合意后撰写智能法律合约,经翻译形成计算机可执行程序。

b）订立阶段：将智能法律合约与计算机可执行程序整合后部署至区块链，由当事人各自调取并签名确认后写回区块链存证，订立后的智能合约可随时被调取查用。

c）执行阶段：在满足预定条件时由区块链节点调取并运行相关代码，修改合约状态并写回区块链存证，直至合约终止。

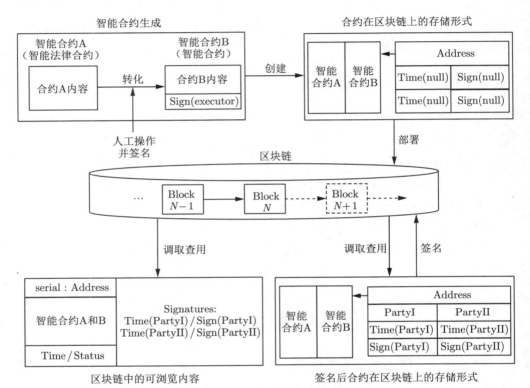

图 8.2　智能合约签订流程示意图

8.4　构 成 要 素

智能法律合约可涵盖当事人信息、标的、数量、质量、价款或者报酬、履行期限和方式、违约责任、解决争议的方法等内容。智能法律合约框架内的构成要素宜包括合约名称、当事人描述、标的、合约条款、附加信息、合约订立等，其中，合约条款可包括一般条款、违约条款、仲裁条款等。智能法律合约编写过程中可涉及权利和义务、资产操作、表达式、时间表示等语法规范。上述要素之间关系如图 8.3 所示。

第 8 章 智能法律合约语言

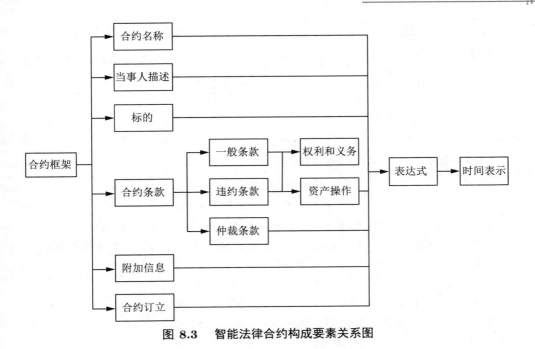

图 8.3 智能法律合约构成要素关系图

8.5 要素的表述

8.5.1 合约框架

智能法律合约由合约名称及合约内容构成。合约内容通常包括当事人描述、资产描述、合约条款、附加信息、合约订立。

$$Contracts ::= Title\{Parties+\ Assets+\ Terms+\ Additions+\ Signs+\}$$

8.5.2 合约名称

合约名称可由合约标题和合约序号构成。语法如下：

@@ 合约标题：合约序号

$$Title ::= \textbf{contract}\ Cname\ (:\ \textbf{serialnumber}\ Chash)?$$

注：合约序号是指智能法律合约经哈希运算所求取的唯一性编号。

示例：

@@ 买卖合同：0x827198...ab193

contract purchase: **serial number** 0x827198...ab193

8.5.3 当事人描述

当事人描述可包含当事人的名称、姓名、住所、账号等当事人所拥有的属性及属性值，可采用当事人身份认证等技术措施保证其身份唯一性。语法如下：

@@ 当事人群体？名称 {属性域 + }

$Parties ::= \textbf{party group}?\ \textbf{Pname}\ \{field+\}$

其中，属性域用于描述当事人所拥有的属性及属性值，由使用冒号分割的二元组表示，左部为属性名称，右部为属性值，表示如下：

@@ 属性：（常量 | 变量类型）

$field ::= \text{attribute} : (\text{constant} | \text{type})$

注：属性值可分为常量和变量类型，当属性值为变量类型时，其初始值为空。

实体属性值的引用使用 Entity:: attribute 形式表达，其结果为该属性的值。

示例 1：

@@ 当事人信息：卖家，登记信息包括：当事人账号：0x7c84e8...2934；姓名：张三。

party Seller { account: 0x7c84e8...2934　name: 'Zhang San' }

注：当事人账号指该当事人在区块链中所拥有的用户账户地址。

示例 2：

@@ 群组当事人信息：竞标人，登记信息包括：当事人账号。

party group Voters{account: Integer}

注：群组当事人可表示为动态加入的当事人列表。

8.5.4 标的

合约标的指当事人权利和义务共同指向的对象，一般分为物、行为、智力成果等，在智能法律合约中用资产加以表示，在区块链中应存在该资产的描述。语法如下：

@@ 资产名称 {资产描述 {属性域 + } 资产权属 {属性域 + }}

$Assets ::= \textbf{asset}\ \text{Aname}\{\ \textbf{info}\{\ field+\ \}\ \textbf{right}\{\ field+\ \}\}$

注：资产的定义应包含资产的名称、资产的属性及资产的权属。

info 用以描述该资产拥有的属性及属性值。**right** 用于明确资产的权属，通常包括所有权（ownershipRight）、使用权（useRight）、占有权（possessRight）、收益权（usufructRight）、处分权（disposeRight），可作为类型使用，用户可根据实际需要自行添加权属。

示例 1：

@@ 资产：房屋，属性信息包括产权编号：0x71a2f8...78d93；面积：50；用途：商业；价格：货币资产；权属信息包括：收益权、使用权。

asset House{

　　info{ sn: 0x71a2f8...78d93　area : 50　usage : "business"　price : Money }

right{ houseBenefitRight: usufructRight houseUse : useRight }
}

注：usufructRight 与 useRight 类型用于记录权属信息；Money 用于表示货币资产。

资产表达式用于条款中资产的调用，定义如下：

@@ 资产表达式：**$**（具体数量）？（具体权属）？资产名称

$AssetExpressions ::= \$ (amount)?\ (right\ of)?\ Aname$

注：Aname 为智能法律合约中声明的资产。right 是指对该资产定义时声明的权利，如果无权属说明，则默认为所有权。

示例 2：

@@20 元。

$ 20 RMB

注：系统中预定义的货币资产包括人民币（RMB）、美元（USD）等。

示例 3：

@@ 在智能法律合约中声明房屋资产。

$ House

示例 4：

@@ 本金的 120%。

$ 120% * principal

注：本金为 Money 类型的资产。

示例 5：

@@ 在智能法律合约中声明资产 House 的 50%所有权。

$ 50% ownershipRight of House

8.5.5 合约条款

合约条款包括一般条款、违约条款、仲裁条款等类型。

$Terms ::= GeneralTerms\ |\ BreachTerms\ |\ ArbitrationTerms$

8.5.5.1 一般条款

一般条款包含条款名称、条款当事人、当事人权利和义务（必须、可以或禁止履行的行为）、条款执行条件、资产转移以及条款执行后应满足的后置条件。语法如下：

@@ 条款名：当事人（必须 | 可以 | 禁止）行为（属性域 +）

（执行所需的前置条件）？

（伴随的资产操作 +）？

（执行后需满足的后置条件）？

$GeneralTerms ::= \textbf{term}\ Tname:\ Pname\ (\textbf{must}|\textbf{can}|\textbf{cannot})\ action(field+)$

(**when** preCondition)?

(**while** transactions+)?

(**where** postCondition)?.

注：条款声称某当事人在何种前置条件下必须、可以或禁止采取何种行为，同时伴随着何种资产操作，完成后应满足何种后置条件。其中，行为是对其后属性列表的操作，它由智能合约平台的程序实现。具体包括：

——preCondition 由表示前置条件的表达式构成，在条款执行前进行检测，如果满足前置条件，则可执行条款；如果不满足，不能执行条款。

——transactions 表示条款执行过程中伴随的资产操作。

——postCondition 由表示后置条件的表达式构成，在条款执行完后进行检测，如果满足后置条件，则本条款执行成功；如果不满足，则执行失败。

示例：

@@ 条款 1：竞拍者可在竞拍开始后出价竞拍，向合约账户转入大于当前最高价的资金，出价最高者为得主。

term no1: bidder **can** bid()

  whenafter bidBegin

  whiledepositvalue> highestPrice

  where winner = **this** bidder.

8.5.5.2 违约条款

违约条款是指双方约定的当事人不履行智能法律合约中规定的义务或履行义务不符合约定时，应承担的法律责任。即在指定条款的后置条件未得到满足且此违约条件的前置条件得以满足时，当事人必须或可以执行违约处理，可伴随相应的资产转移，执行后应满足违约条款的后置条件。

@@ 违约条款名（针对条款名 +）?：当事人（必须 | 可以）违约处理（属性域 +）

（执行所需的前置条件）?

（伴随的资产操作 +）?

（执行后需满足的后置条件）?

BreachTerms::= **breach term** Bname (**against** Tname+)?:

Pname (**must**|**can**)action(*field*+)

(**when** preCondition)?

(**while** transactions+)?

(**where** postCondition)?.

注：违约条款通常可规定违约者必须执行的动作或受害者可以执行的动作。

示例：

@@ 如果买家在预定了购买房屋之后，房屋主人把房屋租出去了，那么房屋主人应该赔偿买家违约金。

breach term no6 **against** no4 : houseOwner **must** compensate()
   when houseOwner **did** lend **after** buyer **did** order
   while transfer default **to** buyer.

8.5.5.3 仲裁条款

智能法律合约中以仲裁条款形式规定解决争议的方法，具体争议可由自然语言陈述，并可指定仲裁机构，语法如下：

   @@（所声明之争议）？由某仲裁机构进行裁决。

ArbitrationTerms ::= **arbitration term** : (The statement of any controversy)?
    administered by **institution** : instName.

注：可选择区块链网络中具有司法管辖权的节点作为仲裁机构。

示例：
@@ 凡因本智能法律合约引起的或与其有关的一切劳动争议，均由北京劳动仲裁委员会按照仲裁规则进行裁决。

arbitration term :Any labor controversy or claim arising out of or relating to this contract, or the breach thereof, shall be settled by arbitration administered by **institution**: Beijing Labor Arbitration Commission.

8.5.6 权利和义务

8.5.6.1 权利

权利限制应使用关键词 **can**，用于在满足前置条件时当事人可执行该条款或不执行。

示例：
@@ 条款 2：投票者可在主席发表提案后开始投票。

term no2: voter **can** vote (target)
   whenafter chairPerson **did** propose.

注：投票属于权利，投票者可行使自己的权利为提案投票，或不必行使自己的权利，放弃投票。

8.5.6.2 义务

义务限制包括应当限制与禁止限制。

——应当限制应使用关键词 **must**，用于在满足前置条件时当事人必须执行该条款。

示例 1：

@@ 条款 3：借贷者需要在借贷后两年内归还借款。

term no3: borrower **must** return (loan)
   whenwithin 2 year **after** borrower **did** lend.

注：归还属于义务，当事人需要在规定期限内履行自己的义务。

——禁止限制应使用关键词 **cannot**，用于在满足前置条件时当事人不能执行该条款。

示例 2：

@@ 条款 4：房屋所有者在买家预定后，不能再把房屋租出去。

term no4: houseOwner **cannot** rent()
   when after buyer **did** order.

某一禁止条款可设置多种限制方式，既可按执行条件进行限制，也可直接对执行结果进行限制。

示例 3：

对于"投票者不可给自己投票"，如果直接投票给候选人，有如下两种表述方式：

@@ 条款 5_1：如果选举人的投票对象是自己（执行条件），选举人不能执行投票。

term no5_1: voter **cannot** elect (target)
   when target = **this** voter.

@@ 条款 5_2：如果选举人投票结果是使自己选票加一（执行结果），选举人不能投票。

term no5_2: voter **cannot** elect(target)
   where this voter:: candidate = **this** voter :: **origin** candidate + 1.

注：对条款 5_1，如果投票者将选票给代理人，再由代理人投给投票者，这种行为将被许可；而用条款 5_2 直接对执行结果进行限制则可避免上述行为。

8.5.7　资产操作

资产操作是指智能法律合约执行过程中对资产的不同操作方式，通常用来实现标的物在不同账户之间的转移，资产操作包含以下三类。

8.5.7.1　存入

当事人主动由其用户账户向合约账户存入资产，作为条款的执行条件使用，可直接指定存入的资产或根据价值关系进行限制，后者在关系满足时才能转移指定的资产，语法如下：

@@ 存入（满足某种价值关系的）? 资产描述。

Deposits ::= deposit (value RelationOperator)? *AssetExpression*

示例 1：

@@ 存入大于当前最高价的金额。

depositvalue> highestPrice

注：在竞拍条款中要求存入金额大于目前最高价才能执行竞拍操作，其中 highestPrice 表示当前最高价，为货币类型（Money）资产。

示例 2：
@@ 存入大于 10 元的金额。
depositvalue>$10 RMB

8.5.7.2 取回

当事人执行条款过程中从合约账户中取回一定资产，语法如下：
@@ 取回指定资产。

$$Withdraws ::= \text{withdraw } AssetExpression$$

示例：
@@ 取回本金和利息（资产表达式中数额 *（1+息率））。
withdraw principal * (1+rate)
注：在执行取款条款时，可取回本金和利息。

8.5.7.3 转移

当事人执行条款过程中从当前合约账户向其他当事人转移一定资产，语法如下：
@@ 转移指定资产到某当事人。

$$Transfers ::= \text{transfer } AssetExpression \text{ to } target$$

示例 1：
@@ 向卖家转移保证金。
transfer welfare **to** seller
注：welfare 是买家事先存入的保证金，为 Money 类型，在买方确认收货时，会将事先存入合约账户的保证金转给卖家。

条款可有多条资产操作语句。
示例 2：
@@ 条款 6：借贷者可抵押自己的房子，将房屋的所有权存入合约账户，同时取出约定好的资金。
term no6: borrower **can** mortgage ()
　　while deposit $House **and** withdraw HousePrice.

8.5.8 表达式符号

智能法律合约中采用表达式规范合约内容，其中条款条件表达式结果为布尔值。表达式中使用的符号包括：

——逻辑符号，包括 and，or，not，implies；

——关系符号，包括 >，>=，<，<=，=，!=，belongsTo；

——算术符号，包括 +，−，*，/，%；

——常量符号，包括数字、字符串、true、false；

——时间符号，包括 month，day，year，hour，minute，second，now；

——类型符号，包括 String，Money，Date，Integer，Float，Boolean，Right，Time。

8.5.9 时间表示

时间表示由时间点表达式和时间段表达式构成。

8.5.9.1 时间点表达式

时间点表达式分为四种：时间变量、时间常量、全局查询、动作完成时间查询。

——时间变量是指日期（**Date**）类型的变量。

——时间常量是指固定时间的值，比如 2019 年 11 月 18 日。

——全局查询是指获取与智能法律合约运行相关的时间数值，如获取区块链智能合约生效时间（effective_date）、获取当前时间（**now**），由智能合约平台提供。

——动作完成时间查询指当事人完成某项动作的时间，语法如下：

@@ 动作完成时间查询：(任意 | 存在 | 当前)? 当事人执行某动作的时间。

ActionEnforcedTimeQuery ::= (**all**|**some**|**this**)? party **did** action

注：根据当事人为个体或群体情况，可将时间查询分为如下两种情况：

——当事人为个体时，不必添加冠词 **all**，**some**，**this**。

示例 1：

@@ 买家支付完成的时刻。

buyer **did** pay

——当事人为群体时，可通过添加冠词 all，some，this 查询特定时间。

- 冠词 **all**：表示群体当事人中最后一个完成某动作的时间，若存在任意个体未完成，则查询结果为未完成。

  示例 2：

  @@ 所有投票者投票完成的时刻。

  all voter **did** vote

- 冠词 **some**：表示群体当事人最近一个完成某动作的时间，若群体中无个体完成动作，则查询结果为未完成。

  示例 3：

  @@ 竞标者群体中最近一个完成拍卖动作的时刻。

  some bidder **did** bid

- 冠词 this：表示当前条款执行人若属于该群体，则查询结果为该个体的完成时间。

    示例 4：

    @@ 本人投票完成的时刻。

    this voter **did** vote

8.5.9.2 时间段表达式

时间段分为时间变量和时间常量两类。

——时间变量是指时间类型（**Time**）的变量；

——时间常量是指固定长度的时间，如 1 天、2 小时等。

时间段表达式定义如下：

@@（目标时间）?（是 | 否）在基础时间点（之前 | 之后）

TimePredicate ::= (targetTime)? (**is** | **isn't**) (**before** | **after**) baseTime

注：targetTime 和 baseTime 都是时间点，如果没有设定目标时间点，则默认与当前时间进行比较。

示例 1：

@@ 本人投过票之后且所有人投票完成之前。

(**after this** voter **did** vote) **and** (**before all** voter **did** vote)

示例 2：

@@ 本人投票完成时刻是在有效期之后。

this voter **did** vote **is after** effective_date

边界时间段表达式定义如下：

@@ 边界时间点（之前 | 之后）一段时间（内）?

BoundedTimePredicate ::= (**within**)? boundary (**before**|**after**) baseTime

注：boundary 为时间段，baseTime 为时间点。

示例 3：

@@ 在拍卖结束前的三天内。

within 3 day **before** auctionEnd

示例 4：

@@ 在拍卖结束前的三天以前。

3 day **before** auctionEnd

8.5.10 附加信息

附加信息给出智能法律合约所需的其他补充条件的定义，包括合约属性、合约标的、当事人签名、保证人信息及签名、附加条款、程序变量、数据结构定义等，可置于智能法律合约任何位置，语法如下：

@@（属性域 +）或（附加信息附加信息名 {属性域 + }）

$\textbf{\textit{Additions}}$ ::= *field* +| (**addition** Dname { *field* + })

注：附加信息引用采用 (Cname::) ? attribute 或 Dname:: attribute 的形式。

示例：

@@ 最高拍卖金额和拍卖停止时间。

highestPrice：**Money**

biddingStopTime：**Date**

8.5.11 合约订立

@@ 合约订立：(所有当事人的约定)?

$\textit{Signs}$ ::= **Contract conclusion :** (The statement of all parties.)?

{ Signature of party Pname（当事人签字）：

    {   printedName（打印名）：String,

        signature（法定代表人签字）：String,

        date（签订日期）：Date

    },+

}

示例：

@@ 合约订立：本智能法律合约当事人不得以任何形式修改本合约，除非以书面形式并经双方签字。本合约及其附件构成合约双方的完整协议。本合约对当事各方及其继承人、受让人均具有约束力。通过签署本协议，各方同意上述条款。双方各收到一份本协议，并负责维护其条款。双方同意将本合约转化为智能合约平台上的计算机程序，并同意该程序及其执行具有相同法律效力。

Contract conclusion: This contract may not be modified in any manner unless in writing and signed by both parties. This document and any attachments hereto constitute the entire agreement between the parties. This Contract shall be binding upon the parties, their successors and assigns. By signing this agreement, all parties agree to the terms as described above. Each of parties will receive one copy of this agreement, and will be responsible for upholding its terms. Both parties agree with conversion from this contract to computer programs on smart contract platform, and approve that the programs' implementation has the same legal effect.

    Signature of partyauctioneer（拍卖人签字）：

{printedName（打印名）：Yao San,

    signature（法定代表人签字）：0x2319...8DE393,

    date（签订日期）：2020/7/12

}

8.6 智能法律合约及智能合约示例

8.6.1 智能法律合约示例 1

示例：一种网络竞买合同对应的智能法律合约。

```
@@ 网络竞买合同协议书
contract SimpleAuction{
    @@ 甲方信息：拍卖人，登记信息包括用户账户信息：0x712379218…C4E80。
    party auctioneer{
        account：0x712379218…C4E80
    }

    @@ 乙方信息：竞买人，属于群体，登记信息包括用户账户信息：[0x93A8BCD…
793968,0x48BD38…92AC93]；账户曾出价累计值：货币资产。
    partygroup bidders{
        account：[0x93A8BCD…793968, 0x48BD38…92AC93]
        amount：Money
    }

    @@ 当前最高价、最高出价的竞拍者、竞拍结束时间。
    highestPrice：Money
    highestBidder：bidders
    biddingStopTime：Date

    @@ 标的物：竞拍货品，拍卖人需要提供拍卖物的物品名称、数量等相关信息。
asset good{
    info{
        name：Name //物品名称
        quantity：Integer //物品数量
        price：Money //价格
        package：String //运送包装
    }
}
    @@ 条款 1：拍卖人可发起竞拍，在动作执行后，当前最高价应为拍卖人输入的底价，
结束时间为当前时间加上输入的竞拍持续时间。
    term no1:auctioneer can StartBidding(reservePrice:Money, auctionDuration:Date)
```

when before auctioneer did StartBidding
    where highestPrice=reservePrice and biddingStopTime=auctionDuration+now.

@@ 条款 2：竞买人可在拍卖人发起竞拍后至竞拍结束前进行出价，如果出价大于目前所给最高价格，则出价成功。

term no2：bidders **can** Bid
    when after auctioneer **did** StartBidding **and before** biddingStopTime
    while deposit value > highestPrice
    where highestPrice=**value and** highestBidder=**this** bidder **and this** bidder::
        amount=**this** bidder::**origin** amount+**value**.

@@ 条款 3_1：若竞买人不是最高出价者，且当前合约账户中存有其押金，竞买人可取回无效押金，此后该竞买人押金清零。

term no3_1：bidders **can** WithdrawOverbidMoney
    when this bidder::amount >0 **and this** bidder isn't highestBidder
    while withdraw this bidder::amount
    where this bidder::amount = 0.

@@ 条款 3_2：若竞买人是当前最高出价者，且当前合约账户中存有其之前的失败押金，竞买人可取回无效押金，并登记成为当前竞拍最高价。

term no3_2：bidders **can** WithdrawOverbidMoney
    when this bidder::amount>highestPrice **and this** bidder is highestBidder
    while withdraw this bidder::amount - highestPrice
    where this bidder::amount = highestPrice.

@@ 条款 4：拍卖人可在竞拍时间结束后，收取拍卖成交款。

term no4：auctioneer **can** StopBidding
    when after biddingStopTime **and before** auctioneer **did** StopBidding
    while withdraw highestPrice.

@@ 仲裁条款：凡因本智能法律合约引起的或与其有关的一切争议，均由北京互联网法院管辖。

Arbitration term：Any controversy or claim arising out of or relating to this contract,
or the breach thereof, shall be settled by arbitration administered by **institution:** BeijingIneternetCourt.

@@ 合约订立：本智能法律合约当事人不得以任何形式修改本合约，除非以书面形式并经双方签字。本合约及其附件构成合约双方的完整协议。通过签署本协议，各方同意上述条款。双方各收到一份本协议，并负责维护其条款。双方同意将本合约转化为智能合约平台上的计算机程序，并同意该程序及其执行具有相同法律效力。

Contract conclusion: This contract may not be modified in any manner unless in writing and signed by both parties. This document and any attachments hereto constitute the entire agreement between the parties. This Contract shall be binding upon the parties, their successors and assigns. By signing this agreement, all parties agree to the terms as described above. Each of parties will receive one copy of this agreement, and will be responsible for upholding its terms. Both parties agree with conversion from this contract to computer programs on smart contract platform, and approve that the programs' implementation has the same legal effect.

Signature of partyauctioneer（拍卖人签字）：

    {   printedName（打印名）：Yao San,

        signature（法定代表人签字）：0x23198de…393,

        date（签订日期）：2020/7/12

    }

Signature of partybidders（竞拍人签字）：

    {   printedName（打印名）：柳湾,

        signature（法定代表人签字）：0x877238…201,

        date（签订日期）：2020/7/12

    }

    {   printedName（打印名）：秦源,

        signature（法定代表人签字）：0x9340593…495,

        date（签订日期）：2020/7/12

    }

}

8.6.2　智能法律合约示例 2

示例：一种房屋租赁合同对应的智能法律合约。

@@ 房屋租赁合同协议书
contract HouseLease{
    @@ 甲方信息：出租人，登记信息包括用户账户信息：0x82384a68…90e72。

```
partyLandlord{
    account：0x82384a68…90e72
}

@@ 乙方信息：承租人，登记信息包括用户账户信息：0x9845a6b…73c4e。
party Tenant{
    account：0x9845a6b…73c4e
}

@@ 合约属性：出租人押金、承租人押金、房屋租金、总租金、合约起始时间、合约终止时间、支付租金的时间、租金支付周期。
addition infos {
    renterBail:Money
    renantBail:Money
    rental:Money
    totalRental:Money
    startLeasingTime:Date
    endLeasingTime:Date
    payDate:Date
    payDuration:Date
}

@@ 标的物：房屋，出租人应提供产权号、地址、面积、用途、价格等信息。
asset House{
    info{ /* 房屋的具体信息 */
        ownershipNumber: Integer
        location: Address
        area: Integer
        usage: String
        price: Money
    }
    right{ /* 所有者可对该资产行使的 4 种权利 */
        houseUseright : useRight
        houseUsufruct : usufructRight
        dispositionRight: Right
```

ossessionRight: Right
        }
    }

@@ 条款 1：出租人可通过交纳出租人押金来注册房屋信息。
term term1: Landlord **can** registerHouse
   while **deposit** infos::renterBail.

@@ 条款 2：承租人可在出租人注册房屋之后，通过交纳承租人押金来确认租赁，动作执行之后要求自动记录当前时间为合约的开始时间且计算截止时间并设置合约执行有效期和承租人支付租金的时间。

term term2: Tenant **can** confirmLease
   when after Landlord **did** registerHouse
   while deposit infos::tenantBail
   where infos::startLeasingTime = now **and** infos::endLeasingTime =
       endLeasingDuration+now **and** infos::payDate = payDuration+
       now **and** infos::payDuration = payDuration.

@@ 条款 3：承租人确认承租 7 天内，出租人必须将房屋使用权转移给承租人。
term term3: Landlord **must** transferHouse
   when within 7 day **after** Tenant **did** confirmLease
   while deposit $ houseUseright **of** house.

@@ 条款 4：在承租人确认承租后，在规定的支付租金日期之前，承租人必须支付租金。
term term4: Tenant **must** payRent
   when before infos :: payDate **and after** Landlord **did** transferHouse
   while deposit infos ::rental.

@@ 条款 5：租赁合约到期后且承租人检查房租之前，承租人应归还房屋，即将房屋使用权转回出租人。
term term5: Tenant **must** returnHouse
   when after infos :: endLeasingTime and before Landlord **did** checkHouse
   while **transfer** $ houseUseright **of** house **to** Landlord.

@@ 条款 6：出租人在承租人确认归还房屋后可对房屋进行检查。
term term6: Landlord **can** checkHouse
   when after Tenant **did** returnHouse.

@@ 条款 7：出租人在检查房屋之后的 15 天内，可收取全部租金，即取出租金。
term term7: Landlord **can** collectRent
   when within 15 day **after** Landlord **did** checkHouse

　　　　　whilewithdraw infos::rental.
@@ 条款 8_1：在检查房屋之后的 15 天内，出租人可取出出租人押金。
　　term term8: Landlord **can** collectBail
　　　　when within 15 day **after** Landlord **did** checkHouse
　　　　whilewithdraw infos :: renterBail.
@@ 条款 8_2：在检查房屋之后的 15 天内，承租人可取出承租人押金。
　　term term9: Tenant **can** collectBail
　　　　when 15 day **after** Landlord **did** checkHouse
　　　　whilewithdraw infos :: tenantBail.

@@ 仲裁条款：凡因本智能法律合约引起的或与其有关的一切争议，均由北京互联网法院管辖。

Arbitration term : Any controversy or claim arising out of or relating to this contract, or the breach thereof, shall be settled by arbitration administered by **institution** : BeijingIneternetCourt.

@@ 合约订立：本智能法律合约当事人不得以任何形式修改本合约，除非以书面形式并经双方签字。本合约及其附件构成合约双方的完整协议。通过签署本协议，各方同意上述条款。双方各收到一份本协议，并负责维护其条款。双方同意将本合约转化为智能合约平台上的计算机程序，并同意该程序及其实施具有相同法律效力。

Contract conclusion: This contract may not be modified in any manner unless in writing and signed by both parties. This document and any attachments hereto constitute the entire agreement between the parties. This Contract shall be binding upon the parties, their successors and assigns. By signing this agreement, all parties agree to the terms as described above. Each of parties will receive one copy of this agreement, and will be responsible for upholding its terms. Both parties agree with conversion from this contract to computer programs on smart contract platform, and approve that the programs' implementation has the same legal effect.

　　Signature of party Landlord（出租人签字）：
　　　　{　　printedName（打印名）：Mike Micheal,
　　　　　　signature（法定代表人签字）：0x9045f7a…80d4,
　　　　　　date（签订日期）：2020/8/20
　　　　}

　　Signature of party Tenant（承租人签字）：

```
{       printedName (打印名): 姜爽,
        signature (法定代表人签字): 0x46b9d3e…a983,
        date (签订日期): 2020/8/20
    }
}
```

8.6.3 智能合约示例

示例：A.1 中智能法律合约示例对应 Solidity 语言编写的智能合约。

```
pragma solidity >=0.5.0 <0.6.0;

import "./bidders.sol";
import "./auctioneer.sol";

contract SimpleAuction {

    biddersT bidders;
    auctioneerT auctioneer;

    uint highestPrice;
    address highestBidder;
    uint biddingStopTime;


    constructor() public{
            bidders = new biddersT();
            auctioneer = new auctioneerT();
            auctioneer.regist(msg.sender);
            auctioneer.name = "Yao San";
            auctioneer.signature = "0x23198de…393";
            auctioneer.signDate = 2020/7/12;
            bidders.add("柳湾","0x877238…201",2020/7/12);
            bidders.add("秦源","0x9340593…495",2020/7/12);
    }

modifier onlybidders{
```

```
            require(bidders.contains(msg.sender));
        _;
}

modifier onlyauctioneer{
        require(auctioneer.getAddress() == msg.sender);
        _;
}

function StartBidding(uint reservePrice, uint auctionDuration) onlyauctioneer() public {
        //RECORD
        auctioneer.StartBiddingDone();
        //USER CODE HERE
        highestPrice = reservePrice;
        biddingStopTime = auctionDuration + now;
        //CHECK
        assert(highestPrice==reservePrice && biddingStopTime== auctionDuration+
            now);
}

function Bid() public payable {
        if(!bidders.contains(msg.sender))
            bidders.add(msg.sender);
        //REQUIRE
        require(now > auctioneer.StartBiddingTime() && now < biddingStopTime);
        require(msg.value > highestPrice);
        uint this_bidder_Ori_amount = bidders.getamount(msg.sender);
        //USER CODE HERE
        highestPrice = msg.value;
        highestBidder = msg.sender;
        bidders.setamount(msg.sender,bidders.getamount(msg.sender) + msg.value);
        //CHECK
        assert(highestPrice == msg.value && highestBidder == msg.sender &&
            bidders.getamount(msg.sender) == this_bidder_Ori_amount + msg.value);
}
```

```
function WithdrawOverbidMoney() onlybidders() public payable {
        //REQUIRE
        if(msg.sender != highestBidder && bidders.getamount(msg.sender) > 0){
            //USER CODE HERE
            msg.sender.transfer(bidders.getamount(msg.sender));
            bidders.setamount(msg.sender, 0);
            //CHECK
            assert(bidders.getamount(msg.sender) == 0);
        }
        //REQUIRE
        else if(msg.sender == highestBidder && bidders.getamount(msg.sender) >
            highestPrice) {
            //USER CODE HERE
            msg.sender.transfer(bidders.getamount(msg.sender) - highestPrice);
            bidders.setamount(msg.sender, highestPrice);
            //CHECK
            assert(bidders.getamount(msg.sender) == highestPrice);
        }
        else{
            revert();
        }
    }

function CollectPayment() onlyauctioneer() public payable {
        //REQUIRE
        require(now > biddingStopTime && now < auctioneer.CollectPaymentTime());
        //RECORD
        auctioneer.CollectPaymentDone();
        //USER CODE HERE
        msg.sender.transfer(highestPrice);
    }
}
```

参 考 文 献

[1] 中国电子学会. 区块链智能合约形式化表达: T/CIE 095-2020.
[2] 一种法律合约的智能可执行合约构造与执行方法和系统: 202010381549.5[P].

第 9 章　合同文本置标语言

> **摘要**
>
> 本章摘录于中国电子学会编制的《区块链智能合约合同文本置标语言（CTML）》（T/CIE 129-2021）团体标准，该标准于 2022 年 1 月 1 日实施，涉及一种中国专利《一种基于合同文本标记语言的法律合同交互式标注方法》（202110162638.5），具备自主知识产权。

9.1　引　　言

近年来随着区块链技术的迅速发展和广泛应用，建立在区块链基础上的智能合约技术也日益成熟，被称为新一代区块链的核心技术。然而，智能合约目前尚不能被视为一种法律合同，其编写的智能合约程序也缺少法律认可和相应的法律效力，因此智能法律合约 SLC 在《区块链智能合约形式化表达》（T/CIE 095—2020）标准中被提出，它为法律文本合同与智能合约代码之间建立了转化的桥梁。目前法律文本合同到智能法律合约的转化缺乏规范化和准确性，即智能法律合约的编写依赖于程序人员主观上对法律文本合同的理解，难以准确体现原始法律文本合同的意思表示，因而依然难以明确智能法律合约与原始法律文本合同具有相同法律地位。

中国电子学会颁布的《区块链智能合约合同文本置标语言（CTML）》[1] 团体标准属于《区块链智能合约》标准系列，通过提供一种合同文本置标语言 CTML，使用语义标记和数源标记对法律文本合同中法律相关元素进行标注，避免自然语言可能产生的二义性。同时，构造交换标记数据表 EMD 实现合同语义与用户数据分离，支持当事人之间的合同协商与合约执行过程中的数据交互。此外，使用层级标注结构建立法律文本合同与智能法律合约之间的准确映射关系与相同意思表示。

如图 9.1 所示，以自然语言为载体的法律文本合同通过合同文本置标语言标注后生成 CTML 合同，再由其转化为智能法律合约语言撰写的智能法律合约，最后经编译后生成智能合约可执行代码，从而实现了由法律文本合同到智能合约代码生成的完整且规范化流程，保证转化后的程序代码与所标记的法律合同具有同等法律效力，上述过程已申请中国专利，具有自主知识产权[2]。

本文件采用合同文本置标语言对文本合同中法律要素进行准确描述和解释，消除自然语言表述可能产生的二义性，使得不同领域人员可对合同内容进行有效识别和无偏差理解，实现文本合同到智能法律合约的规范化转化和自动化生成，有利于对法律合同的进一步形式化分析与智能化应用。

图 9.1　合同转换关系示意图

9.2　缩　略　语

下列缩略语适用于本文件：

CTML　　合同文本置标语言（contract text markup language）
SLC　　　智能法律合约（smart legal contract）
SLCL　　智能法律合约语言（smart legal contract language）
EMD　　 交换标记数据表（exchange markup datasheet）
LFM　　　法律要素标注（law factor marking）
LPM　　　法律属性标注（law property marking）
LCM　　　法律成分标注（law component marking）

9.3　符号和关键词

9.3.1　标注符号

下面符号适用于本文件：

@　　　标识前缀
::=　　 表示定义，即"被定义为"
|　　　　同级元素或
[]　　　 关键词任选，可以为空
#　　　 可选特征指示符
%　　　 类型指示符
+　　　 零或多项
.　　　　层级关系连接符

| <<>><< / >> | 语义标记，前部表示标记开始，后部表示标记结束 |
| < {} > | 数源标记 |

9.3.2 关键词

本文件中所用关键词及其对应的含义见表 9.1。

表 9.1 关键词及其含义

关键词	含义
factor, property, component, field	法律要素、法律属性、法律成分、域
all, some, this	任意、存在、当前的限制冠词
can, must, cannot	权利限制，应当限制，禁止限制
true, false	真与假的布尔值
month, day, year, hour, minute, second, now	月、日、年、小时、分钟、秒、当前的时间符号
String, Money, Date, Integer, Float, Boolean, Time	表示字符串、货币、日期、整数、浮点数、布尔、时间的数据类型（dataType）
Right, useRight, ownershipRight, possessRight, usufruct, disposeRight	表示专有权属、使用权、所有权、占有权、收益权、处分权的权属类型（rightType）
title, individual, group, asset, genTerm, breTerm, arbiTerm, addition, conclusion	标题、个体当事人、群体当事人、标的、一般条款、违约条款、仲裁条款、附加信息、合约订立等法律要素
info, right, action, preCondition, adjCondition, postCondition, against, controversy, institution, signature	资产属性信息、资产权属信息、行为、前置条件、伴随条件、后置条件、违反、争议、机构、签名等法律属性
actionTime, timePredicate, rangePredicate, transfer, withdraw, deposit, assetExpression	行为时间、时间谓词、边界谓词、转移动作、取回动作、存入动作、资产表达式等法律成分
quantity, attribute, serialNumber, terms, party, duty, action, limit, targetTime, judge, prep, baseTime, within, boundary, condition, target, amount, assetRight, assetTarget	域值、特征、序号、子条款、当事人、义务、行为、限制冠词、目标时间、判断词、时间方向介词、基准时间、时间范围、边界判定、价值要求、转移目标、资产数量、资产权属、特定资产等法律特征
term, breach term, arbitration term, Contract conclusions, signature of party, additions, serial number, institution, when, while, where	一般条款、违约条款、仲裁条款、合约订立、当事人签名、附加信息、序列号、机构、执行、伴随、执行后等 SLCL 关键词

9.4 拼写规则

置标采用本文件所提供的英文置标语法。

CTML 标记中单词区分字母大小写，可完整使用，在名称中不使用缩略语，以保证语义清晰，提高可读性。

CTML 标记中要素、属性、成分、特征等需要客户提供唯一性标识，该标识只能使用字母，不使用任何特殊符号。

CTML 采用表达式规范合约内容。表达式中使用的符号包括：

——常量符号，包括数字、字符串、true、false；

——时间符号，包括 month，day，year，hour，minute，second，now；

——类型符号，包括 String，Money，Date，Integer，Float，Boolean，Right，Time。

9.5 CTML 置标体系

9.5.1 原则

本章定义合同文本置标语言的总体结构，该结构用于合同订立和履行等过程对合同信息的描述。

CTML 结构的建立原则是：

（1）以智能合约领域业务对合同内容的需求分析为基础；

（2）独立于合同样式的表现；

（3）独立于特定合同类型；

（4）建立与 SLCL 的对应关系。

本文件对文本合同内容本身、条款不同内容之间关系以及条款内容的各类文档结构、特征、词汇的法律意义进行建模，并定义这些内容的描述方法和数据处理方法。

9.5.2 CTML 记法

9.5.2.1 语义标记

语义标记具有指示性作用并可提供法律上的意思表示。置标信息置于被标注文本外侧的双尖括号内，即 << 置标信息 >> 文本 <</置标信息 >>。

语义标记采用如下格式：

语义标记::=

<< 要素 | 属性 | 成分 | 域参数列表 >>

$$\text{文本}$$
$$<</\text{要素} \mid \text{属性} \mid \text{成分} \mid \text{域}>>$$

对应置标语法为

$$semanticMarkup ::=$$
$$<<\textbf{factor}|\textbf{property}|component|\textbf{field}\text{parameterList}>>$$
$$\text{text}$$
$$<</\textbf{factor}|\textbf{property}|component|\textbf{field}»$$

其中，

factor	要素保留字
property	属性保留字
component	法律成分保留字
field	域保留字
parameterList	参数列表，依据标记种类具有不同定义
text	被标注文本

9.5.2.2 数源标记

数源标记的对象是 CTML 合同中可交互数据。

数源标记采用如下格式：

数源标记::=
    <{[要素标识]@ 交互数据 [% 类型] (#选择方式 = 备选数据)+}>

对应英文表示为

$$metadataMarkup ::=$$
$$<\{[\text{factorID}]@\text{exchangedData }[\%\text{type}]\,(\#\text{option}=\text{value})+\}>$$

其中，

factorID	交互数据所属层次中最外层的要素标识
exchangedData	该交互数据的唯一标识
type	交互数据的数据类型
option	交互数据的来源
value	合同文本在此处的备选数据或取值

注 1：option 可包括：

    singleOption（单选）表示可接受用户在选择列表中唯一选定；

    multiOption（多选）表示可接受用户在选择列表中一个或多个选定；

    import（外部输入）表示可接收用户传入数据；

trigger（触发）表示可接收外部事件；

allocate（分配）表示可接收用户定义的复杂类型数据。

value：在无异议的情况下，本文档中 value 皆表示上述同等含义。

type 分为数据类型和权属类型，在无异议的情况下，本文档中 type 皆表示上述同等含义。

注 2：嵌套结构可以通过层级关系连接符加以表示，数源标记可在文本中任何地方被使用。

示例 1：

合同文本：

  房屋的价格

标注后文本：

  <{asset@House.price %Money}>

示例 2：

合同文本：

  房屋使用权获取方式可选方式一为划拨

标注后文本：

  <{@accessMethod %Right #singleOption={allocation}}>

9.5.3 CTML 使用流程

CTML 支持文本合同到智能合约代码生成的完整且规范化流程，如图 9.2 所示，流程如下：

（1）支持基于文本合同的智能合约开发与部署，步骤包括：

  ① 文本合同采用合同文本置标语言标注后生成 CTML 合同和 EMD；

  ② 通过 CTML 到 SLCL 的词汇映射和转化规则生成 SLC 程序；

  ③ SLC 程序经编译后与 EMD 链接生成智能合约可执行代码；

  ④ 智能合约代码部署至智能合约平台，实现合约部署。

（2）CTML 合同、EMD、SLC 程序整合至合约服务器，宜于合同相关方与合约服务器间实时交互及合约服务器与智能合约平台间通信，实现合同协商、订立与执行。

9.5.4 CTML 合同类别

由 CTML 标注的文本合同按照标记程度分为：

——数源标注合同，仅采用数源标记的法律合同，宜用于法律合同与智能合约之间的数据交互。

——语义标注合同，仅采用语义标记的法律合同，宜用于被标注合同到智能法律合约的转化。

——完全标注合同，采用语义标记和数源标记的法律合同，既可用于被标注合同到智能法律合约的转化，又可用于法律合同与智能合约之间的数据交互。

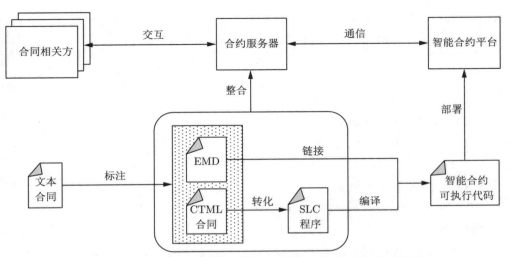

图 9.2　面向法律文本合同的智能合约生成和执行方法示意图

9.5.5　CTML 置标要求

CTML 置标过程应以促成和确保 CTML 合同与原始文本合同具有相同法律效力为目标，基本要求包括：忠实于原文的内容，将原文的内容充分表达出来，无任意增减删略或歪曲背离，消除文法的二义性；合理使用 CTML 语法规则，力求简明通顺、易于理解。

9.6　层级标注结构

9.6.1　概述

CTML 合同中语义标记采用层级语义标注结构，按包含关系分为法律要素标注（LFM）、法律属性标注（LPM）、法律成分标注（LCM）以及辅助性标注。

9.6.2　法律要素标注

LFM 属于一级标注功能，用于提取和识别文本合同中的法律要素，并形成要素表达式。语法如下：

　　　　要素表达式::=
　　　　　　<< 要素类别 @ 要素标识 (#特征=特征值)+>>
　　　　　　　　　　文本
　　　　　　<</要素 >>

对应英文格式为

$factorExpression ::=$
$$<<\textbf{factor}\ factorSet@factorID\ (\#attribute=value)+>>$$
$$text$$
$$<</\textbf{factor}>>$$

其中，

factor	要素保留字
factorID	要素标识
attribute	当前要素所具有的法律特征
value	特征的取值
factorSet	当前要素具体的要素类别，表示如下：

要素类别 ::=
 {标题，个体当事人 | 群体，资产，一般条款 | 违约条款 | 仲裁条款，
 合约订立，附加信息}

对应英文表示如下：

$factorSet ::=$
 {title, individual|group, asset, genTerm|breTerm|arbiTerm,
 conclusion, addition}

9.6.3 法律属性标注

LPM 属于二级标注功能，用于提取和识别要素中的法律属性，并形成属性表达式。语法如下：

属性表达式 ::=
 << 属性 [要素标识.] 属性类别 [@ 属性标识](# 特征 = 特征值)+>>
 文本
 <</属性 >>

对应英文格式为

$propertyExpression ::=$
$$<<\textbf{property}\ [factorID.]propertySet[@propertyID](\#attribute=value)+>>$$
$$text$$
$$<</\textbf{property}>>$$

其中，

property	属性保留字
propertyID	属性标识
propertySet	当前属性具体的法律属性，表示如下：

属性类别::=
　　　　　{信息，权属，行为，前置条件，伴随条件，后置条件，
　　　　　　　　　违反，争议，机构，签名}

对应英文表示为

propertySet::=

　　{info, right, action, preCondition, adjCondition, postcondition,
　　　　　against, controversy, institution, signature}

注 1：如果 LPM 被嵌套到一级标注中，则可对要素标识（即 factorID）予以省略。

注 2：当要素标识对应实体中属性的个数有且只有一次时，则可对 @ 属性标识（即 @ propertyID）予以省略。

9.6.4 法律成分标注

LCM 属于三级标注功能，用于嵌套式提取与识别特定要素、属性及成分中的法律成分，并形成成分表达式，其中，LCM 内可嵌套其他 LCM。语法如下：

　　　　　成分表达式::=
　　　　　　　<< 成分 (#特征=特征值)+>>
　　　　　　　　　　文本
　　　　　　　<</成分 >>

对应英文格式如下：

　　　　componentExpression::=
　　　　　<<*component* (#attribute=value)+>>
　　　　　　　　text
　　　　　<</component>>

其中，

component 为成分集合中指定的法律成分，表示如下：

　　　　　成分集合::=
　　　　　　　　　{行为时间，时间谓词，边界谓词，
　　　　　存入动作 | 取回动作 | 转移动作，资产表达式}

对应英文表示为

　　　　componentSet::=
　　　　　{actionTime, timePredicate, rangePredicate,
　　　　　deposit|withdraw|transfer, assetExpression}

9.6.5 域标注

域标注属于一种辅助性的标注功能，用于提取和识别要素、属性、成分中的域信息，并形成域表达式。语法如下：

域表达式::=
    << 域 [要素标识. 属性集]@域标识 [% 类型] [#域值=取值]>>
          文本
          <</域 >>

对应英文格式为

fieldExpression::=
    <<**field** [factorID.propertySet]@fieldID [%type][#**quantity**=value]>>
          text
          <<**/field**>>

其中，

  quantity 为域值保留字，等号右侧是当前域的取值。

示例：

<<**property info**>> 房屋状况
  <<**field @location**>> 房屋坐落 <{House@location}><<**/field**>>
  <<**field @area**>> 建筑面积 <{House@area%Integer}><<**/field**>>
<<**/property**>>

9.7 要素构成

CTML 按照层级标注结构实施文本合同中法律要素的标注。标注元素关系如图 9.3 所示，具体要素包括以下 6 种：

  ——合约名称，以 title 形式加以描述。

  ——当事人，包括个体当事人（individual）和群体当事人（group）。

  ——标的，用于声明资产所需信息，包括当前资产属性信息（info）与权属信息（right），两者均属于资产要素下的法律属性。

  ——合约条款，用于当事人权利和义务的宣称，包括一般条款（genTerm）、违约条款（breTerm）和仲裁条款（arbiTerm），属于法律要素，说明如下。

  ——一般条款和违约条款均以行为（action）、前置条件（preCondition）、伴随条件（adjCondition）和后置条件（postCondition）等法律属性对条款构成进行标注。

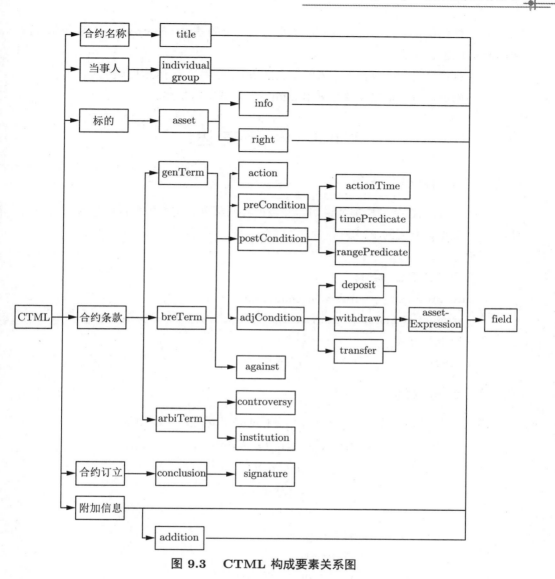

图 9.3　CTML 构成要素关系图

a) 前置条件和后置条件涉及时间信息的提取和表示，被提取的时间信息按照类别可分为行为时间（actionTime）、时间谓词（timePredicate）、边界谓词（rangePredicate）三种，属于法律成分。
b) 伴随条件可指定的资产操作方式包括存入（deposit）、取回（withdraw）和转移（transfer），并使用资产表达式（assetExpression）对资产操作进行调用，上述元素均属于法律成分。
c) 违约条款使用违反（against）属性对所针对条款进行标注。

211

——仲裁条款应依据合同反映的事实对其规定的争议（controversy）和机构（institution）进行标注。

——合约订立，应包含当事人的签名（signature），属于法律属性。

——附加信息，根据需要可采用 addition 形式加以描述。

9.8 要素表述

9.8.1 合约框架

CTML 合同包括文档类型说明、文档内容两部分。文档类型说明包含语言类型、具体文档类型、对应的 EMD。

示例：

<!DOCTYPE ctml>

<ctml lang=zh_cn, **link**="exchangesheet.emd"**>**

  <<**factor title**@printerDeal>> 打印机购买合同 <<**/factor**>>

 hello world!

</ctml>

9.8.2 合同标题

合同标题用于描述法律合同文件相关信息及其标注，语法如下：

$$<<\textbf{factor title}@\textbf{titleID}[\textbf{\#serialNumber}=value]>>$$
$$text$$
$$<<\textbf{/factor}>>$$

其中，

title	标题保留字
titleID	合约标识
serialNumber	序号保留字，可缺省
value	合约序号的具体取值

示例：

合同文本：

 房屋买卖合同

标注后文本：

 <<**factor title**@purchase **#serialNumber** =0x827198...ab193>>

  房屋买卖合同

<</factor>>

注：该合约序号为 0x827198…ab193。

9.8.3 当事人

当事人标记用于对当事人相关信息进行宣称，包括当事人唯一性的身份信息、联系方式等。当事人又分为个体当事人和群体当事人，标记通过当事人标识对所有已声明当事人进行区分。语法如下：

——个体当事人标记：

<<factor individual@individualID>>

text

<</factor>>

——群体当事人标记：

<<factor group@groupID>>

text

<</factor>>

其中，

individual	个体当事人保留字
individualID	个体当事人标识
group	群体当事人保留字
groupID	群体当事人标识

示例：

合同文本：

拍卖方举办的拍卖会上，竞标人竞标拍卖物。

标注后文本：

<<factor individual@Seller>>

拍卖方

<</factor>> 举办的拍卖会上，

<<factor group@Voters>>

竞标人

<</factor>> 竞标拍卖物。

注：群组当事人可表示为动态加入的当事人列表。

9.8.4 标的

标的标记用于描述当事人权利和义务共同指向的对象以及对象的权属关系,其中,对象被称为资产,一般分为物、行为、智力成果等。标记通过资产标识对已声明资产进行区分。语法如下:

$$<<\text{factor asset@assetID}>>$$
$$\text{text}$$
$$<<\text{/factor}>>$$

其中,

  asset 资产保留字
  assetID 资产标识

声明资产时需标注信息,包括与合约相关资产属性信息(info)与资产权属信息(right),两者均属于资产要素下的法律属性。语法如下:

——资产属性信息(info):

$$<<\text{property [assetID.]info}>>$$
$$\text{text}$$
$$<<\text{/property}>>$$

——资产权属信息(right):

$$<<\text{property [assetID.]right}>>$$
$$\text{text}$$
$$<<\text{/property}>>$$

其中,

  info 资产属性信息保留字
  right 资产权属信息保留字
  assetID 指定资产标识。

info 与 right 中 text 可进一步使用域标记对其拥有的特性及取值进行标定。right 在标记类型时应使用权属类型,其中,权属类型定义如下:

  权属类型::=
    {专有权属,使用权,所有权,占有权,收益权,处分权}

对应英文表示如下:

rightType::=
{Right, useRight, ownershipRight, possessRight, usufruct, disposeRight}

  注:专有权属是一种特定属性下用户自定义的权属。
——如果标的物属性采用非集中方式进行描述,语法如下:

<<**field** assetID.**info**@fieldID %dataType>>

text

<<**/field**>>

——如果标的物权属采用非集中方式进行描述，语法如下：

<<**field** assetID.**right**@fieldID %rightType>>

text

<<**/field**>>

示例 1：

合同文本：

甲方将自有的房屋出租给乙方。

标注后文本：

甲方将自有的 <<**factor** asset@House>> 房屋 <<**/factor**>> 出租给乙方

示例 2：

合同文本：

房屋状况填写：房屋坐落位置为_____，幢号为_____，室号为_____，建筑面积为_____ 平方米。

标注后文本：

<<**property** House.**info**>>

房屋状况填写：房屋坐落位置为_____，幢号为_____，室号为_____，建筑面积为_____ 平方米。

<<**/property**>>

注：资产属性信息 info 的标记文本中，使用域标记和数源标记对拥有的特性及取值进行逐一详细标注。完整标注后文本：

<<**property** House.**info**>> 房屋状况填写：

<<**field** @location>> 房屋坐落位置为 <{House@location}><</**field**>>

<<**field** @blockNumber>> 幢号为 <{House@blockNumber}><</**field**>>

<<**field** @roomNumber>> 室号为 <{House@roomNumber}><</**field**>>

<<**field** @area%Integer>> 建筑面积为 <{House@area%Integer}>

<<**/field**>> 平方米

<<**/property**>>

示例 3：

合同文本：

土地使用权取得方式 "√"：1. 出让 2. 划拨。

标注后文本：

<<**property** House.**right**>>

土地使用权取得方式 "√"：1. 出让 2. 划拨。

<</property>>

注：资产属性信息 right 的标记文本中，使用域标记和数源标记对拥有的特性及取值进行逐一详细标注。完整标注后文本：

<<**property**House.**right**>>

    <<**field** @houseLandUse %**Right**>> 土地使用权取得方式 "√"：

    1. 出让 <{@accessMethod %Right #**singleOption**={transferred}}>

    2. 划拨 <{@accessMethod %Right #**singleOption**={allocation}}>

    <<**/field**>>

<<**/property**>>

9.8.5 合约条款

9.8.5.1 一般条款

一般条款用于当事人对权利与义务、条款执行条件、资产转移以及条款执行后应满足的后置条件进行约定。若一般条款间在逻辑上具有上下级层次结构，则称对应下级条款为子条款，子条款应在特征 terms 中进行声明，子条款标识需通过层次命名方法加以区分。语法如下：

$$\text{<<\textbf{factor genTerm}@termID\ [\#\textbf{terms}=\{(termID)+\}]>>}$$
$$\text{text}$$
$$\text{<<\textbf{/factor}>>}$$

其中，

    genTerm　　一般条款保留字

    termID　　条款标识

    terms　　子条款关键词

一般条款按如下四类属性进行标记：

——行为（action）：标记条款的具体动作，genTerm 下都需标记条款对应行为属性。语法如下：

$$\text{<<\textbf{property}\ [termID.]\textbf{action}@actionID\ \#\textbf{party}=(individualID|groupID)}$$
$$\text{\#\textbf{duty}=Duty>>}$$
$$\text{text}$$
$$\text{<<\textbf{/property}>>}$$

其中，

    termID　　对应的条款标识

    action　　行为保留字

    actionID　　行为标识

party 用于标识条款当事人的特征

duty 用于标识该当事人权利和义务的特征，二者在标记中必须明确规定

权利和义务包括权利限制（can）、应当限制（must）和禁止限制（cannot），集合表示如下：

$$Duty::=\{can, must, cannot\}$$

——前置条件（preCondition）：标记条款执行前需要满足的要求，即条款执行条件。语法如下：

<<**property** [termID]**preCondition**[@preConditionID]>>

text

<</**property**>>

其中，

  termID   对应的条款标识

  preCondition 前置条件保留字

  preConditionID termID 条款对应的前置条件标识，超过一处时需添加此标识

——伴随条件（adjCondition）：标记条款执行过程中伴随的资产操作。语法如下：

<<**property** [termID.]**adjCondition**[@adjConditionID]>>

text

<</**property**>>

其中，

  termID   对应的条款标识

  adjCondition 伴随条件保留字

  adjConditionID termID 条款对应的伴随条件标识，超过一处时需添加此标识

——后置条件（postCondition）：标记条款执行后应满足的条件。语法如下：

<<**property** [termID]**postCondition**[@postConditionID]>>

text

<</**property**>>

其中，

  termID   对应的条款标识

  postCondition 后置条件保留字

  postConditionID termID 条款对应的后置条件标识，超过一处时需添加此标识

示例：

合同文本：

  竞拍者可在竞拍开始后出价竞拍，向合约账户转入大于当前最高价的资金，出价最高

者为得主。

标注后文本:

    <<factor genTerm@term1>> 竞拍者

        <<property preCondition>> 可在竞拍开始后 <</property>>

        <<property action@bid#party=bidder#duty=can >> 出价竞拍
            <</property>>

        <<property adjCondition >> 向合约账户转入大于当前最高价的资金
            <</property>>

        <<property postCondition>> 出价最高者为得主 <</property>>

    <</factor>>

9.8.5.2 违约条款

违约条款是指当事人一方不履行合同义务或者履行合同义务不符合约定时,违约方应当承担的违约责任。当违约条款存在子条款时,也需要在特征 terms 中进行声明。语法如下:

    <<factor breTerm@breTermID [#terms={(termID)+}]>>

        text

    <</factor>>

其中,

    breTerm   违约条款保留字

    breTermID   违约条款标识

在文本合同中违约条款需要指出本条款针对哪个或哪些条款,CTML 合同使用属性 against 对其进行标记,并在特征 terms 中对所针对的条款进行声明。语法如下:

    <<property [breTermID.]against@againstID #terms={(termID)+}>>

        text

    <</property>>

其中,

    against   违反保留字

    againstID   违反标识

    terms   特征关键字

违约条款要素中同样具有 action、preCondition、adjCondition 和 postCondition 四类属性,且必须对行为 action 进行标注。

注:违约条款可约定违约者必须执行的动作或受害者可以执行的动作。

示例:

合同文本:

若乙方未能够按期付款，则按约定支付给甲方 5%滞纳金。

标注后文本：

  <<factor breTerm@term2>> 若乙方

    <<property against@meetPaymentDeadline>> 未能够按期付款

      <</property>>

    <<property action@payExtra#party=Buyer #duty=must>>

      则按约定支付给 <</property>>

    <<property adjCondition>> 甲方 5%滞纳金 <</property>>

<</factor>>

9.8.5.3 仲裁条款

  仲裁条款用于对各种合同争议约定解决争议的方法，并可指定仲裁机构。语法如下：

$$<<\text{factor arbiTerm@termID}>>$$
$$\text{text}$$
$$<</\text{factor}>>$$

其中，

  arbiTerm 仲裁条款保留字

  termID 条款标识

仲裁条款要素可对合同争议和仲裁机构的陈述进行标注，包括：

——争议（controversy）：

$$<<\text{property [termID]}\textbf{controversy}\text{[@controversyID]}>>$$
$$\text{text}$$
$$<</\text{property}>>$$

其中，

  termID   对应的条款标识

  controversy 争议保留字

  controversyID termID 条款对应的争论标识，超过一处时需添加此标识

——机构（institution）：

$$<<\text{property [termID]}\textbf{institution}\text{[@institutionID]}>>$$
$$\text{text}$$
$$<</\text{property}>>$$

其中，
    termID　　　　　对应的条款标识
    institution　　　机构保留字
    institutionID　　　termID 条款对应的机构标识，超过一处时需添加此标识
示例：
合同文本：
    如发生违反租赁条款的争议，双方协商解决；协商不成的，双方愿向北京仲裁委员会申请仲裁。
标注后文本：
    <<**factor arbiTerm**@term3>> 如发生
    <<**property controversy**>> 违反租赁条款的争议，<</property>>
    双方协商解决；协商不成的，双方愿向
    <<**property institution**@BAC>> 北京仲裁委员会 <</property>>
    申请仲裁。
    <</**factor**>>

9.8.6　资产操作

9.8.6.1　界定和构成

资产操作标注用于为实现标的物在不同当事人之间的转移动作提供提取、识别和形式化表示，分为存入动作、取回动作、转移动作三种行为。

9.8.6.2　存入动作

存入动作标记用于描述当事人主动存入资产。语法如下：

$$<<\textbf{deposit}\ [\#condition=STRING]>>$$
$$text$$
$$<</\textbf{deposit}>>$$

其中，
    deposit　　　存入动作保留字
    condition　　价值要求，特征值规定为字符串类型（STRING）
示例 1：
合同文本：
    存入 10 元
标注后文本：
    <<**deposit**>> 存入 10 元 <</**deposit**>>
示例 2：

合同文本：
  存入大于当前最高价的金额。
标注后文本：
  <<**deposit #condition**="value>highestPrice">>
    存入大于当前最高价的金额
  <</**deposit**>>

注 1：大于当前最高价 "value >highestPrice" 为价值要求，其中 highestPrice 表示当前最高价，为货币类型（Money），需在合同中使用域标记进行详细标识。

注 2：存入动作需内嵌目标资产表达式的标记。完整标注后的文本：
  <<**deposit #condition**="value>highestPrice">>
    存入大于
    <<**assetExpression #assetTarget**=highestPrice>>
      当前最高价
    <</**assetExpression**>>
    的金额
  <</**deposit**>>

9.8.6.3 取回动作

取回动作标记用于描述当事人取回资产。语法如下：

$$<<\textbf{withdraw}>>$$
$$\text{text}$$
$$<</\textbf{withdraw}>>$$

其中，

  withdraw   取回动作保留字

示例：

合同文本：
  取回本金和利息
标注后文本：
  <<**withdraw**>> 取回本金和利息 <</**withdraw**>>

注 1：取回动作需内嵌目标资产表达式的标记。完整标注后的文本：
  <<**withdraw**>>
    取回
    <<**assetExpression #amount**=1+rate **#assetTarget**=principal>>
      本金和利息
    <</**assetExpression**>>
  <</**withdraw**>>

注 2：本金和利息可表示成"本金 * （1+ 息率）"，其中，rate 表示息率，为浮点类型（Float），principal 表示本金，为货币类型（Money），需在合同中使用域标记进行标识。

9.8.6.4 转移动作

转移动作标记用于描述向特定目标当事人转移资产。语法如下：

<<transfer #target=(individualID|groupID)>>

text

<</transfer>>

其中，

transfer	转移动作保留字
target	转移目标关键词，指示资产转移目标
individualID	个体当事人标识
groupID	群体当事人标识

示例：

合同文本：

  向卖家转移保证金。

标注后文本：

  <<transfer #target=seller>> 向卖家转移保证金 <</transfer>>

注：转移动作需内嵌目标资产表达式的标记。完整标注后的文本：

  <<transfer #target=seller>>

   向卖家转移

   <<assetExpression #assetTarget=welfare>>

    保证金

   <</assetExpression>>

  <</transfer>>

9.8.7 资产表达式

资产表达式用于条款中资产的调用，包括数量、权属、资产标识。语法如下：

<<assetExpression [#amount=(FLOAT|INT)]
[#assetRight=fieldID]#assetTarget=assetID>>

text

<</assetExpression>>

其中，

assetExpression 资产表达式保留字
amount 资产数量关键词，对应特征值应为浮点型（FLOAT）或整型（INT）
assetRight 资产权属关键词，对应特征值为标的物权属
assetTarget 特定资产关键词，对应特征值为资产标识，在声明时不允许被缺省

注：amount 在缺省情况下默认特征值为 1，assetRight 在缺省情况下默认合约处置对象的权属为资产所有权。

示例 1：

合同文本：

  20 元

标注后文本：

  <<**assetExpression** **#amount**=20 **#assetTarget**=RMB>>20 元
    <</**assetExpression**>>

注：资产标识可包括预定义的货币资产，如人民币（RMB）、美元（USD）及货币（Money）类型域。

示例 2：

合同文本：

  5% 滞纳金

标注后文本：

  <<**assetExpression** **#amount**=0.05 **#assetTarget**=overdueFine>>
    5%滞纳金
  <</**assetExpression**>>

示例 3：

合同文本：

  资产房屋的 50% 所有权

标注后文本：

  <<**assetExpression** **#amount**=0.5#**assetRight**=ownership#**assetTarget**=House>>
    房屋的 50% 所有权
  <</**assetExpression**>>

9.8.8 时间表达式

9.8.8.1 界定和构成

  时间表达式为 CTML 合同中时间信息提供提取和表示的能力，可分为行为时间、时间谓词、边界谓词。

9.8.8.2 行为时间

行为时间用于描述当事人完成某项动作的行为时间。语法如下：

<<actionTime [#limit=(all|some|this)] #party=(individualID|groupID)
#action=actionID>>
text
<</actionTime>>

其中，

actionTime 行为时间保留字

limit 限制冠词，包括任意（all）、存在（some）和当前（this）3 种限制信息

party 当事人关键词，特征值为个体当事人（individualID）或群体当事人（groupID）

action 行为关键词

actionID 行为标识

注：根据当事人为个体或群体情况，可将行为时间表示分为如下两种情况：

——当事人为个体时，不必添加冠词 all、some、this。

示例 1：

合同文本：

买家支付完成

标注后文本：

<<actionTime #party=buyer #action=pay>> 买家支付完成
<</actionTime>>

——当事人为群体时，可通过添加冠词 all、some、this 表示特定时间。

- 冠词 all：表示群体当事人中最后一个完成某动作的时间。

示例 2：

合同文本：

所有投票者投票完成

标注后文本：

<<actionTime #limit=all #party=voters#action=vote>>
所有投票者投票完成
<</actionTime>>

- 冠词 some：表示群体当事人最近一个完成某动作的时间。

示例 3：

合同文本：

竞标者群体中最近一个完成拍卖

标注后文本：

<<actionTime #limit=some #party=bidder #action=bid>>
   竞标者群体中最近一个完成拍卖
<</actionTime>>

- 冠词 this：当前条款执行人若属于该群体，则表示该个体的完成时间。

示例 4：

合同文本：

   本人投票完成

标注后文本：

<<actionTime #limit=this #party=voters #action=vote>>
   本人投票完成
<</actionTime>>

9.8.8.3 时间谓词

时间谓词用于描述目标时间与基准时间之间的关系。语法如下：

<<timePredicate [#targetTime=timeID][#judge=(is|isn't)]
   [#prep=(before|after)] #baseTime=timePoint>>
           text
       <</timePredicate>>

其中，

timePredicate	时间谓词保留字
targetTime	目标时间特征关键词
timeID	指定时间标识
judge	为判断词关键词，特征值可选择是（is）、否（isn't）
prep	为时间方向介词，特征值可选择时间之前（before）和时间之后（after）
baseTime	为基准时间关键词
timePoint	包括时间类型（Date）、当前时间（now）和行为时间（actionTime），即

$$timepoint::=\{Date, now, actionTime\}$$

示例 1：

合同文本：

   在截止日期之前

标注后文本：

<<timePredicate #prep=before #baseTime=expirationDate>> 在截止日期之前 《/timePredicate》

示例 2：

合同文本：

本人投票完成时刻是在生效日期之后

标注后文本：

<<timePredicate #targetTime=voteEnd #judge=is #prep=after #baseTime=effectiveDate>>

本人投票完成时刻是在生效日期之后

<</timePredicate>>

注：voteEnd 指当事人完成投票动作的时间，effectiveDate 指生效日期。

9.8.8.4 边界谓词

边界谓词用于描述某一基准时间前后的某一范围，语法如下：

<<rangePredicate [#within=(true|false)] #boundary=TIME [#prep=(before|after)] #baseTime=timePoint>>

text

<</rangePredicate>>

其中，

rangePredicate	边界谓词保留字
within	边界判定关键词，特征值为布尔值
boundary	时间范围关键词，特征值为时间类型（TIME）

示例 1：

合同文本：

在拍卖结束前的三天内。

标注后文本：

<<rangePredicate #within=true #boundary=3day #prep=before #baseTime=auctionEnd>>

在拍卖结束前的三天内

<</rangePredicate>>

注：auctionEnd 指拍卖结束的日期。

示例 2：

合同文本：

在拍卖结束前的三天以前。

标注后文本：

<<rangePredicate #boundary=3day #prep=before #baseTime=

  auctionEnd>>
    在拍卖结束前的三天以前
 <</rangePredicate>>

9.8.9 附加信息

附加信息标记用于描述其他补充条件。语法如下：

<<factor addition@additionID>>
text
<</factor>>

其中，

addition 附加信息保留字
additionID 附加信息标识

注：附加信息中应使用域对其拥有的特性及其取值进行标注。

示例 1：
合同文本：
  合同信息如保证金等
标注后文本：
  <<factor addition@contractInfo>> 合同信息如
    <<field contractInfo@welfare>>
      保证金
    <</field>> 等
  <</factor>>

示例 2：
合同文本：
  最高出价
标注后文本：
  <<field @highestPrice>> 最高出价 <</field>>

9.8.10 合约订立

合约订立标记用于描述所有当事人的约定总结，表明缔约当事人相互为意思表示，达成合意，同意签订合同。语法如下：

<<factor conclusion@conclusionID>>
text
<</factor>>

其中,

    conclusion   合约订立保留字

    conclusionID   合约订立标识

合约订立要素应包含当事人的签名,代表各方同意合同相关陈述并对合同进行签署。语法如下:

<<property
[conclusionID.]**signature**[@signatureID]**#party**=(individualID|groupID)>>
text
<</property>>

其中,

    conclusionID   当前合约订立标识

    signature   签名保留字

    signatureID   签名标识

    party   特征关键词,其特征值为签名对应的当事人标识

示例:

<<factor conclusion@SellContractConclusion>>

本智能法律合约当事人不得以任何形式修改本合约,除非以书面形式并经双方签字。本合约及其附件构成合约双方的完整协议。本合约对当事各方及其继承人、受让人均具有约束力。通过签署本协议,各方同意上述条款。双方各持一份本协议,并负责维护其条款。双方同意将本合约转化为智能合约平台上的计算机程序,并同意该程序及其执行具有相同法律效力。

<<**property signature #party**=Seller>>

    甲方(签名或盖章):

    签订日期:

<</property>>

<<**property signature #party**=Buyer>>

    乙方(签名或盖章):

    签订日期:

<</property>>

<</factor>>

9.9 法律文本合同及标注后 CTML 合同示例

9.9.1 法律文本合同

房屋买卖合同

卖方：_____（以下简称甲方）
买方：_____（以下简称乙方）

（一）为房屋买卖有关事宜，经双方协商，订合同如下：甲方自愿下列房屋卖给乙方所有：

1. 房屋状况：（请按《房屋所有权证》填写）
房屋坐落幢号室号套（间）数建筑结构总层数建筑面积（平方米）用途
2. 该房屋的土地使用权取得方式"√"：出让（　　）划拨（　　）

（二）甲乙双方商定成交价格为人民币_____元，（大写）_____佰_____拾_____万_____仟_____佰_____拾元整。

乙方在_____年_____月_____日前分_____次付清，付款方式：

（三）甲方在_____年_____月_____日自愿将上述房屋交付给乙方。该房屋占用范围内土地使用权同时转让。

（四）若乙方未能够按期付款，则按约定付给甲方 5% 滞纳金，滞纳金根据民法典规定予以支付。

（五）本合同经双方签章并经嘉兴市房地产交易管理所审查鉴定后生效，并对双方均具有约束力，应严格履行。如有违约，违约方应承担违约责任，并赔偿损失，支付违约费用。

（六）双方应按国家规定交纳税、费及办理有关手续。未尽事宜，双方应按国家有关规定办理。如发生争议，双方协商解决；协商不成的，双方可向（_____）仲裁委员会申请仲裁。

（七）本合同一式四份，甲、乙双方及税务部门各一份，房管部门一份。

（八）双方约定的其他事项：_____

甲方（签名或盖章）_____
签订日期：_____年_____月_____日
乙方（签名或盖章）_____
签订日期：_____年_____月_____日

9.9.2 标注后 CTML 合同

<!DOCTYPE ctml>

<ctml lang=zh_cn, link="exchangesheet.emd">

    <<**factor** title@printerDeal>> 房屋买卖合同 <</**factor**>>

    <<**factor individual**@Seller>> 卖方：<{Seller@name%String}>（以下简称甲方）<</**factor**>>

    <<**factor individual**@Buyer>> 买方：<{Buyer@name%String}>（以下简称乙方）<</**factor**>>

（一）为房屋买卖有关事宜，经双方协商，订合同如下：甲方自愿下列房屋卖给乙方所有：

  <<**factor** asset@House>>

    <<**property** info>>1. 房屋状况：（请按《房屋所有权证》填写）

      <<**field**@location>> 房屋坐落 <{House@location}><</**field**>>

      <<**field**@blockNumber>> 幢号 <{House@blockNumber}><</**field**>>

      <<**field** @roomNumber>> 室号 <{House@roomNumber}><</**field**>>

      <<**field** @units>> 套（间）数 <{House@units%Integer}><</**field**>>

      <<**field**@structure>> 建筑结构 <{House@structure}><</**field**>>

      <<**field**@floor>> 总层数 <{House@floor%Integer}><</**field**>>

      <<**field**@area>> 建筑面积（平方米）<{House@area%Integer}><</**field**>>

      <<**field**@usage>> 用途 <{House@usage}><</**field**>>

  <</**property**>>

  <<**property** right>> 该房屋的

    <<**field**@houseLandUse %Right>> 土地使用权取得方式 "√"：

      出让（<{@accessMethod %Right #**singleOption**={transferred}}>）

      划拨（<{@accessMethod %Right #**singleOption**={allocation}}>）

    <</**field**>>

  <</**property**>>

<</**factor**>>

<<**property** term1.**adjCondition**>>

（二）甲乙双方商定

  <<**transfer** #target=Seller>> 成交价格为

    <<**assetExpression** #assetTarget=RMB>> 人民币

      <<**field** @dealPrice %Money>>

        <{@dealPrice %Money}> 元

      <</**field**>>

    <</**assetExpression**>>，（大写）<{@dealPrice %Money}> 元整。

  <</**transfer**>>

<</property>>
<<factor genTerm@term1>>
　　乙方
　　<<property preCondition>> 在
　　　　<<timePredicate #prep=before #baseTime=expirationDate>>
　　　　　　<<field @expirationDate %Date>>
　　　　　　　　<{@expirationDate%Date}> 日前
　　　　　　<</field>>
　　　　<</timePredicate>> 分 <{term1@frequency %Integer}> 次
　　<</property>>
　　<<property action@afford #party=Buyer#duty=must>> 付清
　　<</property>>，
　　付款方式：<{term1@paymentMethod}>
<</factor>>
<<factor genTerm@term2>>
（三）甲方
　　<<property preCondition>>
　　　　<<rangePredicate #within=true #boundary=1day #prep=after #baseTime=houseDeadline>> 在
　　　　　　<<field @houseDeadline%Date>>
　　　　　　　　<{term2@houseDeadline %Date}>
　　　　　　<</field>>
　　　　<</rangePredicate>>
　　<</property>>
　　<<property adjCondition@adj1>>
　　　　<<transfer #target=Buyer>> 自愿将
　　　　　　<<assetExpression #assetTarget=House>>
　　　　　　　　上述房屋
　　　　　　<</assetExpression>>
　　　　<</transfer>>
　　<</property>>
　　<<property action@deliver#party=Seller #duty=must>>
　　　　交付
　　<</property>> 给乙方。
　　<<property adjCondition@adj2>> 该房屋
　　　　<<transfer #target=Buyer>> 占用范围内

        <<assetExpression #assetRight=houseLandUse #assetTarget=House>>

        土地使用权

        <</assetExpression>> 同时转让

    <</transfer>>

<</property>>。

<</factor>>

<<factor breTerm@term3>>

（四）若乙方

    <<property against@meetPaymentDeadline#terms={term1}>>

        未能够按期付款

    <</property>>，则

    <<property action@payExtra #party=Buyer#duty=must>>

        按约定给

    <</property>>

    <<property adjCondition>>

        <<transfer #target=Seller>> 甲方

            <<assetExpression #amount=0.05 #assetTarget=contractInfo.overdueFine>>

            5% 滞纳金

            <</assetExpression>>

        <</transfer>>

    <</property>>

<</factor>>,

<<factor addition@contractInfo>>

    <<field contractInfo@overdueFine>>

        滞纳金

    <</field>>

<</factor>> 根据民法典规定予以支付。

<<factor conclusion@Conclusion1>>

（五）本合同经双方签章并经嘉兴市房地产交易管理所审查鉴定后生效，并对双方均具有约束力，应严格履行。如有违约，违约方应承担违约责任，并赔偿损失，支付违约费用。

<</factor>>

<<factor conclusion@Conclusion2>>

（六）双方应按国家规定交纳税、费及办理有关手续。未尽事宜，双方应按国家有关规定办理。

<</factor>>
<<factor arbiTerm@term4>>
  如发生争议，双方协商解决；协商不成的，双方可向
  <<property institution>>（<{term4@committee %String}>）仲裁委员会
  <</property>> 申请仲裁。
<</factor>>
  <<factor conclusion@Conclusion3>>
（七）本合同一式四份，甲、乙双方及税务部门各一份，房管部门一份。
（八）双方约定的其他事项：<{Conclusion3@promise %String}>
  <<property signature #party=Seller>> 甲方（签名或盖章）
   <<field Seller@SellerSignature>>
    <{Seller@SellerSignature}>
   <</field>> 签订日期：
   <<field Seller@SellerSignatureDate>>
    <{Seller@SellerSignatureDate%Date}>
   <</field>>
  <</property>>
  <<property signature #party=Buyer>> 乙方（签名或盖章）
   <<field Buyer@BuyerSignature>>
    <{Buyer@BuyerSignature}>
   <</field>> 签订日期：
   <<field Buyer@BuyerSignatureDate>>
    <{Buyer@BuyerSignatureDate%Date}>
   <</field>>
  <</property>>
<</factor>>
</ctml>

9.10 EMD 的交互数据属性与示例

9.10.1 EMD 的交互数据属性

  交互数据属性是指合同协商与执行过程中对当事人交互数据进行约束与限定的特定性质或关系。交互数据属性可包括：

  ——使用方法 usage：可使用 6 个字符进行表示，每两个字符为一组，分别为合约签订前、中、后阶段对变量的状态权限约束，逻辑关系包括：

- R 表示此变量仅可读（readable）；
- W 表示此变量可写（writeable）；
- C 表示此变量需在此阶段被确认（confirmed）；
- U 表示此变量无须在此阶段被确认（unconfirmed）；
- C 与 W 共同使用形成 WC，表示此变量必须填写；
- U 和 W 共同使用形成 WU，表示此变量非必须填写；
- 此变量为可读状态时，其权限约束表示用"_"表示。

——来源标识 ctmlID：交互数据在 CTML 合同中的对应标识。
——目标标识 targetID：交互数据在被转化后智能合约中所对应变量名。
——类型 type：交互数据的数据类型。
——缺省值 defaultValue：交互数据的缺省值。
——确值条件 condition：用于对交互数据的值域范围限定、填写人约束条件进行约束。

- 单选 singleOption：表明相应交互数据为单选项，并记录取值范围；
- 多选 multiOption：表明相应交互数据为多选项，并记录取值范围；
- 个体当事人标识 individualID：表明相应交互数据需由该标识对应个体当事人填写；
- 群体当事人标识 groupID：表明相应交互数据需由该标识对应群体当事人填写；

——交互数据值 value：交互过程中客户填写的交互数据数值。

9.10.2 EMD 示例

EMD 生成流程如下：

（1）逐个提取数源标记，生成一个以交互数据标识命名的记录；
（2）客户应通过选择或编辑方式对记录中的交互数据属性进行确认、特指或限制；
（3）合约服务器应将上述用户指定的交互数据属性写入交换标记数据表 EMD 对应记录中。

根据上述流程，第 9 章中标注后的 CTML 合同为可得到 EMD，见表 9.2。

9.11 CTML 到 SLCL 转化关系表

CTML 到 SLCL 的转化关系表现为由 CTML 中标记到 SLCL 中符号的元素映射关系，如表 9.3 所述。

元素映射关系见表 9.3 中第四列，采用符号":"表示映射关系，即"CTML 中的标记"："SLCL 中的符号"。

第 9 章 合同文本置标语言

表 9.2 交换数据表示例

Factor	ID	Usage	ctmlID	Value	TargetID	Type	Default-Value	Condition
Seller	name	WCWUR_	name	\	name	String	\	must Seller
	SellerSign-ature	WCWUR_	SellerSign-ature	\	SellerSign-ature	String	\	must Seller
	SellerSign-atureDate	WCWUR_	SellerSign-atureDate	\	SellerSign-ature	Date	\	must System
Buyer	name	WCWUR_	name	\	name	String	\	must Buyer
	Buyer-Signature	WCWUR_	Buyer-Signature	\	Buyer-Signature	String	\	must Buyer
	BuyerSign-atureDate	WCWUR_	BuyerSign-atureDate	\	BuyerSign-atureDate	Date	\	must System
House	location	WUR_R_	location	\	location	String	\	\
	blockNumber	WUR_R_	blockNum-ber	value	blockNumber	String	\	\
	accessMethod	WUWCR_	accessMe-thod	value	accessMethod	String	transferr-ed	singleOption, [transferr-ed, allocation]
term1	afford-Deadline	WUWCR_	afford-Deadline	\	afford-Deadline	Date	\	\
	frequency	WUWCR_	frequency	\	frequency	Integer	\	\
	payment-Method	WUWCR_	payment-Method	\	payment-Method	String	\	\
	dealPrice	WUWCR_	dealPrice	\	dealPrice	Money	\	\
term2	houseDead-line	WUWCR_	houseDead-line	\	houseDead-line	Date	\	\
term4	committee	WUWCR_	committee	\	committee	String	\	\
Conclu-sion3	promise	WUWCR_	promise	\	promise	String	\	\

表9.3 CTML到SLCL转化关系表

要素	CTML	SLCL	元素映射关系
合约名称	`<<factor title@titleID [#serialNumber=value]>> text <</factor>>`	$Title$ ::=**contract**Cname(:**serial number**Chash)?	titleID: Cname value: Chash
当事人	`<<factor individual@individualID>> text <</factor>>` `<<factor group@groupID>> text <</factor>>`	$Parties$::=**party group**? Pname {$field+$}	individualID: Pname groupID: Pname
	`<<field [factorID.propertySet]@fieldID [%type][#quantity=value]>> text <</field>>`	$field$ ::= attribute : (constant | type)	fieldID: attribute value: constant type: type

标的	`<<factor asset@assetID>> text <</factor>>`
	`<<property [assetID.]info>> text <</property>>`
	`<<property [assetID.]right>> text <</property>>`
		$Assets$::= **asset** Aname{ **info**{ $field+$ } **right**{ $field+$ }}	assetID: Aname
			info: **info**{ }
			right: **right**{ }

	`<<field [factorID.propertySet]@fieldID [%type][#quantity=value]>> text <</field>>`	$field$ ::= attribute : (constant | type)	fieldID: attribute value: constant type: type
	`<<field [factorID.propertySet]@fieldID [%rightType][#quantity=value]>> text <</field>>`		fieldID: attribute value: constant rightType: type

续表

要素	CTML	SLCL	元素映射关系
一般条款	<<factor genTerm@termID [#terms={(termID)+}]>> text <</factor>>	***GeneralTerms***::= **term** Tname:	termID: Tname
	<<property [termID.]action@actionID #party=(individualID|groupID) #duty=Duty>> text <</property>>	Pname(**must**|**can**|**cannot**) action(*field*+)	actionID: action Duty: (**must**|**can**|**cannot**) (individualID|groupID): Pname
	<<property [termID.]preCondition[@preConditionID]>> text <</property>>	(**when** preCondition)?	preCondition: **when**
	<<property [termID.]adjCondition[@adjConditionID]>> text <</property>>	(**while** transactions+)?	adjCondition: **while**
	<<property [termID.]postCondition[@postConditionID]>> text <</property>>	(**where**postCondition)?	postCondition: **where**
违约条款	<<factor breTerm@breTermID [#terms={(termID)+}]>> text <</factor>>	***BreachTerms***::= **breach** termBname	breTermID: Bname
	<<property [breTermID.]against@againstID #terms={(termID)+}>> text <</property>>	(**against**Tname+)?	termID: Tname
	<<property [termID.]action@actionID #party=(individualID|groupID) #duty=Duty>> text <</property>>	Pname (**must**|**can**) action(*field*+)	actionID: action Duty: (**must**|**can**) (individualID|groupID): Pname

续表

要素	CTML	SLCL	元素映射关系
违约条款	`<<property [termID.]preCondition[@preConditionID]>> text <</property>>`	(**when** preCondition)?	preCondition: **when**
	`<<property [termID.]adjCondition[@adjConditionID]>> text <</property>>`	(**while** transactions+)?	adjCondition: **while**
	`<<property [termID.]postCondition[@postConditionID]>> text <</property>>`	(**where**postCondition)?	postCondition: **where**
仲裁条款	`<<factor arbiTerm@termID>> text <</factor>>`	*ArbitrationTerms*::= **arbitration term** : (The statement of any controversy)?	text: (The statement of any controversy)
	`<<property [termID.]controversy[@controversyID]>> text <</property>>`		
	`<<property [termID.]institution[@institutionID]>> text <</property>>`	administered by **institution** : instName	institutionID: instName
附加信息	`<<field [factorID.propertySet]@fieldID [%type] [#quantity=value]>> text <</field>>`	*Additions* ::= field + | **addition**Dname { field + } *field* ::= attribute : (constant | type)	fieldID: attribute value: constant type: type
	`<<factor addition@additionID>> text <</factor>>`		additionID: Dname

续表

要素		CTML	SLCL	元素映射关系
合约订立		<<factor conclusion@conclusionID>> text <</factor>>	*Signs*::= **Contract conclusions** : (The statement of all parties.)?	text: (The statement of all parties.)
		<<property [conclusionID.]signature [@signatureID] #party= (individualID|groupID) >> text <</property>>	**Signature of party** Pname : {printedName: String, signature: String, date: Date }	(individualID|groupID): Pname
资产表示		<<assetExpression [#amount=(FLOAT|INT)] [#assetRight=fieldID] #assetTarget=assetID>> text <</assetExpression>>	*AssetExpression*::= $ (amount)? (right **of**)? Aname	(FLOAT|INT): (amount) fieldID: right assetID: Aname
资产操作		<<deposit [#condition=STRING]>> text <</deposit>>	*Deposits* ::= **deposit** (valueRelationOperator)? *AssetExpression*	STRING: (**valueRelationOperator**)
		<<withdraw>> text <</withdraw>>	*Withdraws* ::= **withdraw** *AssetExpression*	
		<<transfer #target=individualID>> text <</transfer>>	*Transfers* ::= **transfer** *AssetExpression* **to** target	individualID: target

续表

要素	CTML	SLCL	元素映射关系
时间表示	`<<actionTime [#limit=(all|some|this)] #party=(individualID|groupID) #action=actionID>> text <</actionTime>>`	**ActionEnforcedTimeQuery**::= (**all**|**some**|**this**)? party **did** action	(all|some|this): (**all**|**some**|**this**) (individualID|groupID): party actionID: action
	`<<timePredicate [#targetTime=timeID] [#judge=(is|isn't)] [#prep=(before|after)] #baseTime=timePoint>> text <</timePredicate>>`	**TimePredicate**::= (targetTime)? (**is** | **isn't**) (**before** | **after**)baseTime	timeID: (targetTime) (is|isn't): (**is** | **isn't**) (before|after): (**before** | **after**) timePoint: baseTime
	`<<rangePredicate [#within=(true|false)] #boundary=TIME [#prep=(before|after)] #baseTime=timePoint>> text <</rangePredicate>>`	**BoundedTimePredicate**::= (**within**)? boundary (**before**|**after**) baseTime	(true|false): (**within**)? TIME: boundary (before|after): (**before**|**after**) timePoint: baseTime

参 考 文 献

[1] 中国电子学会. 区块链智能合约合同文本置标语言 (CTML): T/CIE 129-2021.
[2] 一种基于合同文本标记语言的法律合同交互式标注方法: 202110162638.5[P].

附录　书中使用的术语及定义

附表　术语和定义

术语	定义
智能合约（smart contract）	部署在区块链上、在满足预定条件时可自动执行并存证的计算机程序
符合法律的智能合约（smart contract complying with law）	一种含有合同构成要素、涵盖合同缔约方依据要约和承诺达成履行约定的计算机程序，简称为"智能法律合约"
智能合约语言（smart contract language）	用于定义智能合约、包含词汇和语法规则的形式化表达规范
符合法律的智能合约语言（smart contract language complying with law）	可实现符合法律的智能合约的编程语言，简称为"智能法律合约语言"
智能合约平台（smart contract platform）	支持智能合约可执行程序开发、生成、部署、运行、验证的信息网络系统
账户（account）	具有一定的格式和结构，用于描述当事人、操作和反映标的等智能法律合约要素的增减变化情况及结果的载体
用户账户（party account）	当事人所拥有账户
合约账户（contract account）	智能法律合约在智能合约平台上所拥有账户
区块链（blockchain）	使用密码链接将共识确认过的区块组织按顺序追加形成的分布式账本
文本合同（textual contract）	采用自然语言撰写，用以当事人记载合同内容的书面文件
CTML 合同 CTML contract	符合本文件标准的 CTML 实例文档
法律要素（law factor）	构成合同内容所必要的基本因素或元素，一般包括标题、当事人、资产、条款、订立及附加信息等，简称为"要素"

续表

术语	定义
法律属性（law property）	构成法律要素的基本性质,一般包括资产的性质与权属、条款中的当事人行为、前置条件、伴随条件、后置条件、违反、争议、机构、订立中的签名等，简称为"属性"
法律成分（law component）	法律属性表达所涉及的限定信息，包括时间表达中的行为时间、时间谓词、边界谓词、资产操作中的存入动作、取回动作、转移动作、资产表达式等，简称为"成分"
域（field）	用于描述法律要素、属性、成分的特性及其取值
特征（attribute）	依附于法律要素、属性、成分等实体中，以 # 为前缀表示，用于描述合同中有别于其他的实体特点
合同文本置标语言（contract text markup language）	将合同文本以及文本相关信息结合起来，展现出关于文档结构、法律特征、词汇意义和意思表示，以及数据处理细节的计算机可处理文字编码
语义标记（semantic markup）	根据合同条款所蕴含的意义，使用特定符号对文本合同中要素、属性、成分等进行辨识，简称为可嵌套标记或复杂标记
数源标记（metadata markup）	用于对合同中基本且不可分割的未确定内容进行辨识，可被当事人进行宣称、填入或选择，简称为不可嵌套标记或简单标记
（CTML）嵌套结构 nested structure (of CTML)	通过包含关系描述要素、属性、成分间的层次结构
客户（clients）	使用网络终端协商、签订和履行 CTML 合同的当事人
合约服务器（contract server）	是一种计算机系统，用于对 CTML 合同与 EMD 进行管理，并可转化为 SLC 程序及智能合约可执行代码